U0290411

"十三五"国家重点研发计划"煤矿智能开采安全技术与装备研发"
（2017YFC 0804300）

浅埋煤层覆岩运移规律
与围岩控制

Overburden Movement and Strata Control
in Shallow Seam

杨俊哲　尹希文　李正杰　周海丰　著

科学出版社

北　京

内 容 简 介

本书以神东矿区浅埋煤层开采为背景，依托大量的浅埋煤层开采实践与矿压规律研究成果，建立以整体切落式破断和滑落失稳为主要特征的"切落体"结构理论。基于"砌体梁"理论、"悬臂梁+砌体梁"理论、"切落体"理论对神东矿区顶板结构进行分类。研究浅埋煤层采场顶板控制技术，包括浅埋煤层顶板分类、"切落体"结构与支架相互作用关系、浅埋煤层综采工作面液压支架工作阻力确定以及采场顶板来压预测预报，阐释浅埋煤层工作面过集中煤柱、过空巷、过沟谷以及坚硬顶板等条件下的顶板灾害防治实例。

本书可供从事煤矿开采的工程技术人员、科研人员以及高等院校采矿工程专业师生参考。

图书在版编目（CIP）数据

浅埋煤层覆岩运移规律与围岩控制 = Overburden Movement and Strata Control in Shallow Seam / 杨俊哲等著. —北京：科学出版社，2019.5

ISBN 978-7-03-060681-5

Ⅰ. ①浅… Ⅱ. ①杨… Ⅲ. ①薄煤层-矿山开采-岩层移动 ②薄煤层-矿山开采-围岩控制 Ⅳ. ①TD823.25

中国版本图书馆CIP数据核字（2019）第038209号

责任编辑：李 雪 / 责任校对：王萌萌
责任印制：师艳茹 / 封面设计：无极书装

科 学 出 版 社 出版
北京东黄城根北街 16 号
邮政编码：100717
http://www.sciencep.com

河北鹏润印刷有限公司 印刷
科学出版社发行 各地新华书店经销
*

2019 年 5 月第 一 版 开本：720×1000 1/16
2019 年 5 月第一次印刷 印张：18 3/4 插页：6
字数：378 000

定价：180.00 元
（如有印装质量问题，我社负责调换）

前　言

　　晋、陕、蒙三省(区)已探明煤炭资源储量占全国的43%，是全国煤炭资源量最多、煤炭种类最全的地区，开采条件优越，具有煤层稳定、构造简单、埋藏浅等特点，尤其适于建设大型、特大型现代化矿井。近年来，随着国家西部大开发战略的实施，西部地区煤炭资源开发强度不断增加，2017年我国原煤产量34.45亿t，其中晋、陕、蒙三省(区)合计产煤24.69亿t，占全国总量的71.67%，已成为我国煤炭产量提升的新增长点，在稳定国家能源供给、保障能源安全中发挥着重要作用。

　　神东矿区地处晋、陕、蒙三省(区)交界处，是我国典型的浅埋煤层矿区，国内对于浅埋煤层矿压与岩层控制理论的研究主要是随着神东矿区的开发而兴起的。国家能源集团神东煤炭集团公司(以下简称"神东公司")作为神东矿区的代表，开发建设于20世纪80年代，现已成为世界上最大的井工开采矿区，产能超过2亿t。经过30多年的发展，神东公司在浅埋煤层上覆岩层结构、顶板灾害防治、重型综采装备研发与应用、保水开采、地下水库建设、自动化开采技术等方面做了大量的研究工作，创新性解决了浅埋煤层开采问题，引领了我国煤炭开发的方向，为我国煤炭开采做出了突出贡献。针对浅埋煤层开采过程中出现的采场强矿压、大面积切顶压架、地表台阶下沉和溃水溃砂等问题，国内外学者研究建立了诸如短砌体梁、台阶岩梁、承压砌块、弧形拱等覆岩结构模型，得出大量具有借鉴和指导意义的结论，推动了矿压理论及实践的发展。

　　作者研究发现浅埋煤层开采覆岩破坏主要特征是：周期来压步距短(10～15m)，动载系数大，破断范围波及至地表，在地表形成显著的台阶下沉。本书在总结浅埋煤层采场矿压规律的基础上，提出了"切落体"结构，研究了"切落体"结构的形成条件和失稳机理，揭示了"切落体"结构与液压支架的相互作用关系，基于"砌体梁"理论、"悬臂梁+砌体梁"理论以及"切落体"理论对神东矿区顶板结构进行了分类，解释了浅埋煤层回采顺槽矿压显现不强烈，但工作面支架常被压死的特殊矿压现象，为浅埋煤层工作面液压支架设计选型及顶板灾害防治提供理论依据。

　　感谢神东公司生产管理部罗文，神东公司煤炭技术研究院宋立兵、宋桂军，天地科技股份有限公司于海湧、徐刚、刘前进、张震、薛吉胜，中国矿业大学(北京)左建平、杨胜利等在本书研究和撰写过程中提出的宝贵建议。感谢中国矿业大学、西安科技大学、辽宁工程技术大学、山东科技大学、河南理工大学等高校的大力支持和帮助。本书在撰写过程中，还参阅了大量的国内外文献，在此向文献作者表示衷心的感谢。

由于作者水平有限，书中不足之处敬请读者批评、指正。

作 者

2019 年 2 月

符 号 表

A—面积；

B—宽度，距离；

C—内聚力，常量，修正系数；

E—弹性模量

F—剪切力；

H—埋深，高度；

I—惯性矩；

J—基载比；

K—碎胀系数，刚度；

L—长度；

M—高度，弯矩；

N—支撑力，系数；

P—载荷，力，当量，强度；

Q—剪力，重量，载荷；

R—强度，反力，剪切力；

S—静矩，刚度；

T—水平力；

V—载荷；

W—系数；

Y—宽度；

a—宽度，常数；

b—宽度，常数；

c—距离，常数；

d—距离，直径；

e—深度，自然对数的底；

f—指数，系数；

h—厚度；

i—断裂度；

k—系数；

l—长度，断裂步距；

n—数目；

q—载荷，阻力；

w—回转量，宽度；

α—角度；

γ—容重，角度；

Δ—下沉量；

ξ—比例因子；

η—支撑效率，系数；

θ—角度；

μ—摩擦系数；

ρ—密度；

ν—泊松比；

σ—强度，应力；

τ—剪切强度；

Φ—摩擦角；

φ—角度；

JRC—粗糙度系数；

JCS—有效单向抗压强度；

π—圆周率。

目　　录

第1章 绪 论

本章回顾了国内外浅埋煤层开采技术的发展历史，分析了浅埋煤层开采围岩控制技术研究现状，提出了浅埋煤层开采存在的技术难题。

1.1 浅埋煤层覆岩运移规律

1.1.1 国外浅埋煤层覆岩运移规律

与国内相比，国外的大型浅埋煤田并不多，较为典型的有莫斯科近郊煤田和美国的阿巴拉契亚煤田，此外，澳大利亚和印度也有少量的浅埋煤层分布。国外学者在浅埋煤层开采中的顶板控制和矿压规律等方面进行了相关研究[1-8]。其中，较早的有苏联提出的台阶下沉假说，该假说将浅埋煤层的上覆岩层视为均质岩层，在工作面推进过程中，顶板会以斜六面体的形式沿煤壁垮落直至地表，支架需要支撑上覆岩层的整体重量。矿压规律研究结果表明：在埋深 100m 并存在厚黏土层的条件下，放顶时支架出现明显的动载现象，有大约 12%的采区煤柱出现动载现象。浅埋煤层工作面推进过程中顶板来压强度大，与常规煤层的顶板来压特征具有明显区别。澳大利亚学者总结实测新南威尔士浅埋煤层长壁工作面覆岩移动规律，得出浅埋煤层的顶板垮落高度为采高的 9 倍，顶板破断角较普通煤层大，地表下沉快等结论。20 世纪 80 年代初期，澳大利亚学者在新南威尔士安谷斯坡来斯煤矿对浅埋煤层长壁工作面开采时的矿压显现进行了实测，研究结果指出地表的最大下沉量达到了工作面采高的 60%，且其中的 85%发生在距离工作面 40m 的采空区内。印度江斯拉矿 R-VⅡ浅埋煤层工作面开采实践表明，工作面上覆岩层垮落带与裂隙带交叉，形成周期性断裂，步距较短，裂隙密集。英美等国为有效控制浅埋煤层开采产生的强烈矿压显现和较大地表沉陷，大多采用房柱式采煤方法。综合国外浅埋煤层研究成果认为，浅埋煤层开采中顶板破断范围波及地表、破断角较大、地表下沉速度快、矿压显现强烈。

1.1.2 国内浅埋煤层覆岩运移规律

我国煤炭资源西多东少、北多南少，西部煤炭资源占全国总量的 80%，具有赋存条件较好、埋藏深度浅的特点，是未来煤炭资源开发的重点。神东煤田位于晋、陕、蒙三省(区)交界地带，陕北能源重化工基地的中心，总面积 3.12 万 km²，探明储量 2236 亿 t，是目前中国已探明储量最大的整装煤田，占全国已探明储量的 1/4，属世界八大煤田之一[9]。

国内对于浅埋煤层矿压与岩层控制理论及技术的研究主要是随着神东煤田的开发而兴起的。自 1993 年神东公司大柳塔煤矿第一个浅埋综采工作面发生压架事故开始，国内学者逐渐意识到浅埋工作面矿压显现更加强烈[10-13]。

在浅埋煤层顶板覆岩结构及岩层控制方面，黄庆享等基于钱鸣高院士提出的岩层控制关键层理论，在实测和模拟的基础上提出了浅埋煤层基本顶"短砌体梁"结构和"台阶岩梁"结构[14,15]。侯忠杰等基于关键层理论提出了浅埋深条件下的组合关键层结构，分析了滑落失稳和回转失稳的关系[16-19]。李凤仪建立了浅埋深采场覆岩的梯度复合板模型和关键层破断后周期来压的承压砌块模型，研究了散体载荷层活动的动载荷效应[20]。伊茂森应用关键层理论，将浅埋煤层覆岩关键层结构分为 2 类 4 种，提出了神东矿区浅埋煤层覆岩复合单一关键层结构的形成条件及判别方法[21]。朱卫兵[22]对神东矿区浅埋近距离煤层重复采动关键层结构失稳与动载矿压机理进行研究，将浅埋近距离煤层覆岩关键层结构分为 3 类 4 种。杨治林等[23,24]应用初始后屈曲理论和突变理论探讨了浅埋深工作面顶板结构的不稳定性态，给出了关键层破断后顶板结构回转失稳的必要充分条件，建立了铰接体系在回转状态下的稳定性准则。王家臣和王兆会[25]认为载荷层厚度、采高、工作面长度的增加导致基本顶破断岩块的高长比增大，导致基本顶结构极易发生滑落失稳，并据此提出了确定支架工作阻力的动载荷法。任艳芳等[26,27]利用数值模拟软件及现场观测，研究了浅埋煤层长壁工作面开采过程中的围岩应力场变化特征，指出工作面推进过程中上覆岩层可形成承压拱式结构形式，该结构的稳定性决定了工作面的矿压显现，提出将承压拱结构的稳定性作为判别煤层是否为浅埋煤层的新方法。任艳芳、宁宇、徐刚[28]以榆家梁煤矿 44305 工作面为例，研究了支架与顶板的相互作用关系，分析了采高、工作面长度、推进速度、松散层厚度、基岩层厚度、地表地形等因素对顶板灾害的影响关系。张志强[29]研究了浅埋工作面过沟谷地形动载矿压规律，并提出了动载矿压防治对策。许家林等研究揭示了四类特定条件下关键层结构失稳机制与压架机理，并提出了相应的防治对策，四类条件包括：厚风积砂复合单一关键层条件、过沟谷地形上坡段条件、采出上覆集中煤柱条件和上覆房柱式采空区煤柱下开采条件[30]。张通等[31]针对神东矿区浅埋工作面矿压显现特征，结合 126 例浅埋工作面矿压实测数据采用回归分析、概率统计手段，分别就工作面覆岩岩性、采高、埋深及工作面长度对工作面矿压最大值、载荷分布及来压步距影响进行单一及耦合分析，提出采用覆岩硬度系数法量化覆岩岩性并通过 KSPB 软件对覆岩进行分类。李正杰等[32,33]认为浅埋综采工作面顶板具有"等步"切落特征，分析了 3 种滑动破坏切落模型下的支架受力状态，给出了浅埋工作面支架合理工作阻力的理论计算公式。范钢伟等[34]以神东矿区 3 类典型的煤层赋存条件为主要研究对象，采用实验室相似材料和计算机数值模拟的方法，分析了浅埋煤层长壁开采覆岩移动与裂隙在水平方向和垂直方向的扩展与分布的动态演变特征。研究表明，随工作面的推进，覆岩会出现与地表同步垮落现象；工作面推进越快，裂隙扩展的时间越短，裂隙闭合也越快；覆岩强风化带的存在，有利于消解部分采动裂隙。黄庆享等[35-38]基于对榆林、神木和府谷矿区的大量实测分析，得出大采高工作面支架工作阻力随采高的增大呈现非线性增大，在采高增大到 6m 后支架载荷迅速增大，通过现场实测和物理模拟分析认为大采高工作面顶板形成"厚等效直接顶"，使基本顶关键层铰接结构层位上移。根据直接顶充填条件，可分为充分充填型和一般充填型两类。针对常见的一般充填条件，提出了大采高工作面顶板的直接顶"短悬臂梁"结构和基本顶关键层"高位斜台阶岩梁"结构模型，给出了工作面额定支护阻力的计算公式，揭示了大采高工作面来压机理，并对理论计算公式进行了实例验证。杨登峰等[39]应用突变理论分析方法研究了浅埋煤层大范围顶板切落压架的形成机理，提出了动静荷载作用下支架工作阻力的计算方法，采用薄板理论和断裂力学分析方法分析得到高强度开采下长壁工作面顶板垮落具有局部、分段和迁移的时空特征。贾后省等[40]综合应用相似材料模拟试验、理论分析和现场实测方法，研究了浅埋煤层工作面突水溃砂机理，分析了工作面推进速度、支架工作阻力和采空区充填程度对纵向裂隙张开和闭合的影响关系，研究结果为浅埋煤层工作面突水溃砂灾害控制提供指导。张沛和黄庆享[41]分析了浅埋煤层采场矿压显现规律，通过物理模拟实验得出典型浅埋煤层厚沙土层呈"拱状"、"拱梁"和"弧形岩柱"破坏特征，建立了厚沙土层"拱状"破坏力学模型，提出了典型浅埋煤层初次来压、周期来压的载荷传递因子，得出了典型浅埋煤层初次来压和周期来压支护阻力的计算公式。王国立[42]通过相似模拟和数值模拟手段分析了浅埋薄基岩工作面纵向贯通裂隙演变规律，建立了上覆岩层力学模型，提出了溃水溃砂的控制技术。黄庆享[43,44]通过动态载荷相似模拟实验，得出了厚砂土层浅埋煤层工作面顶板关键层载荷的"四区"分布规律，揭示了顶板结构中 A、B 和 C 关键块的动态载荷演化规律以及周期来压期间二次"卸荷拱"的载荷传递机理，提出了载荷传递因子，基于太沙基土压力原理建立了修正的普氏拱模型，给出了卸荷拱高度、载荷传递岩性因子和时间因子的计算公式。任艳芳和刘江[45]利用数值模拟及现场观测手段，研究了浅埋长壁工作面围岩应力场特征，认为上覆岩层中可形成承压拱结构，并将承压拱结构能否稳定作为判别某一煤层是否为浅埋煤层的方法，分析了采高和工作面长度对承压拱结构稳定性的影响程度，认为采高对承压拱结构的临界高度及结构稳定性影响十分显著，当采高达到一定值后，覆岩不能形成稳定的承压拱结构。刘江[46,47]采用现场实测、理论分析和实验室相似材料模拟相结合的研究方法，对覆岩运动规律、围岩结构形式、结构失稳特征和结构承载能力进行了研究，得到上覆岩层中形成的承压拱结构稳定性主要受基岩厚度、基岩岩性、松散层厚度等客观地质条件和工作面长度、采高、工作面推进速度等人为可控因素的影响。解兴智[48-50]研究房柱式采空区下浅埋煤层长壁开采工作面覆岩结构及活动规律、煤柱稳定性以及矿压规律后认为，房柱式采空区遗留煤柱稳定性与宽高比、强度和分布密度有关；房柱式采空区下浅埋煤层工作面上部覆岩基本顶在一定采高范围内存在"叠合梁"结构，即上位基本顶为固定梁，下位基本顶为"悬臂梁"；房柱式采空区下浅埋煤层工作面矿压显现较实体煤岩顶板条件下更加强烈，主要表现为来压步距的不等距性和来压强度的不等强性。

在浅埋煤层定义方面，黄庆享[51]将浅埋煤层分成薄基岩厚松散层和厚基岩薄松散层两类，前者顶板破断形式为整体切断，易出现台阶下沉，属于典型浅埋煤层；后者工作面矿压显现特征介于浅埋深和普通埋深工作面之间，定义为近浅埋煤层，并给出了浅埋煤层的定量判定指标：埋深不超过150m，基载比小于1，顶板体现单一主关键层结构和来压具有动载现象。任艳芳[52]综合考虑地质条件、采煤方法、工作面参数等，将开采煤层上覆岩层能否形成稳定承压拱结构作为判定依据，即不能形成稳定承压拱结构的煤层属于浅埋煤层，对浅埋煤层进行了定性界定。

经过30多年的开发，神东矿区浅埋煤层开采出现了一些新特点：①主采煤层埋藏深度逐渐增加，从最初的50～60m发展到100～200m，最深约480m。②一次开采高度不断突破，从4.5m增加到6m、7m、8m，上湾煤矿8.8m大采高综采工作面已投产。③支架支护阻力逐渐提高，液压支架工作阻力普遍在10000kN以上，上湾煤矿12401工作面支架工作阻力达到26000kN。④工作面宽度和推进速度不断加大，工作面宽度普遍在300m以上，最大达450m。工作面正常推进速度12m/d，最快超过20m/d。

结合神东矿区近年来浅埋煤层的开采实践[53-70]，作者对浅埋煤层定义有了新的认识：①从煤层赋存方面，煤层埋深应不大于250m。根据神东矿区不同矿井矿压实测统计，埋深超过250m后工作面矿压显现规律及覆岩破坏特征有了较为显著的改变。②从力学机理上，顶板形成不了稳定的力学承载结构，形成不了完整的"三带"结构。③从矿压显现上，来压时工作面动载大，工作面矿压显现较回采顺槽更为强烈，且基载比较小时，顶板容易发生切落。

1.2 浅埋煤层开采面临的围岩控制问题

神东矿区浅埋煤层开采多次发生切顶压架事故，1993年大柳塔煤矿第一个浅埋综采工作面（1203工作面）推进至距切眼27m时，出现整体台阶下沉，造成大面积支架被压死，并伴有溃水溃砂现象。1999年，大柳塔煤矿20604综采工作面开采 2^{-2} 煤层，煤层厚度平均4.5m，埋深80～110m，初次来压期间发生切顶，顶板出现台阶下沉，采空区大量涌水；周期来压期间多次发生顶板沿煤壁切落现象。

近年来，神东公司虽然采取了提高支架支护强度和加强管理等措施，但仍发生多次工作面切顶压架事故。例如，石圪台煤矿 31201 浅埋深综采工作面采用 ZY18000/25/45D 两柱掩护式支架，该工作面在过上覆集中煤柱期间接连在 2013 年 10 月 19 日、11 月 24 日、12 月 15 日发生三起大范围顶板切落压架事故，短时间内工作面 124 台支架被压死，造成巨大的经济损失。2013 年 3 月，大柳塔煤矿 52304 综采工作面末采期间发生冒顶压架事故，该工作面长度 301m，煤厚 6.6～7.3m，平均 6.94m，末采 200m 范围煤层埋深 254～275m，选用 ZY16800/32/70D 液压支架，事故造成了 38～108 号支架活柱行程下降了约 1.5m，采煤机无法通过。2018 年 2 月，榆家梁煤矿 43303-2 浅埋深综采工作面过上覆集中煤柱期间发生大范围顶板切落压架事故，15min 内工作面 36 台支架被压死，造成了巨大的经济损失，该工作面长度 351.3m，采高 1.6～1.9m，平均 1.74m，选用 TAGOR ZY10660/1.1/2.2 型两柱掩护式液压支架。

浅埋煤层开采仍存在诸多技术难题：①浅埋煤层工作面矿压显现强度较回采顺槽更加强烈，主要表现为液压支架载荷大，顶板动载强烈，采动影响范围波及地表，而回采巷道变形量较小，缺乏合理的理论解释；②浅埋煤层覆岩结构与支架围岩关系有待进一步研究，采高增加后，即使显著增加支架工作阻力，但依然频繁发生切顶压架事故，合理支护强度确定依据不足；③浅埋煤层工作面过沟谷、空巷、上覆集中煤柱等特殊条件矿压规律复杂，工作面易出现溃水溃砂、切顶压架以及片帮冒顶事故，其发生机理及防治技术缺乏系统研究。

第2章 神东矿区地质条件及开采典型特征

本章以我国典型浅埋矿区——神东矿区为例，介绍了地层分布情况、主采煤层条件及地质构造分布情况，分析了神东矿区浅埋煤层开采的典型特征。

2.1 煤层赋存条件

2.1.1 位置

神府东胜煤田位于陕西省榆林市和内蒙古鄂尔多斯市境内，由神府煤田和东胜煤田两部分组成。根据原煤炭工业部地质局 1988 年 9 月出版的《鄂尔多斯巨型煤盆地煤炭资源》中所载，神府煤田(陕北侏罗纪煤田)分布于陕西省榆林地区的神木、府谷、榆林、横山、靖边和定边县境内，探明的煤田含煤面积为 25092.34km^2，探明储量为 1241.03 亿 t；东胜煤田分布于内蒙古自治区鄂尔多斯市的伊金霍洛旗大部，准格尔旗的西部，东胜市全部，达拉特旗的南部，杭锦旗及乌审旗的一部分，探明的煤田含煤面积 6079.63km^2，探明储量 995.19 亿 t。

神东矿区位于陕西省神木市北部、府谷县西部，内蒙古自治区鄂尔多斯市的伊金霍洛旗及东胜区的南部和准格尔旗的西南部，其地理坐标在北纬 38°52′至 39°41′，东经 109°51′至 110°46′。地处乌兰木伦河和窟野河的两侧，北以铜匠川第 11 勘探线为界，南以神木市麻家塔沟为界，东以 5^{-2} 煤层露头线陕蒙省(区)边界及束会川为界，西以神木详查区补连详查区及布尔台普查区勘探边界为界。矿区南北长为 38～90km，东西宽为 35～55km，面积约 3481km^2，地质储量 354 亿 t。

2.1.2 交通

神东矿区交通较为便利，北有大(柳塔)—包(头)矿区专用运煤铁路与京包线、包兰线相通，南与神(木)—西(安)铁路连通，东有神(木)—朔(州)—黄(骅港)专用运煤铁路。

神东矿区有向四周辐射的一、二级公路与周围市、县相通。东北距呼和浩特市约 320km，北距包头市约 170km，南距陕西省榆林市约 180km，东距山西省忻州市 330km。

2.1.3 自然地理

神东矿区地处鄂尔多斯高原的毛乌素沙漠区东缘，属侵蚀-风积型地貌，地面沟系发育，风积沙广布，间有黄土覆盖和基岩出露。地形总体呈北高南低、西高东低，海拔一般为 1000～1300m，平均海拔在 1200m 左右，地形高差一般小于 200m。

神东矿区属大陆性干旱气候，基本特征是冬季严寒干旱，夏季炎热多雨，春季多风干燥，秋季凉爽湿润，冷热多变，温差悬殊，无霜期短，冰冻期长，降雨集中，蒸发强烈。

神东矿区内的主要河流为乌兰木伦河、悖牛川及窟野河，属黄河水系。乌兰木伦河发源于内蒙古东胜附近，自西北进入矿区，流向东南，纵贯矿区中部，至房子塔处与东北向的悖牛川相汇后称窟野河，向南流经神木市，至贺川镇注入黄河。其支流在矿区内自北而南较大者有公捏尔盖沟、考考赖沟、柳根沟、呼和乌素沟、补连沟、哈拉沟、母河沟、活鸡兔沟、敏盖兔沟、朱概沟、庙沟、考考乌素沟、麻家塔沟、黄羊城沟及永兴沟。

乌兰木伦河在神东矿区内流长约 75km，年平均流量 7.19m^3/s，历年最大洪流量 9760m^3/s，最小流量仅有 0.008～0.44m^3/s。悖牛川在矿区内流长约 40km，年平均流量 4.87m^3/s，历年最大洪流量 4850m^3/s，历年最小流量 0.003m^3/s。窟野河在矿区内流长约 20km，年平均流量 16.45m^3/s，历年最大洪流量 13800m^3/s，历年最小流量 0.012m^3/s。

上述各河河水主要靠降雨补给，流量很不稳定，夏季多洪峰，冬季流量很少，甚至干涸。每年三、四月间，冰雪融化而流量增加。五、六月气候干旱水流甚小，窟野河曾于 1964 年和 1975 年两次出现断流。七、八月因降雨集中，往往使山洪暴发，河水猛涨，窟野河 1976 年一次洪峰流量达 13800m^3/s。

神东矿区附近的水系有秃尾河及红碱淖。秃尾河发源于矿区以西神木市瑶镇的宫泊海子，流经瑶镇、高家堡及万镇等地，然后汇入黄河。红碱淖位于矿区以西，神木市西北约 70km，毛乌素沙漠的南沿是一内流型湖泊，湖水面积近 57km^2，湖容 3.62 亿 m^3，平均水深 6.68m，属微咸水。

神东矿区地处稳定的鄂尔多斯台向斜上，历史上未发生过破坏性地震，基本地震烈度为Ⅵ度。

2.1.4　地层分布

神东矿区地面广覆着现代风积沙及新近系黄土，属于掩盖区。地层仅沿沟谷及河床两岸零星出露。据地表观察及钻孔揭露，区内地层自下而上依次为：上三叠统延长组，下侏罗统富县组，中下侏罗统延安组，中侏罗统直罗组、安定组，古近系上新统三趾马红土，新近系中更新统离石黄土，上新统萨拉乌苏组、马兰组，全新统。神东矿区地层综合柱状图如图 2-1 所示。

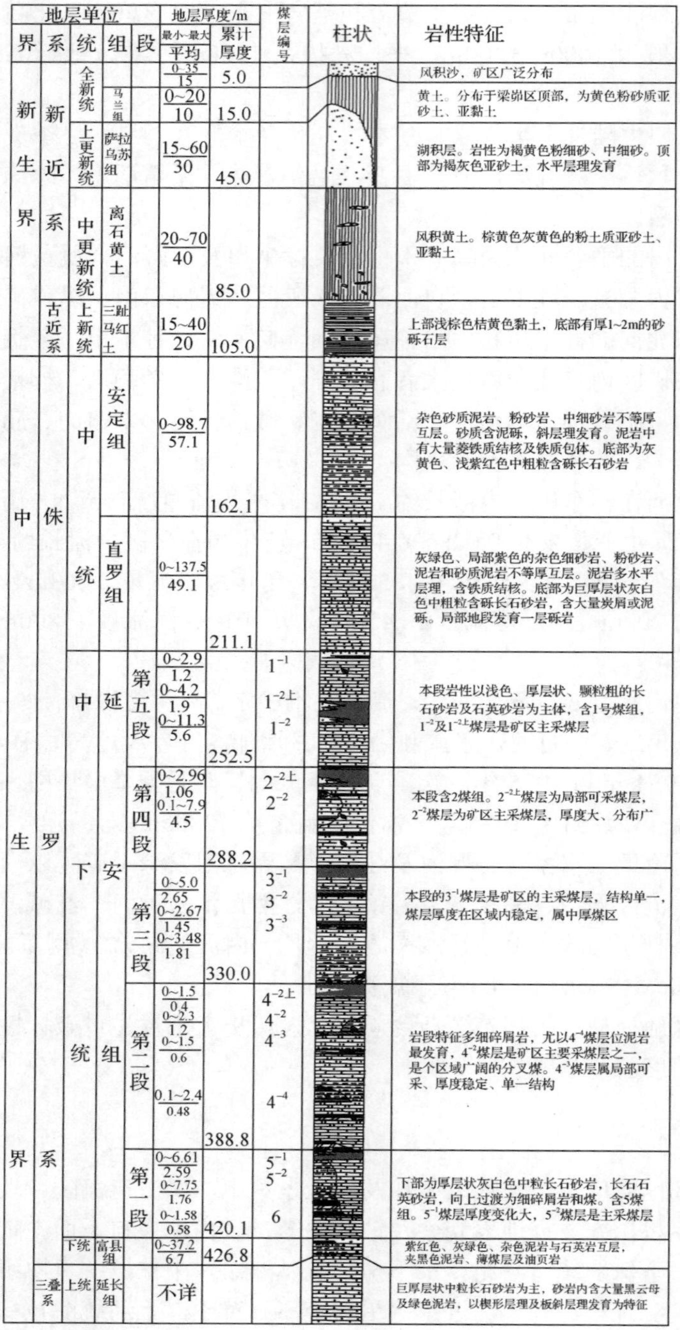

地层单位					地层厚度/m		煤层编号	柱状	岩性特征
界	系	统	组	段	最小~最大/平均	累计厚度			
新生界	新近系	全新统	马兰组		$\frac{0~0.35}{15}$	5.0			风积沙，矿区广泛分布
		上更新统	萨拉乌苏组		$\frac{0~20}{10}$	15.0			黄土。分布于梁峁区顶部，为黄色粉砂质亚砂土、亚黏土
					$\frac{15~60}{30}$	45.0			湖积层。岩性为褐黄色粉砂、中细砂。顶部为褐灰色亚砂土，水平层理发育
		中更新统	离石黄土		$\frac{20~70}{40}$	85.0			风积黄土。棕黄色灰黄色的粉土质亚砂土、亚黏土
	古近系	上新统	三趾马红土		$\frac{15~40}{20}$	105.0			上部浅棕色桔黄色黏土，底部有厚1~2m的砂砾石层
中生界	侏罗系	中统	安定组		$\frac{0~98.7}{57.1}$	162.1			杂色砂质泥岩、粉砂岩、中细砂岩不等厚互层。砂质含泥砾，斜质核发育。泥岩中有大量菱铁质结核及铁质包体。底部为灰黄色、浅紫红色中粗粒含砾长石砂岩
			直罗组		$\frac{0~137.5}{49.1}$	211.1			灰绿色、局部紫色的杂色细砂岩、粉砂岩、泥岩和砂质泥岩不等厚互层。泥岩多水平层理，含铁质结核。底部为巨厚层状灰白色中粗粒含砾长石砂岩，含大量炭屑或泥砾。局部地段发育一层砾岩
生界	罗系	中统	延安组	第五段	$\frac{0~2.9}{1.2}$ $\frac{0~4.2}{1.9}$ $\frac{0~11.3}{5.6}$	252.5	1^{-1} $1^{-2上}$ 1^{-2}		本段岩性以浅色、厚层状、颗粒粗的长石砂岩及石英砂岩为主体，含1号煤组，1^{-2}及$1^{-2上}$煤层是矿区主采煤层
		下安	组	第四段	$\frac{0~2.96}{1.06}$ $\frac{0.1~7.9}{4.5}$	288.2	$2^{-2上}$ 2^{-2}		本段含2煤组。$2^{-2上}$煤层为局部可采煤层，2^{-2}煤层为矿区主采煤层，厚度大、分布广
				第三段	$\frac{0~5.0}{2.65}$ $\frac{0~2.67}{1.45}$ $\frac{0~3.48}{1.81}$	330.0	3^{-1} 3^{-2} 3^{-3}		本段的3^{-1}煤层是矿区的主采煤层，结构单一，煤层厚度在区域内稳定，属中厚煤区
		统		第二段	$\frac{0~1.5}{0.4}$ $\frac{0~2.3}{1.2}$ $\frac{0~1.5}{0.6}$ $\frac{0.1~2.4}{0.48}$	388.8	$4^{-2上}$ 4^{-2} 4^{-3} 4^{-4}		岩段特征多细碎屑岩，尤以4^{-3}煤层位泥岩最发育，4^{-3}煤层是矿区主要采煤层之一，是全区广阔的分叉煤。4^{-4}煤层属局部可采、厚度稳定、单一结构
界	系			第一段	$\frac{0~6.61}{2.59}$ $\frac{0~7.75}{1.76}$ $\frac{0.1~1.58}{0.58}$	420.1	5^{-1} 5^{-2} 6		下部为厚层状灰白色中粒长石砂岩，长石石英砂岩，向上过渡为细碎屑岩和煤。含5煤组。5^{-2}煤层厚度变化大，5^{-2}煤层是主采煤层
		下统	富县组		$\frac{0~37.2}{6.7}$	426.8			紫红色、灰绿色、杂色泥岩与石英砂岩互层，夹黑色泥岩、薄层煤及油页岩
	三叠系	上统	延长组		不详				巨厚层状中粒长石砂岩为主，砂岩内含大量黑云母及绿色泥岩，以楔形层理及板斜层理发育为特征

图 2-1　神东矿区地层综合柱状图

中下侏罗统延安组为矿区主要含煤地层，与下伏地层富县组整合接触或假整合于上三叠统永坪组之上，与上覆地层中侏罗统直罗组亦呈假整合接触关系。因遭侵蚀和新生代多次侵蚀，上部煤系地层在各地均有不同程度缺失现象。在补连详查区(简称补连区)的中部，神木北部详查区(简称神木区)的石圪台，准格尔召-新庙详查区(简称新庙区)的满来梁一带，下部煤系地层有沉积缺失现象。

延安组含煤地层岩性以浅灰、灰白色、中-细粒长石砂岩、局部含粗砾砂岩、深灰至浅灰色粉砂岩、砂质泥岩、泥岩及煤层为主，有少量碳质泥岩、油页岩、透镜状泥灰岩、枕状或球状菱铁矿及菱铁质砂岩、薄层蒙脱质黏土岩。煤系自下而上分为Ⅰ、Ⅱ、Ⅲ、Ⅳ、Ⅴ段，各含一个煤组，自上而下编号1~5煤组。

延安组含煤岩系的厚度区域变化不大，南厚北薄、东厚西薄。岩段厚度分布较稳定，但煤层分岔区的段厚相应增大，煤系的岩性及剖面层序结构变化大。

2.1.5　煤层分布

延安组含煤层数众多，煤层及炭质泥岩层位多达48个，有对比意义的15层煤包括：

第Ⅴ段　　1^{-1}煤、$1^{-2上}$煤、1^{-2}煤

第Ⅳ段　　$2^{-2上}$煤、2^{-2}煤

第Ⅲ段　　3^{-1}煤、3^{-2}煤、3^{-3}煤

第Ⅱ段　　$4^{-2上}$煤、4^{-2}煤、4^{-3}煤、4^{-4}煤

第Ⅰ段　　5^{-1}煤、5^{-2}煤、5^{-3}煤

神东矿区内共有9层可采煤层，分别为$1^{-2上}$、1^{-2}、$2^{-2上}$、2^{-2}、3^{-1}、4^{-2}、4^{-3}、5^{-1}、5^{-2}。矿区北部补连、石圪台、准格尔召-新庙一带煤层赋存特点表现为煤层富集于煤系上部，而新民区煤层富集于下部，神木区含煤性较均匀。

各可采煤层的分布变化自上而下叙述如下：

(1)$1^{-2上}$煤层：是1^{-2}煤的上分岔煤层，有两个分布区域。第一区域分布在矿区北部的巴图塔、松定霍洛、前后石圪台、补连沟、石灰沟组成的弧形地带，厚度变化大(0~2.50m)，一般0.80~1.50m；第二区域分布在活鸡兔、朱概沟、庙沟一带，活鸡兔地区厚度大而稳定，一般为3.15~4.14m，向南逐渐变薄，朱概沟一带约2.20m，至庙沟约1m，庙沟以南遭受冲蚀，此煤层在大柳塔以北哈拉沟有零星分布，多属1.30m以下薄煤层。

煤层结构简单，局部含矸1层，位于煤层上部，矸厚0.10~0.30m，岩性多为粉砂岩或泥岩。

(2)1^{-2}煤层：以淖尔壕、布袋壕、郝家壕、三不拉、双沟、朱概沟、张家沟及柠条塔等地连线为界，以东地区无保存，仅剩残留区块，如束会川的满来梁一带，1^{-2}煤层有两个富集区：补连区、石圪台区。补连区的呼和乌素沟以南、神木

区的栅子沟及庙沟以北地区煤厚在 3.50m 以上,石灰沟、大柳塔、活鸡兔等地煤层厚度达 7m 以上。煤层富集中心——$1^{-2\,上}$ 及 1^{-2} 煤复合区在石灰沟至伍成功一线和黑炭沟至大柳塔一线之间,是宽 5～6km 的向东北弯曲的宽条形地带,煤厚一般 8～9m,最大厚度 10.95m。石圪台区紧靠后石圪台东侧及考考赖沟两侧地区,煤厚一般 6m,最大厚度 8.42m,但急剧向南、北、西三个方向分岔变薄至 3m 以下,相应有三个分岔变薄带,分别为后石圪台以北、两富集煤区中间、庙沟以南。

煤层以单一结构为主,只在大柳塔、活鸡兔、呼和乌素沟及石圪台等地含矸 1～3 层,矸层厚 0.05～0.30m,岩性为粉砂岩及泥岩。

(3) $2^{-2\,上}$ 煤层:是 2^{-2} 煤的上分层,有两个分布区域。第一区域在神木区寨子梁、束鸡河、双沟一线以南,车概沟以北。$2^{-2\,上}$ 煤明显中间薄、南北两侧厚,中部朱概沟一带厚度约 1.20m,并含串珠状不可采区。其北侧寨子一带约 1.50m,其南侧庙沟一带 1.50～4.76m,一般厚 2.50m 左右。煤层与其下 2^{-2} 煤的最大间距在朱概沟南侧,间距 25m,向南北方向间距逐渐缩小,两煤层合并于上述两条分岔复合界线。第二区域在矿区北部呼和乌素沟及考考赖沟一线宽 7～8km 的狭长地带,煤层厚度在 0.24～2.77m,一般厚度 1.80m。

(4) 2^{-2} 煤层:以柠条塔出露而著称,在悖牛川以东无保存,乌兰木伦河与悖牛川之间的三不拉、敏盖兔、石应塔的三角地带被侵蚀。煤层有南、北两处范围广阔的富集区。北富集区包括呼和乌素沟以南的补连区,神木区束鸡河、双沟一线以北及新庙区的温家梁地区,煤层厚度在 4m 以上,大部分 5～6m,补连区中部 7m 以上,最大厚度 8.56m。南富集区在车概沟以南,包括考考乌素沟、常家沟地区,煤层在 6m 以上,肯铁令河至常家沟一带厚 7～8m,最大厚度 9.28m,西南角因古直罗河冲蚀剩余 3.5m。两富集区之间及北侧分别是煤层分岔变薄区,在朱概沟南侧形成宽 3～5km 的长条形不可采区,其北侧一般煤厚 1.30m,南侧一般厚度 1.10m。

此煤层大多数属单一结构,局部含矸 1～3 层,夹矸多分布在北部的呼和乌素沟、石圪台、满来梁、南部的大柳塔、束鸡沟、朱概沟及流水壕等地煤层的分岔复合部位,夹矸厚度 0.05～0.30m,岩性多为粉砂岩及砂质泥岩。

(5) 3^{-1} 煤层:是主要可采煤层中单一结构煤层,仅活鸡兔薄煤区含矸 1～2 层,夹矸岩性多属泥岩或炭质泥岩,煤层厚度的区域分布稳定,大部分属于 2m 左右的中厚煤层,存在两个条带状不可采区域。第一区域在神木区,紧靠朱概沟北侧有宽 3～5km 的不可采区域(内有无煤区),越过乌兰木伦河至大柳塔、敏盖兔一带,不可采区"喇叭"形开张宽达 8～16km,再东延越悖牛川进入新民区中北部——板兔川一带形成广阔的不可采区。第二区域在矿区北部,自准格尔召向西南延至巴图塔北侧,再南折向霍洛圪台,复向西南抵呼和乌素沟的高家畔一带呈 S 形薄煤带,宽 4～5km,煤层大多在 1.30m 以下。

3^{-1} 煤层在矿区北部 $700km^2$ 区域内(包括补连区的中东部,神木区的石圪台、瓷窑湾,新庙区的满来梁及温家梁)煤层厚度在 $3\sim4m$ 范围内变化,在矿区南部 $450km^2$ 内(庙沟以南地区)煤层厚度变化范围在 $2.50\sim3.50m$。

(6)4^{-2} 煤层:在复合区是 2m 以上的中厚煤层,厚度稳定,分岔后多是 1.30m 左右的薄煤层,且分岔区域广阔,有两个煤层富集区,第一富集区在考考乌素沟以南,第二富集区在新民区南部。考考乌素沟以南区域煤层非常稳定,厚度 $2.45\sim3.75m$,平均 3.20m,大部分为单一结构,沿考考乌素沟附近含矸 $1\sim3$ 层,矸厚 $0.06\sim0.64m$,岩性多为粉砂岩及泥岩。新民南部富集区,包括许家沟、黄羊城沟及新城川等地,一般厚度 2.10m,沙沟岔至榆家梁一带厚度达 3.50m 以上,向西至悖牛川许家沟一带变薄至 2m 左右,煤层大部分含矸 $1\sim3$ 层,矸厚 $0.04\sim0.53m$,岩性属泥岩或粉砂岩。

(7)4^{-3} 煤层:与 3^{-1} 煤特点相似,厚度稳定,单一结构,但煤层薄。可采煤层集中在 3 个不连续区块:第一区块是新庙区的温家梁、满来梁,神木区的石圪台、布袋壕和补连区的呼和乌素沟以北地区;第二区块是黑炭沟及活鸡兔地区;第三区块是神木区南部,西南起自芦草沟,经孙家燕渠、柠条塔、朱概沟,止于庙沟。

煤层厚度大部分在 $0.90\sim1.30m$,仅考考乌素沟以南及满来梁的局部地区煤厚 $1.50\sim1.70m$。

(8)5^{-1} 煤层:主要分布在神木区中部,即乌兰色太沟、敏盖兔至束鸡沟一线以南(5^{-2} 与 5^{-1} 煤北分岔线),考考乌素沟一线以北(5^{-2} 与 5^{-1} 煤南分岔线)地区,其北侧煤厚 $0.95\sim2.14m$,其南侧煤厚大部分在 $2.19\sim2.79m$。此外,新民区悖牛川东岸分布有厚度 1.70m 左右的煤层;新庙区局部可采,煤厚大部分在 $1.31\sim1.68m$。

(9)5^{-2} 煤层:此煤层有明显厚度分带性。存在一个巨大无煤区,包括新庙区绝大部分、神木石圪台、补连区的补连滩至黑炭沟一带,无煤区外侧是 $1\sim4km$ 不等宽的不可采区环带。矿区内有四个厚煤富集区块:第一区块在新民区东北部许家沟至大昌汉一线老高川及三道沟一线以北地区,一般煤厚 4.5m,最大厚度 6.50m;第二区块在新民区南部榆家梁、瓦窑坡及永兴沟一带,一般煤厚 4.10m,最大厚度 5.20m;第三区块以大柳塔为中心,一般厚度 4.50m,最大厚度 8.24m;第四区块在神木区南部三卜树、张家沟、喇嘛寺一线以南地区,在贺地山柠条塔一线以南煤厚大部分在 $4.20\sim5.00m$,最大厚度 7.20m,补连区西部可采区煤层厚度大部分在 $1.60\sim2.50m$,仅西北部存在大于 3.50m 的煤层。

此煤层大部分属单一结构,局部含矸 1 层,在煤层分岔复合部位及靠近不可采区域,含矸 $1\sim2$ 层,夹矸厚度 $0.05\sim0.62m$,岩性为泥岩及炭质泥岩,少数为粉砂岩。

2.1.6　煤层储量

在国家对神府矿区普查、详查的基础上，原华能精煤公司从 1985 年起委托勘探队分 5 个区域对神府矿区进行了精查勘探，总控制面积 1316km²，占神东矿区总面积的 37.80%，控制储量 165.5891 亿 t，占神东矿区地质储量的 46.78%。

勘探队于 1988～1994 年对神木区内 15 个井(矿)田进行了精查地质勘探，包括大柳塔井田、朱盖塔井田、孙家岔井田、张家沟井田、肯铁岭井田、柠条塔井田、海湾井田、活鸡兔井田、石圪台井田、张家峁井田、前石畔井田、何家塔井田、大海则井田、燕伙盘井田、柠条塔露天矿田，控制面积 781.06km²，地质储量 86.5499 亿 t。

勘探队于 1988～1992 年对补连区 6 个井(矿)田进行了精查地质勘探，包括李家塔井田、补连塔井田、上湾井田、武家塔露天矿田、呼和乌素井田、尔林兔井田，控制面积 255.18km²，地质储量 49.8099 亿 t。

勘探队于 1992 年对新庙区 5 个井田进行了精查地质勘探，包括转龙湾井田、柳塔井田、满来梁井田、边家壕井田、巴图塔井田，控制面积 144.25km²，地质储量 17.0707 亿 t。

勘探队对布尔台区 3 个井田进行了精查地质勘探，包括寸草塔一号井田、寸草塔二号井田、霍洛湾井田，控制面积 48.7km²，地质储量 8.1434 亿 t。

勘探队对新民区 4 个井田进行了精查地质勘探，包括杨伙盘井田、榆家梁井田、神树塔井田、沙沟岔井田，控制面积 86.92km²，地质储量 4.0152 亿 t。

各区精查后的煤层储量详见表 2-1。

表 2-1　矿区勘探程度及储量

项目名称		已完成普查勘探		已完成详查勘探		各区合计		其中已完成精查勘探		
		面积/km²	储量/亿 t	面积/km²	储量/亿 t	面积/km²	储量/亿 t	面积/km²	储量/亿 t	占各区比例/%
神木区				1200	146.6054			781.06	86.5499	59
补连区				258	48.9731	2223	275.7273	255.18	49.8099	101.7
新庙区				543	42.5717			144.25	17.0707	40.1
布尔台区				222	37.5771			48.7	8.1434	21.7
新民区		1258	78.4888			1258	78.4888	86.92	4.0152	5.1
合计		1258	78.4888	2223	275.7273	3481	354.2161	1316.11	165.5891	46.7
其中	内蒙古			1023	129.12	1023	129.1219	449.13	75.024	58.1
	陕西	1258	78.4888	1200	146.6054	2458	225.0942	867.98	90.5651	40.2

2.1.7　神东公司矿井介绍

神东公司现有 13 座高产高效矿井，年产能超过 2 亿 t，先后建成国内第一个年产 1000 万 t、1200 万 t、1400 万 t 的综采队，第一个年产 1500 万 t、2000 万 t、2500 万 t、3000 万 t 的矿井，创建了第一个 300m、360m、400m、450m 加长工作面和第一个 8.8m 超大采高综采工作面。煤炭采掘机械化程度达到 100%，厚煤层综采工作面资源回采率达到 93% 以上，最高全员工效达 124t/工。

1. 大柳塔煤矿

大柳塔煤矿是神东公司年产 3300 万 t 的特大型现代化矿井，是神东公司最早建成的井工矿，由大柳塔井和活鸡兔井组成，井田面积 189.9km^2，煤炭地质储量 23.2 亿 t，可采储量 15.3 亿 t。大柳塔井主采 1^{-2}、2^{-2}、5^{-2} 煤层，活鸡兔井主采 $1^{-2上}$、1^{-2}、2^{-2}、5^{-1} 煤层。井田内地质构造简单，仅倾角 1°~3° 的单斜，断层稀少，无岩浆岩侵入。矿区东部和中部为黄土梁峁丘陵区，沟谷发育，切割深度 50~100m，沟谷两侧基岩裸露。水文地质勘探类型第四系为一类二型，基岩为二类一型，局部为二类二型；工程地质及开采技术条件中等至复杂；各煤层瓦斯含量少，煤尘有爆炸危险性，易自燃至极易自燃。矿井采用平硐—斜井综合开拓布置方式，连续采煤机掘进，工作面沿大巷两侧条带式布置。工作面大型装备国产化并率先进行了自动化改造，在国内首家实现了主要运输系统皮带化、辅助运输无轨胶轮化、井巷支护锚喷化、生产系统远程自动化控制和安全监测监控系统自动化。大柳塔煤矿通过自主技术创新，2010 年建成了充分利用采空区空间储水、采空区矸石对水体的过滤净化、自然压差输水的"节能型、循环型、环保型、效益型"的煤矿分布式地下水库，储水约 710.49 万 m^3，有效保护了地下水资源。

2. 补连塔煤矿

补连塔煤矿是神东公司年产 2800 万 t 的特大型现代化矿井，井田面积为 106.43km^2，可采储量 12.24 亿 t，主采 1^{-2}、2^{-2}、3^{-1} 煤层。补连塔煤矿于 1997 年 10 月建成投产，投产初期生产能力不足 300 万 t/a；经过技术改造，在 2003 年原煤产量达到了 1000 万 t，从 2006 年开始连续 11 年原煤产量达到了 2000 万 t，2016 年矿井生产煤炭 2799.9 万 t，全员工效为 152t/工。矿井采用平硐、斜井开拓方式，生产布局为"三综三掘"，其中，2014 年 7m 大采高工作面成功打造了全国首个 1500 万 t 重型工作面，2016 年底使用 TBM 工法施工的补连塔煤矿 2 号辅运平硐正式投用，2017 年初国内首个 8m 大采高工作面在补连塔煤矿建成投产，掘进工作面采用连续采煤机与掘锚机掘进，综采工作面装备了世界上先进的大功率采煤机和高阻力液压支架[71,72]。

3. 上湾煤矿

上湾煤矿是神东公司年产 1600 万 t 的大型现代化矿井，2000 年建成投产，井田面积 61.8km²。截止到 2017 年底，地质储量为 11.35 亿 t，可采储量为 7.32 亿 t。矿井采用斜井—平硐—立井联合开拓方式布置，现生产布局为两个综采工作面和两个连采工作面。2018 年 3 月国内首个 8.8m 超大采高综采工作面投入生产，工作面长度 299.2m，月生产能力达 130 万 t 以上。

4. 哈拉沟煤矿

哈拉沟煤矿是神东公司年产 1250 万 t 的大型现代化矿井。井田面积 72.4km²，地质储量 7.12 亿 t。主采煤层为 2^{-2}、3^{-1}、4^{-2} 煤，原煤生产效率最高达到 198t/工。矿井采用大巷条带式布置，改变了传统多盘区布置方式，简化了生产系统。

5. 石圪台煤矿

石圪台煤矿是神东公司年产 1200 万 t 的大型现代化矿井，井田面积 65.283km²，截至 2015 年底矿井工业资源储量为 6.35 亿 t，主采煤层为 1^{-2}、2^{-2}、3^{-1} 煤层，采用斜井—平硐—立井联合开拓方式。石圪台煤矿创新了缩短综采工作面回撤通道煤柱和主运输变频拖动技术，2009 年 7 月中厚偏薄煤层国产设备自动化综采工作面在石圪台煤矿成功应用，2014 年 11 月国内首个全视频集中控制、综采自动化工作面在石圪台煤矿成功应用。

6. 锦界煤矿

锦界煤矿属于陕西国华锦界能源有限责任公司煤电一体化配套项目，由神东公司进行专业化管理，是年产 1800 万 t 的大型现代化矿井。井田面积 141.8km²，可采储量 14.52 亿 t。采用斜井、立井联合开拓方式，万吨掘进率为 58m，盘区回采率为 89.7%，工作面回采率达到 98%，全员生产工效 122t/工。2013 年 12 月锦界煤矿数字矿山系统正式运行，综采工作面实现了无线智能远程集中控制和自动化割煤技术，每个综采队减员 24 人；掘进工作面实现了破碎机同梭车的自动联动控制、胶带机由地面集控室远程控制，每个掘进队减员 7 人。

7. 布尔台煤矿

布尔台煤矿是我国首个初步设计达到 2000 万 t/a 的井工矿井，井田面积 192.6km²，可采储量 20 亿 t，服务年限 71.9a。井田内可采煤层 10 层，为侏罗系中下统延安组，全区主采煤层 3 层，分别为 2^{-2} 煤、$4^{-2\pm}$ 煤、5^{-2} 煤，现开采 2^{-2} 煤和 $4^{-2\pm}$ 煤，平均厚度分别为 3.05m、4.6m，两层煤平均层间距 68m。主采煤层埋深超过 400m，煤层倾角小于 5°，断层较发育，地质构造复杂程度为中等。矿井配套建设了年处理 3000 万 t 的集中洗选厂和铁路专用线。采用斜井—平硐—立井综合开拓方式，2011 年矿井试运转，分三个水平开采。2014 年达到矿井设计产能。

8. 寸草塔煤矿

寸草塔煤矿是神东公司年产 240 万 t 的现代化矿井，井田面积 8.78km²，可采储量 79.18 百万 t。可采煤层为 2^{-2}、3^{-1}、1^{-1}、$1^{-2\pm}$、1^{-2} 煤。矿井采用斜井—平硐综合开拓方式，一井一面集中生产模式，实现了主运输皮带化、辅助运输胶轮化、生产系统自动化控制、安全监测监控系统和地面监测监控系统自动化。

9. 寸草塔二矿

寸草塔二矿是神东公司年产 270 万 t 的现代化矿井，井田面积 16.5km²，保有地质储量 2.87 亿 t，剩余可采储量 1.53 亿 t，可采煤层 5 层，分别为 1^{-2}、2^{-2}、3^{-1}、$4^{-2\pm}$、5^{-2} 煤层。矿井采用斜井—平硐联合开拓布置方式，生产布局为一井一面，实现了主运输系统皮带化、辅助运输胶轮化、生产系统远程自动化控制和安全监测监控系统自动化。

10. 柳塔煤矿

柳塔煤矿是神东公司年产 300 万 t 的现代化矿井，井田面积 13.62km²。矿井采用斜井—平硐联合开拓布置，有六个井筒，四进两回。生产布局为一井一面，一综一掘。实现了主要运输系统皮带化、辅助运输胶轮化、生产系统远程自动化控制和安全监测监控系统自动化。

11. 榆家梁煤矿

榆家梁煤矿是神东公司年产 1630 万 t 的大型现代化矿井，井田面积 56.34km²，可采储量 3.84 亿 t，主要可采煤层为 4^{-2}、4^{-3}、5^{-2} 煤，建成了我国首个 400m 超长综采工作面。

2.2 地 质 构 造

神府东胜矿区系中生代鄂尔多斯含煤盆地一部分，构造单元处于鄂尔多斯台向斜宽缓的东翼—陕北斜坡上，盆地基底是坚固的前震旦系结晶岩系，成煤前后的整个地质发展过程继承了深部基底的稳固性。中生代以来，地质上历次构造运动对本区影响小，表现以垂向运动为主，形成一系列沉积间断假整合面，没有火成岩活动，断层少。

矿区内构造简单，是平缓西倾的大单斜层。从煤层底板等高线看，有宽缓的波状起伏及短轴构造，地层走向局部有偏转。地面所见及钻孔揭露岩层平坦，倾角 1°左右，底板等高线图反映的矿层坡度在 5‰～20‰，基本没有褶曲构造。

矿区内断层较少，除火成岩外，岩石裂隙不发育，钻孔揭露的断层有：

(1) 蛮兔塔正断层(F1)：断距 70m 上下，推测延伸至新民区的大昌汉北面通过，断层可能长达 25～30km，主要在新民区内，是矿区内目前发现的最大断层。

(2) 吴道沟正断层(F2)：在吴道沟村附近有断层露头点。断层面倾向 SW，倾角 60°左右，断距 25～30m，断层走向 NW(大致沿吴道沟方向)，断层长约 10km。由精查勘探查明该断层延伸至庙沟附近。

(3) 栅子沟正断层(F3)：位于神木区朱概沟北侧支沟栅子沟、吴道沟一带。断层面倾向 NE，倾角约 55°，断距约 25m，断层走向大致沿栅子沟 NW 方向，断层长约 8.5km，由精查勘探查明该断层延伸至庙沟附近。

(4) 前石畔正断层：因地表为流沙所覆盖，未观察到地表断层。根据 J5 及 J6 号孔相距 770m，2^{-2} 煤底板标高差达 53m，推断有断层存在，但断层要素不明。

(5) 补连区存在断距小于 20m、延展数公里的小断层 3 条。

2.3　开采典型特征

神东矿区基于优越的煤田地质条件，开展了 3.5～6m 大采高综采、6m 以上超大采高综采、400m 以上超长工作面、26000kN 强力液压支架、综采智能化等先进技术和装备的研发与应用，形成了独具特色的浅埋煤层开采模式。其典型特征总结如下：

(1) 岩石强度低，多为泥质胶结。岩石最低抗压强度小于 5MPa，神东矿区主采煤层及岩层力学参数统计见表 2-2。

(2) 埋深浅。煤层埋深一般不超过 300m，基岩厚度较薄。各矿井煤层埋深统计见表 2-3。

(3) 工作面宽度大。神东矿区工作面宽度不断加大，主要在 240～360m，最长达到 450m。表 2-4 为各矿井不同煤层部分工作面宽度统计。

(4) 工作面推进速度快。神东矿区高产高效的生产模式下，综采工作面推进速度一般在 12m/d 以上，最大约 20m/d，不同矿井工作面推进速度见表 2-5。

(5) 工作面采高大。神东矿区多为浅埋稳定—较稳定厚煤层，随着回采工艺和煤矿装备制造技术不断提高，工作面采高不断增大，采高从 3.5m 逐步提高到 8.8m。目前，神东矿区主要工作面采高统计见表 2-6。

表2-2　神东矿区物理力学参数汇总

地层系统			煤岩名称	密度/(kg/m³)	RQD[①]/%	抗拉强度/MPa	抗压强度/MPa	弹性模量/GPa	泊松比	黏聚力/MPa	内摩擦角/(°)	标高/m
系	统	组										
第四系Q₄			黄土									
白垩系K	下统	志丹群K₁zh	含砾粗砂岩	2142~2445/2294	58.30~85.00/71.65	0.30~0.83/0.57	6.55~17.05/11.80	0.94~1.41/1.18	0.25~0.26/0.26	5.36	35.1	1232.97~1301.19/1267.08
			细粒砂岩	2027~2252/2120	41.72~81.25/58.07	0.10~0.88/0.42	5.11~10.06/7.59	0.75~1.39/1.07	0.26~0.30/0.28	7.24	30.5	1236.97~1261.07/1246.50
			粗粒砂岩	2002~2196/2099	69.19~71.25/70.22	0.25~0.44/0.35	5.07~9.00/7.04	0.85~1.34/1.10	0.24~0.26/0.25	4.85	34.1	1240.67~1248.87/1244.77
			粉砂岩	2193~2376/2294	78.91~80.38/79.42	0.29~1.62/0.77	10.14~23.37/17.97	1.76~2.91/2.31	0.25~0.28/0.27	6.87	29.2	1224.27~1244.07/1232.68
			含砂泥岩		53.20	0.89~1.47/1.31						1232.17
			粉砂质泥岩	2280~2319/2300	28.46	0.90~1.14/1.00	15.86~31.24/23.55	1.05~1.84/1.45	0.20~0.29/0.25			1226.17
			黏土页岩	2355	62.56	2.23~3.87/2.85	35.62	1.73	0.26			1222.99
			中粒砂岩	1984~2034/2001	58.36	0.18~0.43/0.24	4.28~6.48/5.30	0.38~0.67/0.52	0.23~0.44/0.31	8.56	22.3	1220.72
保罗纪J	中统	安定组J₂a	含砾粗砂岩	1894~2079/1960	50.62	0.03~0.19/0.10	3.75~4.00/3.88	0.38~0.41/0.40	0.24~0.31/0.27			1217.67
			细粒砂岩	2068~2129/2090	85.79	0.44~0.57/0.49	9.15~11.83/10.67	1.16~1.47/1.27	0.22~0.30/0.26	8.04	21.0	1202.27
			砂质泥岩	2268~2386/2334	21.46~75.74/55.42	0.55~2.62/1.84	18.33~23.90/21.70	1.25~1.83/1.58	0.12~0.28/0.22	7.10~11.47/9.28	22.6~30.8/26.7	1180.92~1212.37/1199.23
			粉砂岩	2064~2314/2189	68.89~71.49/70.19	1.55~1.96/1.75	4.37~14.77/9.57	0.30~1.31/1.58	0.12~0.28/0.22	7.10~11.47/9.28	22.6~30.8/26.7	1180.92~1212.37/1199.23
			含砂泥岩	2347~2401/2380	75.77	1.7~2.12/1.90	18.59~25.57/21.11	1.28~1.69/1.52	0.30~0.31/0.31			1212.37

续表

地层系统			煤岩名称	密度/(kg/m³)	RQD/%	抗拉强度/MPa	抗压强度/MPa	弹性模量/GPa	泊松比	黏聚力/MPa	内摩擦角/(°)	标高/m
系	统	组										
侏罗纪 J	中统	安定组 J₂a	黏土页岩	2417	89.09	1.58~2.45 1.98	23.06	1.88	0.19			1213.47
		直洛组 J₂z	中粒砂岩	2034~2069 2049	75.52	0.06~0.37 0.18	4.47~5.68 5.00	0.37~0.51 0.43	0.28~0.31 0.29	4.05	28.9	1184.27
			细粒砂岩	1997~2329 2219	68.89~71.49 70.19	0.53~3.57 1.81	10.13~36.65 22.62	1.46~6.95 3.08	0.24~0.30 0.26	5.57~18.48 24.9	22.4~29.8 24.9	1103.77~1158.87 1133.2
			泥岩	2123~2376 2295	26.67~76.84 57.56	2.05~2.71 2.43	34.03~56.66 43.63	1.78~4.20 3.12	0.26~0.30 0.28	10.89	36.6	1143.06~1159.56 1149.59
			粉砂岩	2282~2350 2313	75.83~98.33 88.92	2.56~2.97 2.77	22.12~50.17 30.95	1.92~4.51 2.66	0.23~0.34 0.29	9.36~13.75 11.67	27.4~36.4 33.1	1156.17~1169.24 1162.19
			砂质泥岩	2064~2495 2308	26.14~91.33 63.71	0.93~5.17 2.70	17.10~62.09 34.01	1.34~5.88 2.89	0.12~0.32 0.26	11.94~45.82 21.06	16.3~28.8 21.8	1113.07~1170.64 1142.03
			中粒砂岩	2038~2178 2108	32.26~36.96 34.61	0.13~2.00 1.06	4.16~5.03 4.57	0.28~0.47 0.35	0.22~0.27 0.24	5.81	27.6	1139.62~1151.87 1145.75
			粗粒砂岩	1971~2107 2204	18.14~47.69 35.76	0.31~1.02 0.62	5.66~12.15 8.36	0.57~2.27 1.14	0.22~0.28 0.26	3.31	36.8	1094.67~1136.97 1116.64
			煤									
	中下统	延安组 J₁₋₂y	细粒砂岩	2193~2593 2370	26.0~98.73 53.43	2.34~2.75 2.52	33.99~124.29 66.41	6.6~35.31 16.55	0.25	6.49~24.4 15.48	17.9~43.9 30.87	1057.06~1126.42 1101.7
			泥岩	2131~2456 2239	29.41~65.0 45.77	4.53	55.7	6.37	0.24	11.65	36.6	1131.28
			1^{-1}煤	1522	45.45~62.96 55.73	2.13						1107.59
			砂质泥岩	2291~2431 2368	12.58~88.13 61.93	2.83~5.37 4.21	48.63~119.65 72.56	7.01~34.38 14.01	0.2~0.32 0.24	9.56~28.56 19.99	19.5~32.8 25.86	1073.02~1133.64 1112.05
			中粒砂岩	2111~2554 2362	31.23~89.55 72.63	0.95~3.76 2.72	20.38~49.34 33.48	3.87~9.24 6.75	0.2~0.3 0.24	0.42~18.04 13.60	25.2~35.6 30.1	1060.27~1133.02 1092.45

续表

地层系统 系	统	组	煤岩名称	密度/(kg/m³)	RQD/%	抗拉强度/MPa	抗压强度/MPa	弹性模量/GPa	泊松比	黏聚力/MPa	内摩擦角/(°)	标高/m
侏罗纪 J	中下统 J₁₋₂	延安组 J₁₋₂y	粗粒砂岩	1997~2372 / 2185	55.05~85.29 / 70.11	1.08~4.68 / 2.88	15.21~60.07 / 37.64	2.08~5.68 / 3.88	0.22~0.25 / 0.23	12.4	19.5	1127.76~1137.42 / 1132.59
			1⁻²煤	1250~1309 / 1284	60.88	1.5~1.87 / 1.68	19.64~25.02 / 22.33	1.67~1.85 / 1.76	0.22~0.26 / 0.24	17.9	23.6	1107.59~1129.64 / 1118.62
			细粒砂岩	2295~2401 / 2326	44.87~96.88 / 71.97	3.43~5.75 / 4.76	26.2~84.5 / 57.78	4.19~16.3 / 8.87	0.2~0.31 / 0.25	5.78~37.64 / 19.10	29.5~47.5 / 35.7	1078.42~1100.72 / 1090.76
			泥岩	2239~2415 / 2374	76.26	5.2	47.49~78.57 / 67.18	7.99~8.6 / 8.21	0.2~0.21 / 0.2	27.66	28.6	1082.32~1103.04 / 1092.68
			煤		55.56~93.75 / 77.72							1086.28~1105.46 / 1097.56
			砂质泥岩	2359~2606 / 2421	22.27~85.02 / 61.53	4.03~6.54 / 5.24	30.58~64.29 / 52.49	5.19~12.43 / 7.27	0.14~0.26 / 0.2	18.96	26.1	1054.89~1110.67 / 1092.38
			中粒砂岩	2246~2343 / 2294	93.38~95.35 / 94.37	1.75~3.02 / 2.38	29.6~39.34 / 34.47	6.61~8.22 / 7.42	0.19~0.28 / 0.24	14.55~16.8 / 15.68	27.4~30 / 28.7	1049.77~1070.84 / 1060.31
			粗粒砂岩	2212~2354 / 2303	50.4	1.03~1.76 / 1.33	28.1~35.58 / 31.94	7.71~9.83 / 8.71	0.21~0.25 / 0.23	14.19	32.6	1043.27
			粉砂岩	2338~2367 / 2353	41.82~64.71 / 50.11	3.55~3.73 / 3.62	46.22~83.25 / 64.73	6.09~6.92 / 6.51	0.2~0.28 / 0.24	20.06~27.54 / 23.8	17.4~27.2 / 22.3	1094.97~1113.14 / 1101.7
			2⁻²煤	1248~1319 / 1274	56.59~69.57 / 63.08	0.77~1.58 / 1.17	18.91~31.81 / 24.75	1.77~2.17 / 1.99	0.24~0.32 / 0.28	19.25	24.5	1061.61~1077.73 / 1069.67
			细粒砂岩	2295~2406 / 2355	44.87~93.33 / 74.98	4.93~6.63 / 5.67	59.22~87.95 / 72.23	9.55~15.59 / 13.08	0.33~0.36 / 0.34	21.77~23.01 / 22.39	30~33.6 / 31.8	1021.52~1075.32 / 1058.79
			泥岩	2369~2444 / 2397	74.18~76.92 / 75.55	6.21~6.47 / 6.34	31.26	6.3	0.25	23.09	33.3	996.51~1058.86 / 1036.08
			煤		69.57							1055.93~1056.92 / 1056.43
			砂质泥岩	2089~2482 / 2326	37.7~84.59 / 61.17	3.45~6.79 / 5.03	36.16~65.19 / 54.29	6.08~10.83 / 7.59	0.17~0.26 / 0.21	16.06~35.72 / 24.36	18~39.3 / 28.3	999.77~1073.45 / 1037.19

续表

地层系统 系	统	组	煤岩名称	密度/(kg/m³)	RQD①/%	抗拉强度/MPa	抗压强度/MPa	弹性模量/GPa	泊松比	黏聚力/MPa	内摩擦角/(°)	标高/m
			中粒砂岩	2233~2256 2244	74.1~90.49 82.3	2.87~10.38 5.62	35.04~45.27 40.15	6.51~9.78 8.14	0.25~0.29 0.27	5.25~19.98 12.61	26.5~37.5 32	998.14~1056.99 1027.57
			粗粒砂岩	2232~2639 2377	51.89		23.27~24.75 23.87	4.74~8.71 6.29	0.24~0.29 0.27			994.54
			粉砂岩	2325~2494 2390	50~94.74 69	4.9~8.08 6.61	36.61~100.45 72.41	6.72~15.74 10.85	0.19~0.27 0.24	13.97~25.99 21.78	26.3~31.8 28.9	979.87~1071.74 1033.13
			中粒砂岩	2253~2266 2258	50		55.31~57.8 56.47	11.1~11.67 11.47	0.24~0.28 0.26		28.9	1020.92
			粉砂岩	2382~2443 2413	74.17	7.68~10.64 9.26	72.53~124.03 101.73	11.95~13.51 12.87	0.24~0.27 0.25	35.6	24.7	1017.81~1020.92 1019.37
			砂质泥岩	2363~2410 2391	94.90	6.66	67.01~90.98 81.65	10.34~10.86 10.56	0.23~0.28 0.25	27.79	26.6	942.77
侏罗纪 J	中下统 J₁₋₂	延安组 J₁₋₂y	4号煤		54.49	0.34~2.28 1.08				19.15	28.2	1010.12
			细粒砂岩	2277~2459 2359	51.76	3.98~7.18 5.61	38.33~48.79 42.83	6.45~8.72 7.39	0.26~0.3 0.28	30.91	20	929.76
			中粒砂岩	2253~2524 2377	72.5	1.54~6.88 4.45	27.96~40.05 32.3	4.68~8.1 6.08	0.16~0.26 0.22	6.56	46.9	927.77
			粗粒砂岩	2232~2285 2258	22.22~59.76 40.99	1.82~2.04 1.93	33.66~41.94 37.8	6.55~7.24 6.89	0.24~0.3 0.27	10.82	35.6	921.39~931.9 926.65
			砂质泥岩	2463~2511 2482	41.31	7.68~10.24 8.58	77.19	10.99	0.15	28.63	31.7	1069.67
			煤									929.92
			粉砂岩	2383~2546 2480	57.11~87.29 68.36	5.67~7.84 6.91	66.61~105.46 89.07	10.48~18.53 13.96	0.24~0.31 0.27	24.47~35.78 28.96	26.5~34.5 30.9	926.17~1006.54 977.34

① RQD: 岩性质量指标 (rock quality designation)。

表 2-3　神东矿区不同矿井煤层埋深统计

煤矿	煤层	埋深/m	基岩厚度/m	松散层厚度/m
柳塔矿	1^{-2}	30～60	9～10	16～30
活鸡兔井	2^{-2}	16～230	21～190	4～42
榆家梁矿	4^{-3}	48～130	58～115	28～60
大柳塔矿	2^{-2}	27～155	3～126	5～45
活鸡兔井	1^{-2}	38～190	17～155	4～42
哈拉沟矿	2^{-2}	88～119	72～90	15～35
活鸡兔井	1^{-2}	59～150	6～27	—
大柳塔矿	2^{-2}	108～132	4～45	20～100
锦界矿	3^{-1}	120～160	—	10～40
乌兰木伦矿	3^{-1}	135～185	103～171	15～35
补连塔矿	1^{-2}	135～341	128～326	5～29
上湾矿	1^{-2}	70～155	40～130	0～25
补连塔矿	2^{-2}	120～310	120～310	5～30
布尔台矿	2^{-2}	192～390	35～107	5～67
布尔台矿	4^{-2}	260～460	48～130	5～67
大柳塔矿	5^{-2}	65～330	60～295	0～45

表 2-4　神东矿区综采工作面宽度统计

煤矿	煤层	工作面	面宽/m
榆家梁矿	4^2	44200-1	360
榆家梁矿	4^3	43304	351
石圪台矿	2^2	22302	316
榆家梁矿	4^3	44305	300.5
石圪台矿	1^2	12105	300
寸草塔二矿	2^2	22111	300
哈拉沟矿	1^2	$12^{上}101$-2	450
布尔台矿	4^2	42106	309
布尔台矿	4^2	42107	300.3
布尔台矿	4^2	42201	320
布尔台矿	2^2	22108	278
布尔台矿	2^2	22204	320
布尔台矿	2^2	22205	303
乌兰木伦矿	3^{-1}	31408	324.5

表 2-5　神东矿区不同矿井工作面推进速度

煤矿	工作面	推进速度/(m/d)
大柳塔矿	21305	16
大柳塔矿	52303	14
大柳塔矿	20604	19.5
寸草塔矿	22111	9.7
补连塔矿	12406	12
补连塔矿	12512	12
布尔台矿	22108	16
乌兰木伦煤矿	31409	14.4

表 2-6　神东矿区主要工作面采高统计

煤矿	煤层	工作面	采高/m
榆家梁矿	4^{-2}	44201	3.5
榆家梁矿	4^{-2}	44202	3.5
大柳塔矿	2^{-2}	12205	3.5
榆家梁矿	4^{-2}	44200-1	3.59
榆家梁矿	4^{-2}	44208	3.6
榆家梁矿	5^{-2}	52105	3.6
补连塔矿	1^{-2}	12418	3.69
大柳塔矿	1^{-2}	1203	4
大柳塔矿	2^{-2}	20601	4
乌兰木伦矿	3^{-1}	31403	4
大柳塔矿	1^{-2}	12311	4.2
大柳塔矿	2^{-2}	20604	4.3
乌兰木伦矿	3^{-1}	31402	4.4
大柳塔矿	1^{-2}	12306	4.5
补连塔矿	1^{-2}	12414	4.3
大柳塔矿	1^{-2}	12305	4.6
补连塔矿	1^{-2}	12405	4.6
哈拉沟矿	2^{-2}	22201	4.9
哈拉沟矿	2^{-2}	22214	4.9
哈拉沟矿	2^{-2}	22215	4.9
哈拉沟矿	2^{-2}	22211	4.9
哈拉沟矿	2^{-2}	22406	4.9
大柳塔矿	2^{-2}	22614	5

续表

煤矿	煤层	工作面	采高/m
乌兰木伦矿	1^{-2}	61203	5
哈拉沟矿	2^{-2}	22226	5.2
哈拉沟矿	2^{-2}	22202	5.2
上湾矿	1^{-2}	12104	5.3
上湾矿	1^{-2}	12101	5.3
补连塔矿	2^{-2}	22206	5.5
哈拉沟矿	2^{-2}	22212	5.5
哈拉沟矿	2^{-2}	22402	5.5
上湾矿	1^{-2}	12202	5.8
布尔台煤矿	4^{-2}	42102	5.9
上湾矿	5^{-1}	51202	6.3
补连塔矿	3^{-2}	32301	6.3
补连塔矿	2^{-2}	22303	7
补连塔矿	1^{-2}	12511	8.0
上湾矿	1^{-2}	12401	8.8

（6）综采装备重型化。神东公司研发应用了采高为 6.3m、7m、8m、8.8m 等多种系列的重型综采装备。补连塔煤矿 12511 工作面装备了 8m 大采高综采支架，重量达 79t，其支护高度 3.65～8.0m，工作阻力 21000kN，支护强度 1.67MPa，中心距 2.05m；配套的刮板机运输能力 6000t/h，驱动功率 3×1600kW，采用变频驱动。上湾煤矿 12401 工作面装备了国内首个 8.8m 超大采高综采支架，支架型号为 ZY26000/40/88D，工作阻力达到 26000kN，中心距 2.4m，支护强度 1.71～1.83MPa，液压支架重量达 100t，如图 2-2 所示，相应配套的采煤机为 MG1100/2925WD，刮板输送机型号为 SGZ1388/3×1600kW。

图 2-2　上湾煤矿 8.8m 超大采高重型装备现场图（文后附彩图）

第3章 浅埋煤层工作面矿压显现规律

本章介绍了神东矿区矿压监测和数据分析处理方法，分析了中厚煤层综采工作面、大采高、超大采高及综放工作面的矿压显现规律，分析了工作面过房柱式采空区集中煤柱、沟谷、空巷等特殊条件下的矿压显现规律。

3.1 工作面矿压监测技术

通过矿压观测可以掌握工作面顶板活动及来压规律，预测预报顶板来压和顶板灾害，有利于及时采取有效措施，减少了顶板灾害的发生[73-76]。本书主要介绍了神东公司常用的几种矿压监测手段及数据分析方法。

3.1.1 矿压数据监测

1. 矿压监测系统

采用天地科技股份有限公司研制的 KJ21 矿压监测系统实时监测工作面支架工作阻力，该系统采用秒级、毫秒级智能采样方式，兼容有线、无线及环网多种传输方式，能够准确监测顶板动载荷及移架全过程的支架工作阻力。根据监测的工作面支架工作阻力数据，分析工作面来压步距及强度，检验支架选型的合理性，掌握采煤工作面上覆岩层运动规律及"支架-围岩"关系，评价液压支架的适应性。

矿压监测系统主要由井下设备和地面设备构成。井下设备包括支架压力记录仪、监测分站、中继器、隔爆兼本安电源等；地面设备包括地面传输接口和显示终端。

2. 支架电液控制系统

针对装备电液控制系统的综采（放）工作面，通过提取电液控制系统的压力数据进行矿压规律分析。电液控制系统具备自动补液功能，保证支架初撑力，改善顶板围岩的维护状况，减少煤壁片帮。

液压支架电液控制系统是由支架控制器、人机操作界面、耦合器、压力传感器、位移传感器、电源箱、电磁先导阀组、主控阀组和控制电缆等组成，如图 3-1 所示。

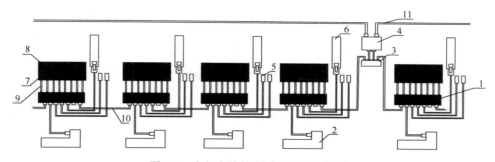

图 3-1　支架电液控制系统连接布置图

1. 支架控制器；2. 人机操作界面；3. SAC-I 耦合器；4. 电源箱；5. 压力传感器；6. 位移传感器；
7. 电磁先导阀组；8. 主控阀组；9. 电磁铁电缆；10. 控制电缆；11. 电源电缆

3. 微震监测系统

1）微震监测顶板活动的基本原理

岩体的变形破坏过程伴随着裂纹的产生、扩展、摩擦和能量积聚，以应力波的形式释放能量，从而产生微震事件，其震动能量为 $10^2 \sim 10^{10}$J，震动频率 $0 \sim$ 150Hz，影响范围从几百米到几百公里，甚至几千公里。相比大地地震，微震震中浅，强度低，震动频率高，影响范围小。微震事件主要有以下特征：①在受力过程中由煤岩体主动产生；②属于释放变形能过程；③具有波动性质；④属于随机瞬态过程，即事件间隔是随机的，每个事件都有各自的波形和频谱；⑤具有不可逆性，即重复加载时若应力不超过卸载前的最大值，则不会产生这类现象。

微震监测是通过微震传感器采集微震震源位置和发生时间来确定一个微震事件，并计算释放的能量，进而统计顶板活动的强弱和频率，判断和识别潜在的顶板破断的活动规律，实现矿压预警。

ARAMIS M/E 微震监测系统为波兰进口设备，ARAMIS M/E 传感器（拾震器或微震探头）接收原始的微震信号后将其转变为电信号，并进行模数转换发送到系统的信号采集单元；经滤波处理后保存到记录服务器，然后发送到分析计算机；分析计算机上的系统软件采用三种定位方法和两种能量计算方法对微震事件数据处理和分析，实现对微震事件的定位及能量计算，并将定位结果显示在矿区采掘图中。

2）设备技术参数

ARAMIS M/E 微震系统由系统软件、信息传输系统以及井下信息发射站组成。

系统软件由 ARAMIS WIN 软件（震动定位和震动能量计算）和 HESTIA 软件（冲击地压危险性评价）组成的数据后处理部分。

系统信息传输系统（DTSS），包括地面 SP/DTSS 信息收集站，其由 OCGA 数字信号接收装置、配备 GPS 时钟的 ST/DTSS 传输系统控制模块、主通道切换模块以及 SR 15-150-4/11 Ⅰ型配电装置。

井下 SN/DTSS 信息发射站，其包括 SPI-70 地震检波器以及 NSGA 震动信号发射装置。另外，NSGA 震动信号发射装置还可与 GVu（顶板震动传感器）、GVd（底板震动传感器）、GH（水平震动传感器）以及自带 CS/DTSS 监测模块的 SPI-70 地震检波器连接。

ARAMIS M/E 系统结构如图 3-2 所示。

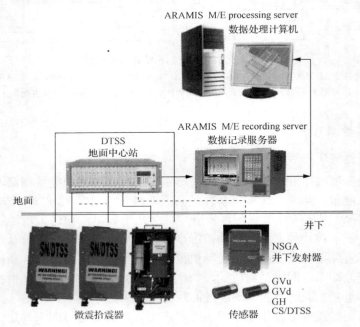

图 3-2　ARAMIS M/E 系统结构图

4. 现场观测

观测内容包括工作面煤壁片帮、漏矸、淋水、立柱下缩量、安全阀开启、来压切顶情况等，分析工作面矿压显现特征。

3.1.2　矿压数据分析方法

1. 矿压监测系统数据分析

周期来压分析以支架的循环末阻力与其均方差之和作为判断顶板周期来压的主要指标。数据计算的公式为

$$\sigma_P = \sqrt{\frac{1}{n}\sum_{i=1}^{n}(P_{ti} - \overline{P_t})^2} \tag{3-1}$$

式中，σ_P 为循环末阻力的均方差；n 为实测循环数；P_{ti} 为各循环的实测循环末阻力；$\overline{P_t}$ 为循环末阻力的平均值，$\overline{P_t} = \dfrac{1}{n}\sum\limits_{i=1}^{n} P_{ti}$；顶板来压依据：$P_t' = \overline{P_t} + \sigma_P$。

基本顶来压期间与非来压期间支架循环末阻力平均值之比称为动载系数。计算公式如下：

$$N = \frac{P_{t,c}}{P_{t,n}} \tag{3-2}$$

式中，$P_{t,c}$ 为顶板周期来压期间支架循环末阻力平均值；$P_{t,n}$ 为顶板非来压期间支架循环末阻力平均值。

2. 支架电液控制系统数据分析

神东公司工作面矿压分析主要采用"海丰矿压分析法"，基于电液控制系统的支架压力数据，利用 Excel 软件将顶板压力数据自动生成矿压曲面图，每隔一定压力用一种颜色表示，通过不同颜色表示顶板压力的大小，直观展现顶板来压强度及来压步距情况，如图 3-3 所示。

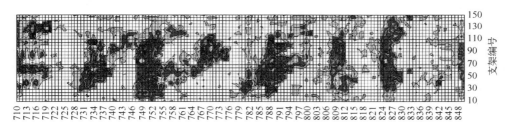

图 3-3　工作面支架工作阻力曲面图(单位：MPa)(文后附彩图)

通过读取工作面支架电液控制系统的压力数据，绘制成压力曲线图进行矿压规律分析，包括工作面来压步距、来压强度、动载系数、来压持续长度等关键指标，如图 3-4 所示。

3. 微震监测系统数据分析

根据微震定位原理，确定一个微震事件的精确位置至少 4 个微震探头同时监测到该事件。微震事件的定位主要通过微震监测系统内置的算法完成，典型微震事件的波形图及微震定位结果如图 3-5 所示。

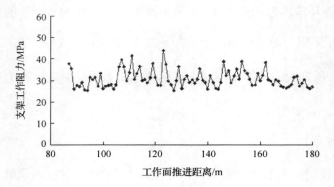

图 3-4 工作面支架工作阻力曲线

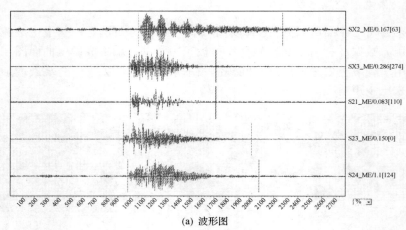

(a) 波形图

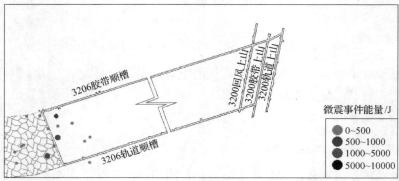

(b) 定位结果

图 3-5 微震事件波形图及相应的定位结果

根据微震事件的空间定位结果，结合工作面推进位置，分析微震事件的时空演化及顶板运动规律。对于某一时间段的微震监测数据，将其定位结果投影到工作面平面图或剖面图上。假定工作面位置固定不动，根据定位结果及工作面推进度，计算每个微震事件相对于固定工作面的相对坐标，如图 3-6 所示。

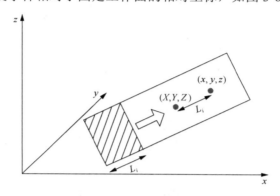

图 3-6　微震事件的绝对位置和相对位置关系

假设第 i 天第 j 个微震事件 P_{ij} 的定位坐标为 (x, y, z)，且第 1 天至第 i 天工作面的推进长度为 L_i，选取第 1 天作为固定工作面，则微震事件的相对坐标 (X, Y, Z) 计算公式(3-3)如下：

$$X = x - L_i\cos\alpha\cos\beta \qquad Y = y - L_i\cos\alpha\sin\beta \qquad Z = z - L_i\tan\beta \qquad (3\text{-}3)$$

式中，α 为工作面推进角度；β 为工作面推进方向在水平面上的投影与 x 轴的夹角。

3.2　中厚煤层综采工作面矿压显现规律

以石圪台矿、榆家梁矿等 3.5m 以下综采工作面为例，分析总结神东矿区浅埋中厚煤层工作面矿压显现规律。

3.2.1　石圪台煤矿 2.5m 采高综采工作面

31304-1 工作面位于石圪台煤矿 3^{-1} 煤三盘区，工作面宽度 324.8m，推进长度 2540m，工作面巷道布置如图 3-7 所示。煤层厚度 1.3～3.8m，设计采高 2.5m，平均埋深 140m，上覆基岩厚度 85～123m，松散层厚度 3.7～50.5m。煤层直接顶为中粒砂岩、砂质泥岩，平均厚度 6.1m；基本顶为泥岩、细粒砂岩、砂质泥岩，平均厚度约 18.4m；直接底为泥岩、粉砂岩、细粒砂岩，平均厚度约 5.1m。工作面安装 190 台 ZY10200/14/28 型两柱掩护式液压支架，回采过程中受上覆 22302 综

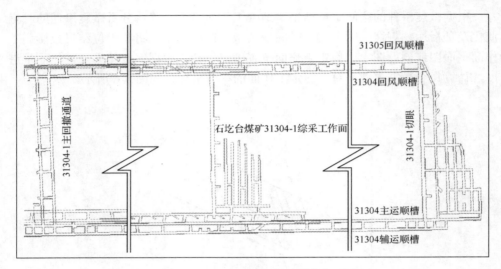

图 3-7　31304-1 综采工作面巷道布置图

采采空区和旺采采空区的影响,在过上覆综采和旺采采空区时 3^{-1} 煤和 2^{-2} 煤层间距 37.5～39.5m。工作面 KB63 钻孔柱状图如图 3-8 所示。

1. 初采

工作面推进 4.8m 后对切眼范围内顶板进行了预裂爆破,切眼强制放顶钻孔布置如图 3-9 所示。强制放顶后,工作面除机头至 17 号架、53～76 号架、180 号架至机尾直接顶未垮落外,其余部分直接顶垮落效果较好。工作面机头推进 25m、机尾推进 17m 后,采空区直接顶全部垮落。

基本顶初次来压前工作面支架压力 25～30MPa,当工作面机头推进 46m、机尾推进 38m 时,整个工作面煤壁出现片帮现象,片帮深度 100～200mm。机头推进 50m、机尾推进 41.9m 时,20～110 号架压力达到 40～45MPa,工作面 40～90 号架立柱安全阀开启,立柱下沉量 100～200mm。工作面推进 2 刀后,立柱停止下沉,压力转移至 80～150 号架,工作面压力 40～45MPa。初次来压时顶板漏矸严重,漏空高度 300～800mm,煤壁有片帮现象,片帮深度 300～500mm。同时,工作面地表出现新增裂隙,地表裂隙超前工作面 36m,整体裂隙宽度 2～5mm,地表裂隙与工作面位置关系如图 3-10 所示。

31304-1 综采工作面煤层厚度小,宽度大,来压时呈现局部压力集中、分段来压等特点,压力显现主要以片帮、漏矸为主。工作面初采期间支架工作阻力变化如图 3-11 所示。

层号	厚度/m	埋深/m	岩性	柱状
1	8.5	8.5	风积砂	
2	11	19.5	黄土	
3	10.4	29.9	中粒砂岩	
4	1.8	31.7	泥岩	
5	4.0	35.7	粉砂岩	
6	0.4	36.1	砂质泥岩	
7	2.2	38.3	粉砂岩	
8	6.5	44.8	细粒砂岩	
9	5.1	49.9	中粒砂岩	
10	2.4	52.3	细粒砂岩	
11	1.2	53.5	中粒砂岩	
12	3.0	56.5	细粒砂岩	
13	1.5	58	泥岩	
14	1.2	59.2	粉砂岩	
15	2.7	61.9	中粒砂岩	
16	2.3	64.2	粉砂岩	
17	3.2	67.4	泥岩	
18	2.9	70.3	细粒砂岩	
19	1.7	72	泥岩	
20	10.2	82.2	粉砂岩	
21	0.5	82.7	泥岩	
22	3.2	85.9	2^{-2}煤	
23	0.5	86.4	泥岩	
24	9.6	96	细粒砂岩	
25	2.6	98.6	砂质泥岩	
26	1.2	99.8	细粒砂岩	
27	1.5	101.3	泥岩	
28	1.2	102.5	砂质泥岩	
29	9.5	112	中粒砂岩	
30	2.5	114.5	3^{-1}煤	
31	5.0	119.5	泥岩	
32	0.9	120.4	粉砂岩	
33	1.8	122.2	细粒砂岩	

图 3-8　KB63 钻孔柱状图

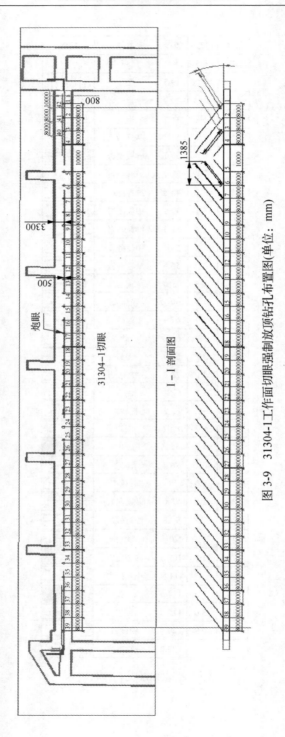

图 3-9 31304-1工作面切眼强制放顶钻孔布置图(单位: mm)

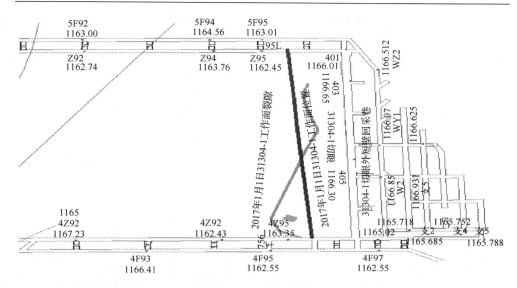

图 3-10 31304-1 工作面初次来压地表塌陷裂隙图(标高单位：m)

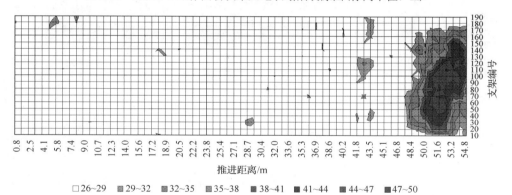

图 3-11 31304-1 工作面初次来压支架工作阻力曲面图(单位：MPa)

2. 正常回采

1) 实体煤下开采

工作面距切眼 665～722m 范围发生周期来压 5 次，来压特征见表 3-1。周期来压步距为 8.25～13.5m，平均 11.25m；来压期间支架压力 40～49.7MPa，平均 46MPa；非来压期间支架压力为 25.8～40MPa，平均 35MPa；来压持续长度 3～6m，平均 5.1m。

周期来压规律不明显，来压范围较分散，来压区域矿压显现较强烈，片帮、炸帮现象较严重，片帮炸帮深度 200～500mm，架前漏矸高度在 200～600mm，来压时工作面支架安全阀有开启现象，开启率为 30%～40%，工作面支架下沉量约 50～200mm。工作面正常回采期间支架工作阻力变化规律如图 3-12 所示。

表 3-1　31304-1 综采面周期来压特征表

序号	最大来压力/MPa	平均压力/MPa	40MPa 以上比例/%	正常段/m	来压段/m	来压步距/m	动载系数
1	48.5	37.7	38.9	5.25	6	11.25	1.25
2	49.7	36.0	36.1	7.5	6	13.5	1.09
3	48.3	33.4	15.7	7.5	4.5	12	1.11
4	49.7	39.8	62.5	5.25	6	11.25	1.25
5	45.2	35.6	33.3	5.25	3	8.25	1.05
平均				6.15	5.1	11.25	1.15

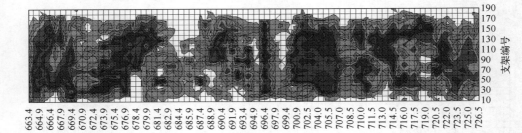

□ 26～29　■ 29～32　■ 32～35　■ 35～38　■ 38～41　■ 41～44　■ 44～47　■ 47～50

图 3-12　31304-1 工作面正常回采周期来压支架工作阻力曲面图（单位：MPa）（文后附彩图）

2）采空区下回采

旺采采空区下回采期间工作面来压规律不明显，每次来压持续 3～8 刀，平均 5.1 刀，每次来压间隔 3～17 刀，平均 8.5 刀，统计来压步距 6～21 刀，平均 13.6 刀（约 11m），来压较频繁，矿压显现不强烈，压力值在 38～47.6MPa，安全阀部分开启。炸帮、片帮较严重，炸帮深度 100～400mm，来压时漏矸高度 200～600mm。

工作面推进到距离旺采采空区和综采采空区间煤柱 2.6m 时，50～165 号架来压，压力值为 45～50.8MPa，持续 6 刀，漏顶 300mm，片帮约 200mm，60～110 号架少量淋水。工作面进入煤柱 4.63m 时，机头～130 号架来压，压力 43～53.7MPa，持续 8 刀，漏顶 500mm，片帮约 300mm，70～90 号架少量淋水。

从进煤柱到出煤柱过程中，工作面共来压 3 次，压力显现最强烈的是出煤柱期间，距煤柱边界 2.15m 时，工作面首先 40～110 号架来压，压力 43～46.5MPa，部分安全阀开启，立柱无明显下沉，持续 5 刀。紧接着 30～160 号架大范围来压，压力 43～51MPa，安全阀大范围开启，立柱最大下沉量 150～200mm，持续 11 刀，漏顶 500mm，片帮约 300mm，110～120 号架少量淋水。

工作面从进旺采采空区到进综采采空区支架工作阻力变化如图 3-13 所示。

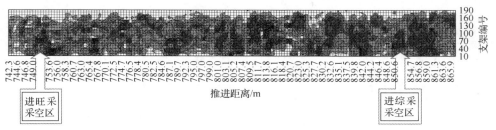

□26~29 ■29~32 ■32~35 ■35~38 ■38~41 ■41~44 ■44~47 ■47~50 ■50~53

图 3-13　31304-1 工作面进入采空区支架工作阻力曲面图（单位：MPa）（文后附彩图）

工作面在上覆 22302 综采采空区下回采期间，来压时压力值 38～49MPa，个别支架达到 53MPa，压力平均持续 4～6 刀，最大持续距离 17 刀；工作面无压时支架压力为 26～35MPa，无压段平均持续 8～10 刀，最大持续距离 34 刀；周期来压步距平均 10.4～12m，最大 31.2m，综采采空区下工作面周期来压特征见表 3-2。工作面来压规律不明显，呈现局部来压、分段来压和整体来压，工作面来压时片帮、炸帮、架前漏矸现象较严重，片帮炸帮深度 200～500mm、漏矸高度在 200～1000mm。来压时工作面支架安全阀大范围开启，开启率为 30%～60%，工作面支架活柱下缩量约 100～300mm，来压区域顶板淋水增大。工作面在综采采空区下回采时支架工作阻力变化如图 3-14 所示。

工作面来压时出现切顶现象，安全阀开启率达到 70%～80%，顶板下沉量在推进 2～3 刀内最大达到 300mm，切顶范围 50～130 号架。

表 3-2　综采采空区下 31304-1 工作面周期来压特征表

序号	最大压力/MPa	平均压力/MPa	40MPa 以上比例/%	正常段/m	来压段/m	来压步距/m	动载系数
1	43.8	35.5	20	9.6	4	13.6	1.04
2	46.9	38.0	30.6	8	3.2	11.2	1.15
3	45.0	35.1	22.2	6.4	4	10.4	1.02
4	49.8	36.0	26	2.4	4.8	7.2	1.16
5	48.0	36.8	25	10.4	1.6	12	1.12
平均				7.4	3.5	10.9	1.09

采空区下回采压力曲面图

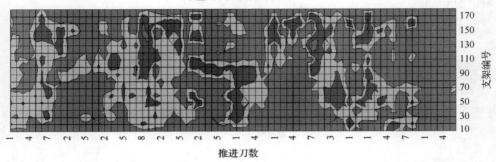

■ 30~35　■ 35~40　■ 40~45　■ 45~50

图 3-14　综采采空区下 31304-1 工作面支架工作阻力曲面图(单位：MPa)

3. 末采

为了预防贯通期间顶板大面积来压造成压架事故，主回撤通道顶板提前施工高压水预裂工程，预裂钻孔如图 3-15 所示，影响范围从工作面剩余 37m 开始。由于高压水预裂破坏工作面直接顶完整性，来压步距缩短，来压频繁；高压水预

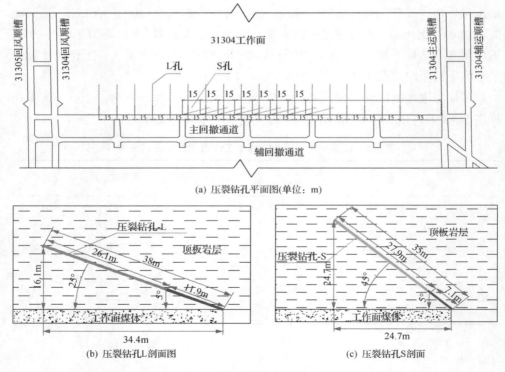

图 3-15　31304-1 工作面主回撤通道水力压裂钻孔布置图

裂影响范围内来压时，压力值在 38～43MPa，来压范围 10～170 号架，活柱无明显下沉。

从剩余约 20m 开始，主回撤通道正帮开始有不同程度炸帮现象，工作面距离贯通约 3m 时，主回撤通道正帮炸帮最大深度 800mm；副帮底部局部片帮深度 200mm，有帮鼓显现。贯通时工作面顶板压力正常，压力值 25.2～35MPa；回撤通道顶板压力较大，垛式支架压力值 28～48MPa，局部安全阀开启，顶板下沉量为 20～240mm，平均 78mm，其中贯通期间主回撤通道顶板下沉量较大区域对应工作面架号为 31～108 号架，最大下沉量 240mm。工作面末采 40m 到贯通后压力曲面如图 3-16 所示。

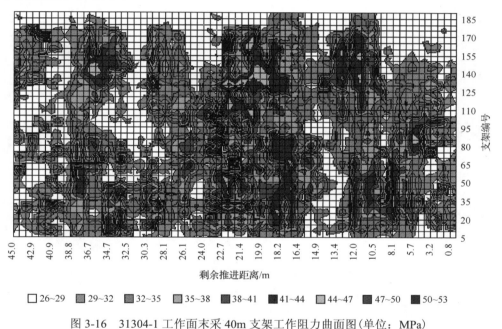

图 3-16　31304-1 工作面末采 40m 支架工作阻力曲面图（单位：MPa）

3.2.2　榆家梁煤矿 2.0m 采高综采工作面

榆家梁煤矿 4^{-3} 煤三盘区 43303-2 工作面宽度 351.3m，推进长度 702.4m，面积 24.67 万 m^2，地面标高 1230.1～1336.2m，煤层底板标高 1164～1171m，工作面巷道布置情况如图 3-17 所示。煤层厚度平均 1.74m，设计采高 2.0m。工作面松散层厚度 28～60m，上覆基岩厚度 58～115m；直接顶为泥岩，厚度 0～1.5m，平均 1.15m；基本顶为细砂岩，厚度为 13.7～18.8m。选用 TAGOR ZY10660/1.1/2.2 型两柱掩护式液压支架，平均支护强度 1.048MPa，安全阀开启压力 45MPa。

1. 初采

43303-2 工作面开采前，对顶板采取了深孔水力压裂措施。工作面推进至 26m 时，直接顶开始逐渐垮落；推进到 37m 时，工作面中部直接顶充分垮落，煤壁出现片帮、炸帮现象，两端头有 10 架左右悬顶；推进至 43m 时基本顶垮落。43303-2 综采工作面初采期间矿压立体图如图 3-18 所示。

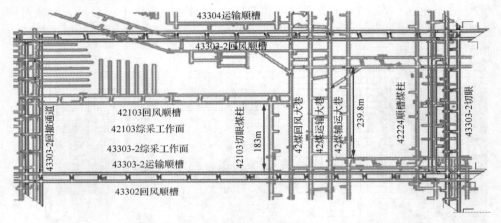

图 3-17　43303-2 综采工作面巷道布置平面图

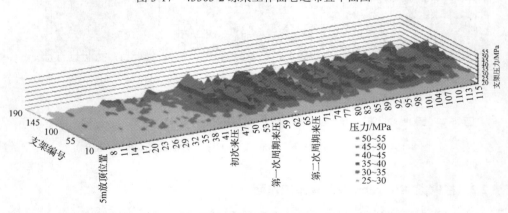

图 3-18　工作面初采期间顶板来压立体图(文后附彩图)

工作面基本顶发生初次来压时，机头推进了 42.5m(不含切眼)，机尾推进了 45m(不含切眼)，40～180 号支架压力 42～48.1MPa，部分支架安全阀开启，煤壁片帮、炸帮严重，片帮深度最大达 0.8m，顶板漏矸。推进 1.6m 后，支架压力下降，并趋于稳定，初次来压步距为 50.5m(含切眼)。基本顶初次来压期间，支架安全阀开启率约 83%，工作面及两顺槽无明显片帮，顶板出现台阶下沉，工作面出现小型飓风。初采期间矿压特征统计见表3-3。

表3-3 初采期间矿压特征表

推进距离/m	顶板垮落情况	支架压力/MPa	来压持续数	来压步距/m	动载系数
5		25.6～27.0			
18	直接顶初次垮落	27.8～28.7			
28	直接顶部分垮落	28.8～31.3			
37	直接顶全部垮落	29.8～32.1			
43	基本顶初次来压	36.6～41.8	11	43	1.07
47～51	周期来压	35.7～39.3	6	4	1.05

当工作面推进至42～65m时，地表出现O形裂缝塌陷，中间呈整体下沉，裂缝很小，四周出现较大的裂缝，裂缝宽度150～350mm，深度1.0～2.5m。地表裂缝及其对应的工作面位置如图3-19和图3-20所示。

图3-19 工作面初采期间地表裂缝塌陷

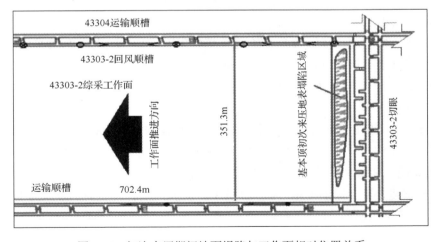

图3-20 初次来压期间地面塌陷与工作面相对位置关系

通过在 43303-2 工作面两顺槽设置测点(距离切眼 80m 范围内每隔 10m 布置一组测点),观测初采期间巷道变形情况见表 3-4、表 3-5。初次来压期间,工作面矿压显现较强烈,但巷道矿压显现不明显。巷道设计宽度 5.5m,运输顺槽顶底板移近量为 0~5mm,回风顺槽顶底板移近量为 0~8mm;巷道两帮变形量约为 100mm。

表 3-4　43303-2 运输顺槽顶底板移近量统计

测点距工作面距离/m	10	20	30	40	50	60	70	80
原始巷高/mm	2230	2340	2350	2410	2380	2450	2390	2350
受采动影响/mm	2225	2336	2347	2408	2380	2450	2390	2350
顶底板移近量/mm	5	4	3	2	0	0	0	0

表 3-5　43303-2 回风顺槽顶底板移近量统计

测点距工作面距离/m	10	20	30	40	50	60	70	80
原始巷高/mm	2360	2380	2350	2290	2380	2430	2510	2450
受采动影响/mm	2352	2374	2345	2287	2378	2430	2510	2450
顶底板移近量/mm	8	6	5	3	2	0	0	0

2. 正常开采

1)现场观测

从现场观测(表 3-6)分析得到如下工作面矿压显现规律:

(1)周期来压期间工作面支架压力 28~45MPa,局部压力超过 50MPa,立柱下缩量 80~350mm,平衡千斤顶伸缩量 30~60mm,支架呈"高射炮"状态。个别支架安全阀开启,来压明显。

(2)工作面分段来压,125~160 号支架先来压,40~80 号支架后来压。

(3)工作面推进至 300m 时,在上覆 4^{-2} 煤房柱式采空区集中煤柱下,机尾段突然来压,造成 160~195 号支架瞬间被压死。压架位置及现场情况如图 3-21 和图 3-22 所示。

(4)工作面推进 300m 后,在回风顺槽开始每隔 16m 对工作面进行顶板水力压裂,压裂孔深度 150m,倾角向上 8°,平行工作面布置,如图 3-23 所示。采用高压水预裂的方式破坏上覆 4^{-2} 煤顶、底板岩石的完整性,避免集中来压,降低压架风险。未预裂时正常周期来压步距为 11.13m,水压预裂后周期来压步距为 10.16m,水压预裂效果明显。

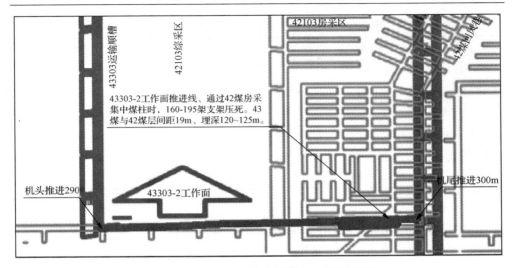

图 3-21　43303-2 综采工作面压架平面位置图

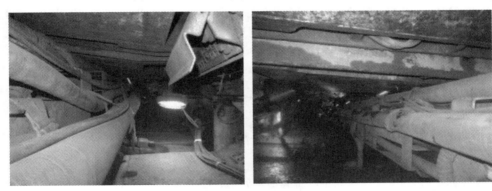

图 3-22　工作面压架现场图

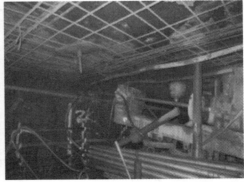

图 3-23　工作面水压预裂现场图

表 3-6　工作面正常回采期间矿压现场观测统计

距切眼/m	压力显现描述	平均支架压力/MPa	最大支架压力/MPa	备注
60～75	支架后方悬顶	32	35	周期来压
80～130	漏顶严重	33	—	周期来压
153.9～256.9	漏顶、顶板下沉严重	41	48	过上覆煤柱来压
257.2～295	片帮严重	34	39	周期来压
295～310	顶板下沉严重、切顶	46	53	上覆房柱式采空区煤柱来压
330～445	顶板下沉严重	38	49	周期来压

2) 矿压监测

利用电液控制系统对 43303-2 综采工作面 100～545m 范围进行了连续观测，并对矿压数据进行了分析，该 445m 范围内共发生 36 次周期来压，周期来压步距 7.82～12.11m，平均 10.6m，来压持续距离 4.0m。工作面正常推进时支架的载荷为 32.5MPa 左右，周期来压期间支架的载荷为 29～49.8MPa，平均 40.9MPa，动载系数平均 1.26。顶板部分周期来压特征见表 3-7，工作面过上覆集中煤柱矿压显现曲面图如图 3-24 所示。

43303-2 工作面来压强度大，尤其是 90 号支架至机尾段上覆 4^{-2} 煤房柱式采空区集中煤柱区域，瞬间来压时，支架额定阻力 10660kN 不能满足控顶要求，顶板切顶后支架立柱下沉量达 80～350mm。此外，来压期间顶板状况较差，不易维护，支架前梁处有漏顶、漏矸现象，局部切顶，工作面中部 80～155 号支架煤壁片帮、炸帮严重，片帮深度为 300～1100mm。

表 3-7　正常回采期间顶板来压特征

推进距离/m	名称	支架压力/MPa	来压持续距离/m	来压步距/m	动载系数
200～220	正常回采	25.6～33	3.2	9.48	1.29
227～257	42 煤回风大巷煤柱	36.5～46.3	4	12.08	1.27
257～290	42103 切眼煤柱	36.8～48.6	3.2～4.8	7.82	1.32
290～300	支架压死	39.8～49.8	4.8	12.11	1.25
310～380	42 煤短壁回采煤柱	38.8～45.3	4～5.6	10.38	1.17
390～430	42 煤短壁回采煤柱	36.6～46.8	3.2-5.6	10.38	1.28
435～490	42 煤短壁回采煤柱	38.7～49.3	3.2～4.8	12.08	1.27
	平均		4	10.6	1.26

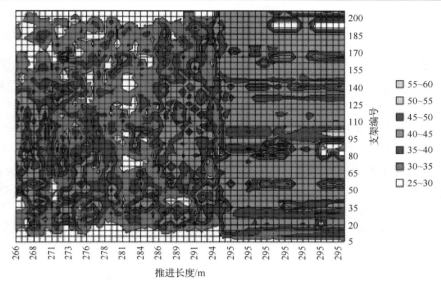

图 3-24　综采工作面过上覆 4^{-2} 煤房柱式采空区集中煤柱矿压显现曲面图

（单位：MPa）（文后附彩图）

　　通过在 43303-2 工作面两顺槽设置测点（距离工作面 80m 范围内每隔 10m 布置一组测点），观测正常回采期间巷道变形情况见表 3-8、表 3-9。运输顺槽顶底板移近量为 0～6mm，回风顺槽顶底板移近量为 0～10mm，均与初采期间相近，变化不大。巷道两帮变形较大，胶运顺槽槽上方为 42103 综采工作面采空区，巷道变形较小，而回风顺槽上方为 4^{-2} 煤房柱式采空区煤柱，巷道压力较大，副帮片帮严重，片帮深度达 300～600mm，高度 600～1100mm，每周巷道移近量为 110mm 左右。

表 3-8　43303-2 运输顺槽顶底板移近量统计（正常回采期间）

测点距工作面距离/m	10	20	30	40	50	60	70	80
原始巷高/mm	2365	2380	2290	2340	2360	2350	2410	2430
受采动影响/mm	2359	2375	2287	2338	2360	2350	2410	2430
顶底板移近量/mm	6	5	3	2	0	0	0	0

表 3-9　43303-2 回风顺槽顶底板移近量统计（正常回采期间）

测点距工作面距/m	10	20	30	40	50	60	70	80
原始巷高/mm	2260	2310	2365	2390	2280	2410	2410	2350
受采动影响/mm	2250	2302	2359	2385	2277	2408	2410	2350
顶底板移近量/mm	10	8	6	5	3	2	0	0

3. 末采

43303-2 综采工作面末采期间由距切眼 500m 推进至 702.4m 处，该回采区域埋深 116～154m，在工作面推进方向整体呈现埋深和基岩厚度逐渐增加的趋势。43303-2 工作面末采期间矿压显现主要规律如下：

（1）工作面机头段末采期间周期来压步距 8～14.2m，平均来压步距 10.2m。机尾段水力压裂区域周期来压步距 4.8～19.4m，平均来压步距 10.16m。

（2）工作面末采期间周期来压时压力 38～48.9MPa，局部压力达到 49MPa，个别达到 50MPa 以上。其中，来压持续长度 5.6～10.2m，安全阀开启率 60%～85%，工作面活柱下缩量 80～150mm，两顺槽顶板无离层和明显下沉等现象。

（3）工作面周期来压具有分段性，整体上呈现前半部和后半部两段交替来压。其中前半部压力集中在 25～95 号支架，后半部压力集中在 105～185 号支架。

（4）工作面推进至 535.7m 后，平均来压步距约 19m，较之前的来压步距明显增大。

末采期间矿压观测及来压特征统计见表 3-10、表 3-11 以及图 3-25 所示。

表 3-10　工作面末采期间矿压观测统计表

距切眼/m	压力显现描述	平均支架压力/MPa	最大压力/MPa	备注
505～545	支架后方悬顶	32	35	周期来压
550～580	漏顶严重	33	—	周期来压
589～610	漏顶、顶板下沉严重	41	48	过上覆煤柱来压
615～655	片帮严重	34	39	周期来压
660～700	顶板下沉严重、切顶	46	53	上覆房柱式采空区煤柱来压

表 3-11　末采期间顶板来压特征表

推进距离/m	名称	支架压力/MPa	来压持续长度/m	来压步距/m	动载系数
505～545	上覆 42 煤短壁回采煤柱	35.3-42.8	2.4-4	8.8	1.21
550～580	上覆 42 煤短壁回采煤柱	33.2-45.7	3.2-4	7.3	1.38
589～610	上覆 42 煤短壁回采煤柱	34.6-46.3	3.2-4.8	10.6	1.34
615～655	上覆 42 煤短壁回采煤柱	37.7-47.8	2.4-3.2	13.6	1.27
660～700	末采贯通	36.4-47.9	4-5.6	10.8	1.32
	平均		3.7	10.2	1.3

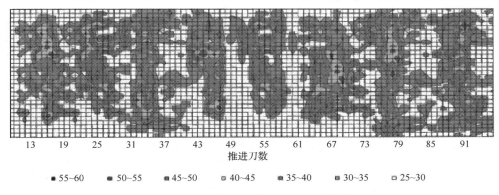

13　19　25　31　37　43　49　55　61　67　73　79　85　91
推进刀数

■ 55~60　■ 50~55　■ 45~50　■ 40~45　■ 35~40　■ 30~35　□ 25~30

图 3-25　工作面末采期间顶板来压曲面图（单位：MPa）

通过布置测点观测，末采期间回风顺槽顶底板移近量为 0～16mm，运输顺槽顶板移近量为 0～12mm。运输顺槽顶底板及巷帮变化不大；回风顺槽副帮片帮严重，片帮深度达 0.5～0.8m，高度 0.8～1.3m，每周巷道移近量为 125mm 左右，部分存在离层，见表 3-12、表 3-13。

表 3-12　43303-2 运输顺槽顶底板移近量统计（末采期间）

测点距工作面距离/m	10	20	30	40	50	60	70	80
原始巷高/mm	2415	2420	2390	2440	2460	2450	2390	2420
受采动影响/mm	2403	2410	2382	2431	2455	2447	2390	2420
顶底板移近量/mm	12	10	8	9	5	3	0	0

表 3-13　43303-2 回风顺槽顶底板移近量统计（末采期间）

测点距工作面距离/m	10	20	30	40	50	60	70	80
原始巷高/mm	2390	2410	2455	2430	2385	2420	2420	2445
受采动影响/mm	2374	2396	2445	2420	2379	2418	2420	2445
顶底板移近量/mm	16	14	10	10	6	2	0	0

3.2.3　中厚煤层综采工作面矿压显现规律总结

统计分析了榆家梁、哈拉沟、石圪台等煤矿 10 个中厚煤层综采工作面的来压特征，见表 3-14，得到了工作面采高与来压步距的关系，如图 3-26、图 3-27 所示。中厚煤层综采工作面初次来压步距主要集中在 40～60m，平均 47.9m，占比 70%；周期来压步距普遍在 10～18m，平均 13.4m，占比 90%。

通过对神东矿区中厚煤层开采实践统计分析，浅埋中厚煤层综采工作面非来压期间矿压显现缓和，来压时动载强烈，煤壁片帮漏顶严重，特殊开采条件下导致切顶或压架事故，如石圪台煤矿 2.5m 采高综采工作面在综采采空区下切顶、榆家梁煤矿 2m 采高综采工作面过上覆集中煤柱时发生大面积切顶压架等。3.5m 以下中厚煤层开采表现出了典型的浅埋煤层开采特征。

（1）从覆岩破坏角度分析，即便采高较小，顶板裂隙仍能快速发育至地表，顶板形不成完整的"三带"，地表产生台阶下沉。

（2）从矿压显现强度角度分析，工作面矿压显现强度大于回采顺槽。

（3）从裂采比角度分析，石圪台煤矿裂采比约为56，榆家梁煤矿裂采比达到57.8，哈拉沟煤矿裂采比约为40，这与中深部煤层工作面的裂采比显著不同。

表 3-14　神东矿区中厚煤层综采工作面来压步距统计

煤矿	煤层	工作面	面宽/m	采高/m	埋深/m	初次来压步距/m	周期来压步距/m
榆家梁矿	4^{-3}	44305	300.5	1.85	140	35	10.2
榆家梁矿	4^{-3}	43304	351	1.9	150	50	12
哈拉沟矿	$1^{-2上}$	$12^{上}101$	168	2	90	39.6	12.4
哈拉沟矿	1^{-2}	12101-2	280	1.9	80	42.5	17.4
哈拉沟矿	$1^{-2上}$	$12^{上}101-2$	450	2	110	51	15.3
石圪台矿	3^{-1}	31304-1	324.8	2.5	140	54.8	11.3
石圪台矿	2^{-2}	22302	316	3.2		56.8	12
锦界矿	3^{-1}	31402	330	3.2	200	72	18
乌兰木伦	1^{-2}	12502	217.4	3	167.1	44.5	9
乌兰木伦	1^{-2}	12307	210.9	2.7	145.8	33	13

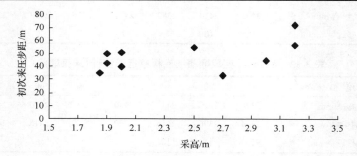

图 3-26　浅埋中厚煤层综采面采高与初次来压步距关系

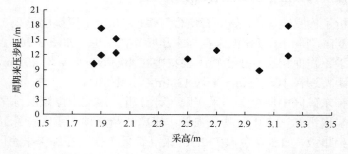

图 3-27　浅埋中厚煤层综采面采高与周期来压步距关系

3.3 大采高及超大采高综采工作面矿压显现规律

以哈拉沟、大柳塔、上湾、补连塔 4 个矿为例，分析了 5.2～8.8m 大采高及超大采高工作面矿压显现规律。

3.3.1 哈拉沟矿 5.2m 大采高综采面

哈拉沟煤矿 2^{-2} 煤层四盘区 22406 工作面宽度 305m，推进长度 2920m，面积 89.06 万 m^2，地面标高 1191～1286.8m，煤层底板标高 1128.0～1136.5m，工作面巷道布置情况如图 3-28 所示。煤层平均厚度 5.2m，设计采高 5.2m。工作面松散层厚 30～40m，上覆基岩厚度 60～75m，直接顶为粉砂岩，厚度 18.47～44.1m，基本顶为中细粒砂岩，厚度 0.9～17.3m，工作面范围内 Q84 钻孔柱状图如图 3-29 所示。工作面选用 5.5m 两柱掩护式液压支架，支架工作阻力 12000kN，支撑高度 2550～5500mm，平均支护强度 1.22MPa，安全阀开启压力 44.7MPa。

1. 初采

22406 综采工作面初采期间矿压特征如图 3-30 和表 3-15 所示，工作面推进 30m 左右直接顶开始垮落，支架压力逐渐增大；推进至 48m 左右，工作面矿压显现强烈，基本顶开始垮落，持续长度 6m 左右后来压结束。基本顶初次来压期间，工作面来压区域支架压力主要位于 40～50MPa，50MPa 以上的较少，支架立柱下缩量小，不足 100mm。煤壁无明显片帮，来压有飓风现象，地表出现明显裂缝和台阶下沉，如图 3-31 所示。

图 3-28 22406 综采工作面巷道布置图

岩石名称	岩 性 描 述	采取率/%	岩心采长/m	层厚/m	累深/m
流沙				3.76	3.76
黄土	灰黄色，含钙质结核	2	0.90	55.44	59.20
砾石层	河流石	1	0.10	9.80	69.00
粉砂岩	灰绿色，风化，含有丰富的黄铁矿结核	30	1.90	6.25	75.25
中粒砂岩	灰白色，成分石英长石为主，少量白云母片及暗色矿物，具块状层理，接触式胶结	84	7.00	8.29	83.54
细粒砂岩	灰绿色，局部夹粉砂岩薄层，成分以石英长石为主，泥质胶结	88	4.90	5.55	89.09
粉砂岩细粒砂岩	灰绿色，已风化 灰白色，成分以石英长石为主，泥质胶结，含黄铁矿结核	89	3.10	3.50	92.59
中粒砂岩	灰白色成分以石英长石为主，少量暗色矿物，分选中等，磨圆次棱角状，泥质胶结，含黄铁矿结核，与下伏冲刷接触	86	1.20	1.40	93.99
中粒砂岩	灰白色，具交错层理，泥质胶结，上部0.20m煤层(1$^{-2上}$煤)	75	11.55	15.36	109.35
粉细砂岩互层	上部0.20m黑色炭质泥岩，含黄铁矿薄膜，细砂岩，灰白色，泥质胶结，具块状层理，下部1.18m粉砂岩，含植物化石	61	0.85	1.40	110.75
细粒砂岩	灰白色，成分以石英长石为主，泥质胶结，波状层理，下部0.20m炭质泥岩	57	2.00	3.52	114.28
细粒砂岩	灰白色，成分石英长石为主，泥质胶结，夹粉砂岩薄层，具波状层理	91	2.90	3.20	117.48
中粒砂岩	灰白色，成分以石英长石为主，泥质胶结，具虫孔，上部0.25m煤层	84	3.45	4.12	121.60
粉砂岩	灰色，含植物叶化石，及黄铁矿结核，上部0.60m炭质泥岩	80	0.60	0.75	122.35
细粒砂岩	灰白色，成分以石英长石为主，泥质胶结夹粉砂岩薄层，具波状层理	90	1.90	2.10	124.45
泥岩	深灰色，含有丰富的植物根化石，上部0.40m煤层(1^{-2}煤)	88	2.30	2.60	127.05
细粒砂岩	灰白色，成分以石英长石为主，泥质胶结，具波状层理	71	0.50	0.70	127.75
中粒砂岩	灰白色，成分以石英长石为主，分选中，磨圆次棱角状，泥质胶结	92	3.20	3.49	131.24
细粒砂岩	灰白色，成分以石英长石为主，泥质胶结，夹粉砂岩薄层	79	5.35	6.81	145.69
中粒砂岩	灰白色，成分以石英长石为主，分选好，泥质胶结，上部0.20m炭质泥岩	99	2.60	2.62	148.31
粉砂岩	深灰色，含完整之植物化石及黄铁矿结核，下部0.05m炭质泥岩	94	2.10	2.23	150.54
2^{-2}煤	宏观煤岩类型：0.35(暗淡型)0.35(半暗型)0.10(光亮型)0.10(半亮型)0.10(光亮型)0.40(半亮型)0.25(半暗型)0.05(暗淡型)0.10(半暗型)0.05(暗淡型)0.28(半暗型)0.40(半亮型)0.20(光亮型)0.20(半亮型)0.70(半暗型)0.30(暗淡型)0.20(半暗型)0.54(半亮型)0.10(光亮型)0.20(半亮型)0.20(半亮型)	96	4.95	5.17	155.71
细粒砂岩	灰白色，成分以石英长石为主，泥质胶结，具波状层理，上部0.45m粉砂岩	38	1.20	3.20	158.91
粉砂岩	深灰色，含少量植物叶片化石，具波状层理，夹细砂岩薄层	76	1.10	1.45	160.36
细粒砂岩	灰白色，成分以石英长石为主，泥质胶结，具波状层理，下部0.70m为钙质胶结	95	3.70	3.90	164.26

图 3-29　Q84 钻孔柱状图

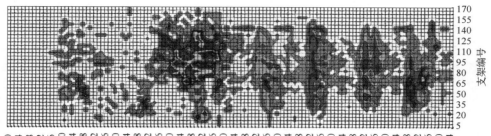

■ 53~56　■ 50~53　■ 47~50　□ 44~47　■ 41~44　■ 38~41　□ 35~38　■ 32~35　■ 29~32　□ 26~29

图 3-30　22406 工作面初采期间支架矿压特征图（单位：MPa）（文后附彩图）

表 3-15　22406 综采工作面初采周期来压特征表

来压次数	来压步距/m	来压持续长度/m	来压平均支架压力/MPa	来压支架压力峰值/MPa	来压范围
基本顶初次来压	54	6	48.7	54.6	70~145 号支架区域
第 1 次周期来压	13	5	50.2	55.9	40~160 号支架区域
第 2 次周期来压	15	6	49.7	53.5	30~165 号支架区域

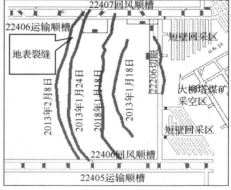

图 3-31　22406 工作面初采期间地表裂缝图

2. 正常开采

22406 综采工作面正常回采期间，连续观测 100m 范围周期来压特征见图 3-32 和表 3-16 所示。期间共 9 次周期来压，周期来压步距为 12~14m，持续距离为 3.1m。正常推进时支架载荷为 30MPa 左右，周期来压期间支架载荷为 40~55MPa，平均值为 49.7MPa，动载系数平均 1.46。

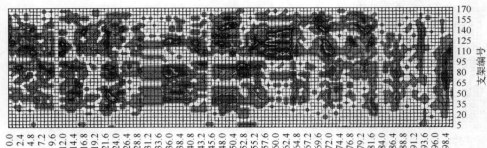

■ 56~59 ■ 53~56 ■ 50~53 ■ 47~50 □ 44~47 ■ 41~44 ■ 38~41 ■ 35~38 □ 32~35 ■ 29~32 □ 26~29

图 3-32　22406 工作面正常回采期间来压特征图（单位：MPa）（文后附彩图）

表 3-16　　22406 综采工作面正常回采周期来压特征表

序号	平均载荷/MPa	来压最大载荷/MPa	来压持续距离/m	来压步距/m	动载系数
1	42.4	52.6	3.4	12	1.41
2	46.5	54.1	2.6	12	1.55
3	43.5	53.5	3.4	13	1.45
4	42.4	53.9	2.6	10	1.41
5	43.6	53.6	3.4	14	1.45
平均	43.7	53.5	3.1	12	1.46

3. 末采

22406 工作面末采期间矿压显现特征如图 3-33 所示。末采期间工作面周期来压步距为 9.6m，压力持续长度 3.4m，工作面 60～120 架压力较大。工作面距离主回撤通道 4m 时全面来压，来压时支架下沉 200mm 左右，压力最大为 52.8MPa，

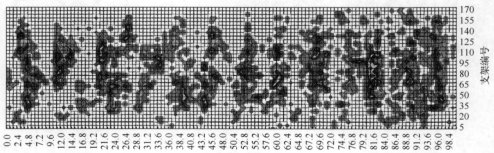

■ 53~56 ■ 50~53 ■ 47~50 □ 44~47 ■ 41~44 ■ 38~41 ■ 35~38 □ 32~35 ■ 29~32 □ 26~29

图 3-33　22406 工作面末采期间工作阻力特征图（单位：MPa）（文后附彩图）

煤壁炸帮，主回撤通道 15000kN 垛式支架安全阀全部开启。工作面来压时安全阀普遍开启，煤壁片帮甚至炸帮，割煤时煤块飞溅。主回撤通道贯通后顶板稳定，垛式支架立柱未有明显下缩现象。

3.3.2　大柳塔矿 7.0m 超大采高综采面

1. 超大采高界定

目前国内 6m 以下煤层普遍采用大采高综采技术，6m 以上埋深大、矿压显现强烈的煤层主要采用综放开采技术[77-79]。2006 年以来，神东浅埋矿区 6m 以上煤层主要采用一次采全高综采技术[80]，在此称之为"超大采高综采"，如 2006 年上湾煤矿 6.3m 超大采高工作面、2010 年补连塔煤矿 7m 超大采高工作面、2017 年补连塔煤矿 8m 超大采高工作面、2018 年上湾煤矿 8.8m 超大采高工作面。

2. 工作面开采条件

大柳塔煤矿 52303 工作面开采 5^{-2} 煤三盘区，工作面宽度为 301.5m，走向推进长度为 4443.3m，地表标高 1162.4～1255.3m，煤层底板标高为 985.13～1020.99m。煤层厚度为 6.6～7.3m，平均 7.0m，倾角 1°～3°。工作面北侧为正在回采的 52304 工作面，南侧为 52302 回风顺槽，西侧靠近 5^{-2} 煤辅运大巷，东侧靠近井田边界，工作面上覆 22305、22306 综采采空区及乔家岔三不拉煤矿采空区。煤层伪顶为 0～0.25m 的泥岩，直接顶为 0～1.85m 的粉砂岩，基本顶为 5.2～28.3m 的中粒砂岩，煤层底板为 0.76～5.6m 的粉砂岩。工作面采掘工程平面图及综合柱状图如图 3-34、图 3-35 所示。52303 综采工作面选用 ZY18000/32/70D 型中间支架、ZYG18000/32/70D 型过渡支架、ZYT18000/28/55D 型端头支架，采用 EKF-SL1000/ 6698 型采煤机和 SGZ2050/3×1600kW 型刮板输送机。

3. 初采

52303 综采工作面初采期间采取了强制放顶措施，强放钻孔布置方案如图 3-36 所示。工作面普通炮眼布置在靠切眼副帮 3.5m 处，加强眼布置在靠切眼副帮 2.5m 处，炮眼呈一字形分布，切眼炮眼间距为 7.0m，13 组 53 个炮眼，长度 2677m。从切眼割 4.0m 后强放钻孔装药，进行爆破强制放顶。

52303 综采工作面推进 0～200m 期间埋深为 149～184m，矿压显现特征如图 3-37、表 3-17 所示。工作面初次来压步距为 71.9m（含切眼宽度 9.8m），工作面初次来压期间压力主要分布在 30～120 号架，立柱压力约 43.8MPa，来压持续长度 3.2～6.5m，安全阀开启率 40%，立柱明显下缩、煤壁严重片帮、局部漏矸，最大片帮深度 1m，局部冒顶高度 0.5m，最大立柱下缩量达 600mm，矿压显现强烈。

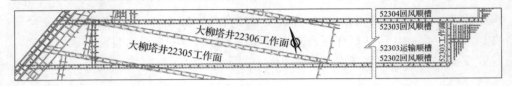

图 3-34　工作面采掘工程平面图

地层代号	层序	柱状图	层厚/m		岩石名称及岩性描述
			平均	最小值~最大值	
Q	1		30	0~65.9	松散层，主要由风积沙、固定沙、砂质黏土、含砾砂等组成，底部常分布有1~20m厚的含水砂砾石层
	2		55	35~80	以粉、细砂岩为主，夹有泥岩或中、粗砂岩。部分区域分布有1⁻²煤，1⁻²煤厚0.5~1.0m，1⁻²煤与2⁻²煤层层间距一般在27~30m
	3		4.70	0~4.96	2⁻²煤，半暗、半亮型煤，已回采完毕
	4		130	125~145	以粉细砂岩为主的泥质胶结碎屑岩系，其间夹有3⁻²、4⁻²、4⁻³、4⁻⁴煤层
J₂y	5		14.27	5.20~28.23	中粒砂岩，灰白色，成分以石英为主，长石次之，分选次之，泥质胶结，块状层理
	6		0.7	0~1.85	粉砂岩：灰色，含有植物化石，波状层理，泥质胶结
	7		0.10	0~0.25	泥岩：灰色，灰褐色，水平层理
	8		6.93	6.6~7.3	5⁻²煤，煤层结构较简单，在部分地段的煤层下部(距煤底0.2~0.5m部位)常含有1~2层夹矸，矸石层厚度在0.14~0.30m，矸石岩性炭质泥岩或泥岩。煤岩类型以半暗型、半亮型为主，部分暗淡和光亮型煤
	9		1.8	0.76~5.6	粉砂岩：灰色，含有砂质条带，顶部常分布有0.2m左右的泥岩，底部常分布有细粒砂岩、中砂岩

图 3-35　52303综采工作面综合柱状图

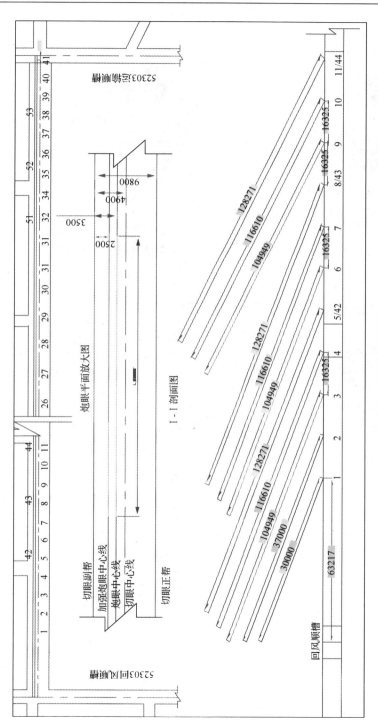

图 3-36　强制放顶设计图

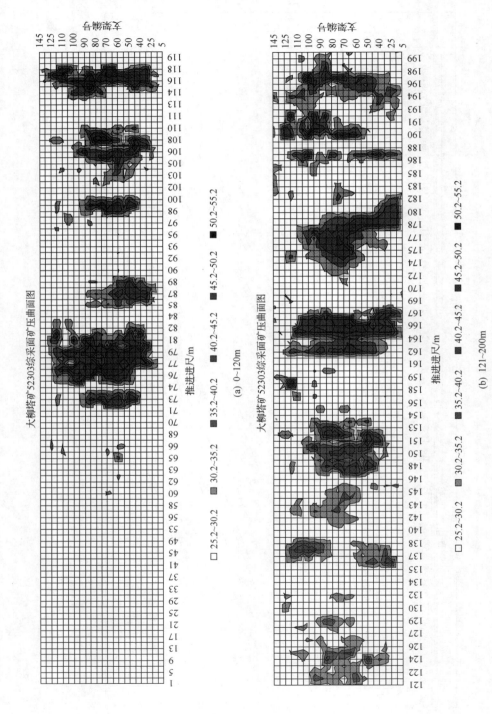

图 3-37　52303 工作面初采期间压力变化曲面图(单位：MPa)

表 3-17　52303 工作面初采 200m 各区域支架来压特征统计表

支架号	周期来压次数	周期来压步距/m	来压期间支架压力/MPa	非来压期间支架压力/MPa	动载系数	来压持续长度/m
1～29			压力正常			
30	7	21.5	42.8	29.2	1.57	2.81
40	7	19.5	42.4	29.4	1.55	3.10
50	9	16.6	42.8	30.2	1.52	4.00
60	9	17.1	43.1	29.3	1.57	4.32
70	9	14.0	43.1	29.8	1.55	4.00
80	7	17.2	42.0	28.4	1.59	5.40
90	7	18.6	43.1	30.7	1.50	5.9
100	6	19.5	42.8	30.3	1.50	3.90
110	5	22.0	41.6	28.7	1.60	2.80
121～150			压力正常			
平均	7.3	18.3	42.6	29.6	1.55	3.56

初采 200m 范围内，工作面周期来压主要集中在 30～120 号支架，来压时立柱压力 42.6MPa 以上，来压步距平均 18.3m，持续长度 2.8～5.9m，动载系数 1.5～1.6，来压时片帮明显，局部冒顶，安全阀开启率 30%，活柱下缩量 100～300mm。

工作面推进过程中，两顺槽超前段压力显现不明显，只有回风顺槽正帮超前工作面 15m 范围内出现轻微片帮，巷道顶板未见明显下沉。

初次来压时地表出现 O 形裂缝塌陷：中间整体下沉，裂缝很小；四周出现较大的裂缝，宽度在 20～200mm，可见深度在 0.3～0.8m。工作面初次来压时地面塌陷情况如图 3-38 所示。

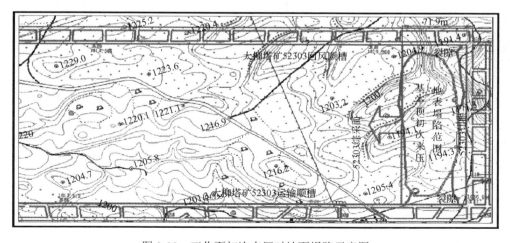

图 3-38　工作面初次来压时地面塌陷示意图

4. 正常开采

52303 综采工作面正常推进 201～4200m 期间，工作面埋深 149～289m，无特殊地质构造。工作面走向 1100～1300m 范围内矿压显现特征见图 3-39。周期来压步距 17.1m，持续距离 4～7.2m，来压时支架压力均 35MPa 以上，平均 42MPa，最大达 50MPa。立柱下缩量 200～500mm，平衡千斤顶缩进量 100mm，安全阀开启率达 35%。动载系数为 1.45～1.70，平均 1.58，动载强烈。周期来压期间工作面煤壁片帮、局部漏顶严重。工作面中部 30～120 架周期来压明显，两端头压力较弱，来压呈现不均衡性和不同步性。

工作面推进过程中，运输顺槽无明显的压力显现，回风顺槽两帮 15m 范围内有片帮、帮鼓现象，片帮最大深度 300mm，帮鼓最大 200mm，顶板未见明显下沉。

当工作面推进至 3791m 时，受二次采动、推进速度慢（4m/d）、过渡支架梁端距大、过联巷等因素影响，在没有周期来压的情况下，120～145 号支架区域开始漏矸，漏矸高度为 500～1000mm，随采随冒。工作面快速推进 8m 至 3799m 联巷附近时，机尾过渡段冒顶加剧，145～148 号支架区域内最大冒落高度约 6m，深度约 2m，造成采煤机右滚筒被掩埋无法启动，145 号与 146 号架、147 号与 148 号架相互咬架。

5. 末采

52303 综采面距停采线 80m 时工作面采高降至 6m，距停采线 30m 时工作面采高降至 5.8m。通过末采 100m 范围内的矿压数据生成矿压曲面图如图 3-40、表 3-18 所示。

末采 100m 范围工作面周期来压规律明显，周期来压步距平均 16m，来压持续距离 4～9m，来压步距比正常回采期间减小了 1.1m。来压时工作面压力主要分布在 15～125 架，呈整体来压趋势，来压时支架压力 39MPa 以上，安全阀大部分开启，立柱下缩量 200～400mm，片帮严重，片帮深度达到 1.5m，局部冒顶高度 1.5m 以上，工作面贯通前 3.2m 来压，贯通后回撤通道顶板下沉 300mm，压力达到 45MPa。52303 综采面末采矿压显现规律与正常回采期间相比变化较大，这与末采时采高、回采速度等因素改变有关。

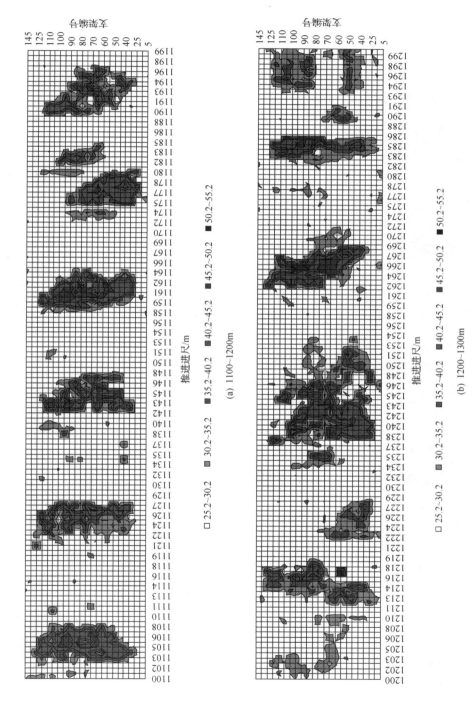

图 3-39　52303综采工作面正常回采期间周期来压曲面图(单位：MPa)

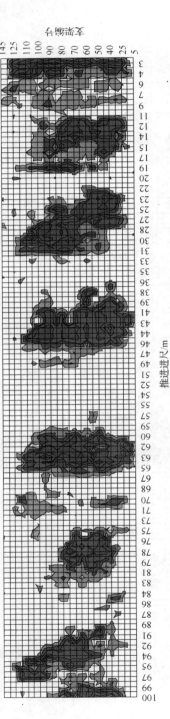

□ 25.2~30.2　▨ 30.2~35.2　▨ 35.2~40.2　▨ 40.2~45.2　▨ 45.2~50.2　■ 50.2~55.2

图 3-40　52303 工作面末采 100m 矿压显现曲面图(单位: MPa)

表 3-18　52303 末采期间矿压观测统计表

来压次数	距停采线距离/m	压力显现描述	平均工作阻力/MPa	最大工作阻力/MPa	备注
1	100~91	中部片帮漏矸	38.2	47.1	周期来压
2	81~75	中部片帮漏矸、立柱下沉	40.2	47.4	周期来压
3	65~60	中部严重片帮漏矸	41.5	48	周期来压
4	46~38	中部片帮、漏矸	40.6	47.7	周期来压
5	31~23	片帮漏矸严重	38.4	47.1	周期来压
6	19~11	中部轻微片帮、漏矸	38.1	47.7	周期来压
7	4~1	中部片帮漏矸、顶板下沉	39.1	47.1	周期来压

3.3.3　补连塔矿 8.0m 超大采高综采面

补连塔煤矿 1^{-2} 煤五盘区 12511 综采工作面于 2017 年 2 月开始回采,煤层底板标高 1042.7～1061.1m,工作面宽度 319.1m,推进长度 3139.3m,平均煤厚 7.4m。工作面北西方向为 12512 综采工作面,南东方向为已回采的 12510 综采工作面,南西为设计中的 12508 综采工作面,北东方向为 1^{-2} 煤五盘区三条大巷。工作面上覆岩层厚度 233～271m,松散层厚度 0～27m。直接顶为砂质泥岩,厚度 2.4～12.7m,平均 7.7m;基本顶为砂质泥岩,厚度 74.5～152.1m,平均 96.1m;直接底为砂质泥岩,厚度 0.95～5.65m,平均 3.05m。12511 工作面巷道布置平面图如图 3-41 所示。

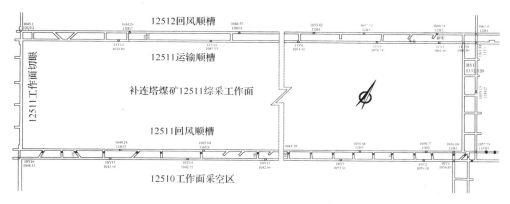

图 3-41　12511 综采工作面巷道布置平面图

12511 综采工作面采用一次采全高综合机械化采煤法,选用 ZY21000/36.5/80D 型两柱掩护式支架,共 149 台;选用 ZYT18000/28/55D 型端头支架,共 6 台;选 ZYG21000/36.5/80D 型短过渡支架,共 2 台;选 ZYG21000/36.5/80DA、B 型长过渡支架,共 2 台;回风顺槽超前支护选用 ZQLZX24500/25/50D 型掩护式支架,共 4 台。

1. 初采

为避免 12511 工作面初采期间顶板大面积来压,采用水力压裂初次放顶技术,以达到弱化工作面顶板岩层,减小初次来压步距和来压强度的目的。本次水力压裂分为两个阶段,即工作面安装前和安装后,安装前弱化切眼前方顶板岩层,安装后工作面推采 4 刀开始第二次水力压裂。水力压裂施工图如图 3-42 所示。工作面机尾推采至 9.6m 时,120～150 号支架采空区直接顶垮落;工作面机尾推采至 18.4m,机头推采至 11.6m 时,工作面仅剩机头 30 架范围内采空区直接顶未垮落,其余支架段直接顶全部垮落充满采空区。

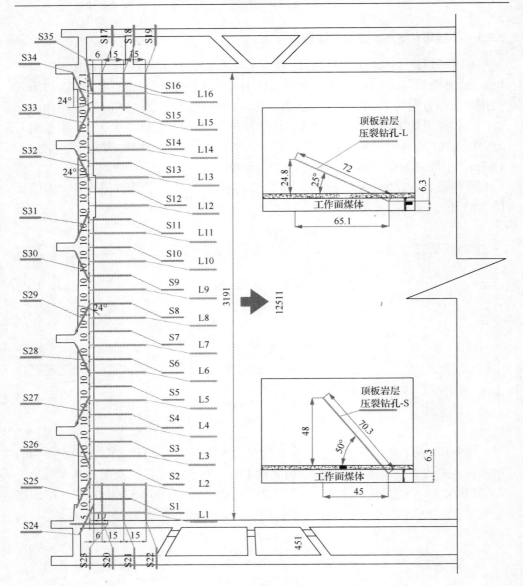

图 3-42　12511 综采工作面初采水力压裂施工图

初采期间工作面采高为 5.4～6.0m，工作面分段来压，中部 90～130 号架率先来压，40～90 号架、120～140 号架依次来压，初次来压步距为 44m，来压持续长度 4.0m。来压期间，工作面顶板发出异响，煤壁明显片帮，支架工作阻力 18531.6～21620.2kN，40～60 号支架超过安全阀开启值 47.6MPa，支架立柱下沉量 100mm 左右，顶板上层夹矸掉落，厚度 0.3～0.8m，工作面不断有煤炮声，但未产生飓风等剧烈来压现象。初次来压期间，35～60 号、125～135 号支架工作阻力均大于支架额定工作阻力 90%，工作面初次来压后推进至约 53m 时第 1 次周期来压，如图 3-43 所示。

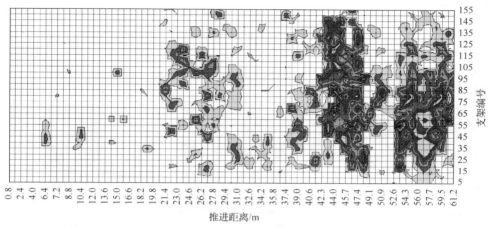

□ 26～29　□ 29～32　■ 32～35　□ 35～38　■ 38～41　■ 41～44　□ 44～47　■ 47～50　■ 50～53

图 3-43　12511 综采工作面初次来压阶段支架工作阻力云图（单位：MPa）（文后附彩图）

12511 工作面初采 50m 范围内，地表未发生裂隙和沉降；当推采至 125m 时，距切眼 68m 处出现 10～20mm 裂缝；回采至 220m 时，距切眼 134m 处地表出现 20～100mm 裂缝，地表沉陷 100～150mm。地表裂缝情况如图 3-44 所示。

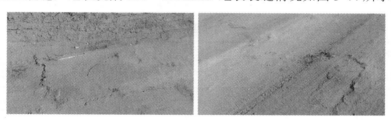

(a) 工作面推至68m，地表出现约10mm裂缝

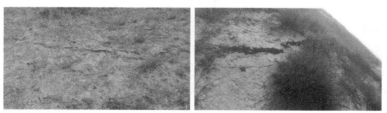

(b) 工作面推至134m，地表出现20～100mm裂缝

图 3-44　12511 综采工作面初采期间地表裂缝现场图

2. 正常开采

1）237.2～311.8m 期间周期来压规律

工作面推进 237.2～311.8m 期间支架工作阻力云图如图 3-45 所示。工作面周期来压规律明显，期间共来压 6 次，来压段分别为推进 242m、252.7m、266.5m、278.2m、291m、300.7m，周期来压步距分别为 10.7m、13.8m、11.7m、12.8m、9.7m，平均 11.74m，见表 3-19。周期来压时支架压力最大值达 53.9MPa。

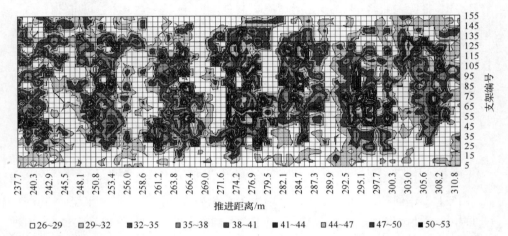

□26~29　■29~32　■32~35　■35~38　■38~41　■41~44　■44~47　■47~50　■50~53

图 3-45　12511 综采工作面推进 237.2～311.8m 段支架工作阻力云图（单位：MPa）（文后附彩图）

表 3-19　综采观测期间周期来压步距统计表

来压步距序号	1	2	3	4	5
周期来压步距/m	10.7	13.8	11.7	12.8	9.7
平均/m			11.74		

2）1243.4～1340.8m 期间周期来压规律

工作面推进 1243.4～1340.8m 期间支架工作阻力云图如图 3-46 所示。工作面周期来压规律明显，来压段分别为推进 1247.2m、1259.8m、1275.1m、1290.4m、1303m、1316.5m、1331.8m，周期来压步距分别为 12.6m、15.3m、15.3m、12.6m、13.5m、15.3m，周期来压步距平均 14.1m，见表 3-20。由于此阶段推进速度较 237.2～311.8m 期间加快，周期来压步距增大。

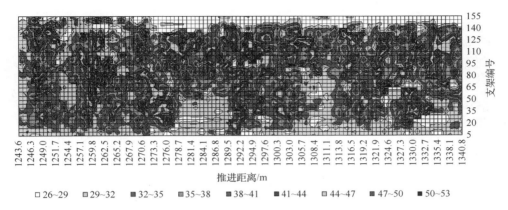

图 3-46　12511 综采工作面推进 1243.4～1340.8m 段支架工作阻力云图（单位：MPa）（文后附彩图）

表 3-20　工作面正常回采期间周期来压步距统计表

来压步距序号	1	2	3	4	5	6
周期来压步距/m	12.6	15.3	15.3	12.6	13.5	15.3
平均/m			14.1			

3）周期来压强度

补连塔煤矿 12511 工作面 237.2～311.8m 期间动载系数统计见表 3-21。非来压期间支架压力平均 31.03MPa，为支架额定压力（47.6MPa）的 65.2%；来压期间支架压力平均 43.27MPa，为支架额定压力（47.6MPa）的 90.9%；周期来压动载系数为 1.39，动载系数大，来压强烈。

表 3-21　工作面支架动载系数统计表

序号	非来压期间支架压力平均值/MPa	来压期间支架压力平均值/MPa	来压期间支架最大压力/MPa	动载系数
1	31.03	43.27	54.2	1.39

3. 末采

12511 综采工作面于 2018 年 3 月末采贯通，末采期间工作面采高由 8.0m 逐渐调整至 6m 左右。末采贯通期间矿压曲面图如图 3-47 所示。

距主回撤通道 16m 时完成挂网。距贯通 13.6m 时工作面整体来压，顶板发生切顶漏矸现象，来压持续距离 5.6m，来压步距为 12.11m。之后直至贯通工作面处于无压状态，顶板较完整。

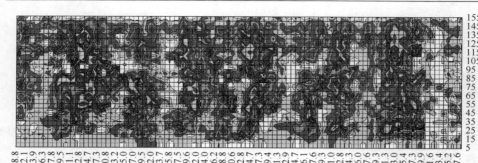

□26~29 ■29~32 ■32~35 ■35~38 ■38~41 ■41~44 ■44~47 ■47~50 ■50~53

图 3-47　12511 工作面末采期间矿压曲面图（末采 100m）（单位：MPa）（文后附彩图）

距主回撤通道 11m 时，通道内顶板无下沉。距主回撤通道 9m 时，通道内矿压显现强烈，煤炮声频繁，90 号至机尾垛式支架压力达 40~46MPa，通道内顶板下沉 50~100mm，出现片帮、鼓帮现象。距回撤通道 6m 时，通道内顶板下沉量最大达 100~200mm，压力增至 50MPa，随着支承压力峰值前移，垛式支架工作阻力下降至 38~45MPa。贯通后通道内顶板下沉 100~240mm，其中，两端下沉量 100~150mm，中部下沉量 200~240mm。

3.3.4　上湾矿 8.8m 超大采高综采面

上湾煤矿 12401 超大采高综采面是 1^{-2} 煤四盘区首采面，工作面宽度 299.2m，推进长度 5254.8m，设计采高 8.8m，煤层厚度为 7.56~10.79m，平均 9.16m，可采出煤量 1872 万 t。

12401 超大采高综采面埋深 124~244m，上覆松散层厚度 0~27m，上覆基岩厚度 120~220m。综采面伪顶为泥岩，普氏系数约 1.32，坚固性较低，属不坚硬类不稳定型；直接顶为灰白色细粒砂岩，普氏系数约 1.35，坚固性较强，属坚硬类不稳定型；基本顶为灰白色粉砂岩，普氏系数约 2.32；直接底为黑灰色泥岩，普氏系数约 1.86。煤层顶底板钻孔综合柱状图如图 3-48 所示。

综采面沿回采方向整体正坡推进，回风顺槽距主撤通道正帮 1100m 处揭露一条正断层，断层倾向 313°，倾角 68°，落差约 1.7m，导水性差。

采用 ZY26000/40/88D 型两柱掩护式液压支架，共布置 128 台支架，其中 6 台端头支架，4 台过渡架。两顺槽采用迈步式超前支架支护，主运输顺槽超前支架

层厚/m	柱状 1:200	层号	岩石名称	岩性描述
$\dfrac{20.34\sim5.68}{8.89}$		14	粉砂岩	灰白色，层面呈灰黑色，粉砂状结构，泥质胶结，水平层理、波状层理、交错层理均有出现
$\dfrac{3.81\sim1.99}{2.68}$		15	砂质泥岩	灰黑色，砂泥质结构，断口平坦，致密，水平层理，有少量植物化石，与下层渐变关系
$\dfrac{8.07\sim2.10}{6.54}$		16	细粒砂岩	灰白色，细粒砂状结构，分选性好，孔隙式泥质胶结，含植物化石
$\dfrac{1.75\sim0.52}{1.10}$		17	泥岩	灰色，泥质结构，断口平坦，致密，含植物化石，块状构造
$\dfrac{10.79\sim7.56}{9.26}$		18	1⁻²煤	黑色，光泽，暗淡，局部沥青光泽，粗条带结构，梯形断口，含黄铁矿薄膜及泥质包裹体，层状构造，半暗-半亮型煤，结构：1.05(0.13)1.16(0.11)6.81/9.26
$\dfrac{1.29\sim0.96}{1.10}$		19	泥岩	黑灰色，泥质结构，断口平坦，致密，块状构造，含植物化石
$\dfrac{3.80\sim0.98}{1.99}$		20	粉砂岩	灰白色，粉砂状结构，泥质胶结，水平层理，含植物化石

图 3-48　12401 综采面煤层顶底板综合柱状图

型号 ZYDC33700/29/55D，支护长度 23.2m；回风顺槽超前支架型号 ZFDC80000/29/55D，支护长度 21.2m。

1. 初采

12401 超大采高综采面于 2018 年 3 月开始回采，推进 4.8m 后采用深孔爆破强制放顶，钻孔布置方案如图 3-49 所示，推进 22m 后直接顶垮落充分，煤壁齐直，无炸帮现象。工作面推进至 30m，更换煤机摇臂期间，对综采面煤体进行了水压预裂，水压预裂后，煤壁变得酥软，局部出现炸帮。初采期间采高 6.5～7.0m，支架压力为 25～30MPa。工作面机头推进 45m、机尾推进 34m(不含切眼宽度 11.4m)时基本顶初次来压，支架压力显著增大，30～95 号支架压力普遍超过 40MPa，最高达 51MPa，来压持续距离 5m。30～90 号支架煤壁中上部片帮严重，最大片帮深度 2～3.8m，呈凹形，1～29 号支架、91～128 号支架煤壁较完整。初次来压期间，工作面两顺槽超前区域无明显压力显现，两帮无片帮。初次来压后，经现场观测，地表无裂缝。初次来压期间矿压显现特征如图 3-50 所示。

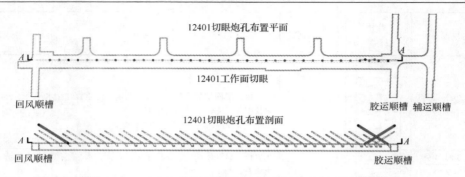

图 3-49　8.8m 大采高综采面强制放顶钻孔布置平剖面图

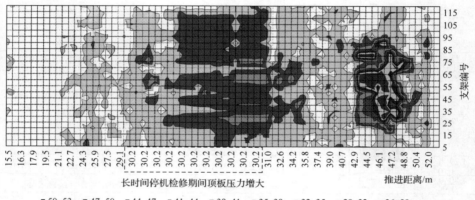

图 3-50　12401 工作面初次来压期间支架压力曲面图（单位：MPa）（文后附彩图）

2. 正常开采

1）工作面推进 45～130m 矿压规律

工作面采高由 6.5～7.0m 逐渐增加到 7.5～8m，由于煤体硬，采煤机、泵站等设备故障频繁，工作面推进速度平均 5.2m/d，周期来压步距较短，来压步距 8～13.4m，平均 10.7m，持续距离 5.3m，见表 3-22 和图 3-51 所示。

表 3-22　初次来压至 130m 期间周期来压统计

来压次数	机头推进度/m	来压持续/m	步距/m	说明
1	58.4	4	13.4	
2	66.4	5.6	8	
3	74.8	4	8.4	来压时停机 2 天
4	84.5	6.4	9.7	来压影响时间长
5	95.8	8.7	11.3	
6	108.9	3.2	13.1	机头来压
平均		5.3	10.7	

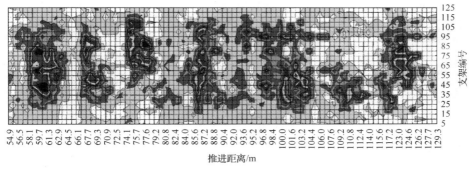

图 3-51　12401 工作面 45～130m 区域周期来压特征（单位：MPa）（文后附彩图）

来压时支架压力 45MPa 以上，主要分布在 30～90 号架，最大压力 52MPa，安全阀开启率 25%，来压时 30～80 号架片帮严重，片帮位于煤壁中上部，深度 1.5～2.5m，呈月牙形，局部区域冒顶，最大冒落高度 3.5m，造成采煤机和刮板运输机卡死。

工作面推进至 90m 时，地表基本无裂缝；90～110m 时地表出现宽 2～5cm、长 3～5m 的裂缝，129m 时地表出现宽 15cm、长 10m 的裂缝，裂缝落差 10cm，如图 3-52 所示。

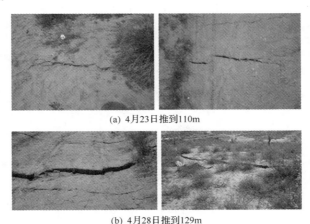

(a) 4月23日推到110m

(b) 4月28日推到129m

图 3-52　12401 工作面地表裂缝情况（单位：MPa）

2) 工作面推进 130～300m 矿压规律

随着超大采高综采面人员操作技能、设备可靠性以及管理水平的提高，从 130～269m 期间，工作面推进速度由 5.2m/d 增加至 6.8m/d，周期来压现象显著，呈现“两大一小”的新规律，大周期来压步距约 15m，小周期来压步距 5～11m，如图 3-53 所示。

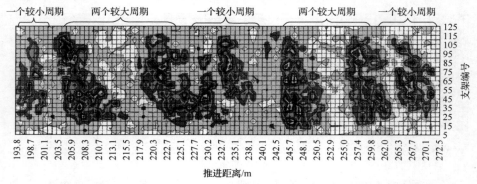

图 3-53　12401 工作面"两大一小"周期来压特征（单位：MPa）（文后附彩图）

　　针对来压期间片帮严重、端面距增大的问题，采取加强初撑力管理、工程质量管控、沿顶回采等措施，有效控制了片帮冒顶现象。

　　工作面推进至 269～300m 期间，通过测量煤岩力学参数、优化回采工艺，将工作面沿底回采变为沿顶回采，顶板稳定性明显提高，推进速度加快至 10.88m/d，周期来压步距增加至 19m，如图 3-54 所示。

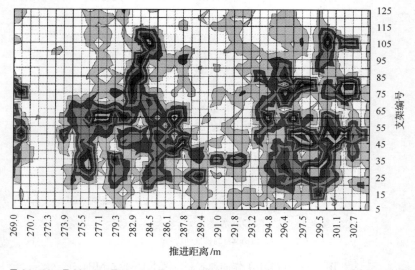

图 3-54　12401 工作面周期来压特征（单位：MPa）

　　工作面推进至 130～300m 期间，地面裂缝宽度为 100mm 左右，裂缝高差 300mm 以上，如图 3-55 所示，下沉量较大。5 月 31 日工作面推进至 296m 时，距切眼中部 80m 位置地表最大下沉量为 5.89m。随着工作面推进速度加快，地表下沉量和下沉速度明显加快，以 4 月 27 日～5 月 31 日为例，地表最大下沉速度约 4.92m/月。距切眼 396m 的测点下沉量 7mm，超前影响距约为 100m，超前影响角为 64.5°。

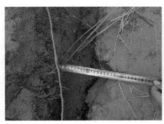

图 3-55　工作面推进 130～300m 期间地表裂缝下沉情况

　　根据地表裂隙实测数据，8.8m 超大采高综采面地表裂隙分布符合"O-X"形变形规律，地表裂隙分布如图 3-56 所示。12401 综采面推进 129m，地表裂隙形成明显的"O"形分布，"O"形裂隙圈与综采面煤壁最近水平距离约 24m；工作面推进 165m 时，"O"形裂隙圈与综采面煤壁最近水平距离约 14m，X 形裂隙逐步增多。

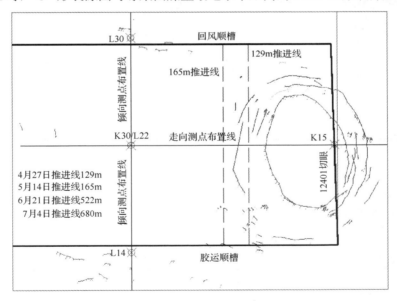

图 3-56　8.8m 大采高综采面地表裂隙分布情况(文后附彩图)

　　3) 工作面推进 300～1280m 矿压规律

　　12401 工作面推进 300m 以后工作面采高逐渐达到 8.5m 左右，在 300～1282.6m 推进长度范围内，周期来压步距为 8.9～25.4m，平均 13.5m，来压持续长度平均 4.4m，周期来压影响范围为 30～100 号支架，工作面中部来压强度强于两端头。

工作面推进 300～640m 范围内矿压云图如图 3-57 所示,来压动载系数统计见表 3-23,工作面中部支架动载系数最大达 1.78,动载强烈。工作面推进 300～1280m 范围内地面裂缝宽度约 100～300mm,裂缝高差最大 400mm,下沉量最大 6m,过沟谷时地表最大裂隙 500～800mm。

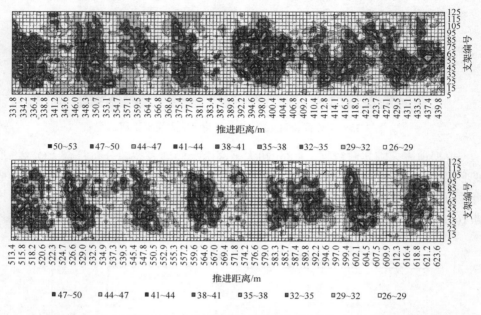

图 3-57　12401 工作面 300～640m 期间周期来压特征(单位:MPa)(文后附彩图)

表 3-23　工作面周期来压动载系数统计

工作面位置	中下部		中部				中上部		平均
支架编号	30	40	50	60	70	80	90	100	
来压期间支架末阻力/kN	22455	24590	26340	26273	26920	26257	24674	24542	25172
非来压期间支架末阻力/kN	15134	15808	16052	15876	15124	15858	15935	15817	15807
动载系数	1.48	1.58	1.64	1.65	1.78	1.66	1.55	1.55	1.59
动载系数平均值	1.53		1.69				1.55		

工作面支架初撑力平均为 25.6MPa,周期来压期间各支架工作阻力增阻率为 59.67%～79.18%,平均73.09%,支架增阻显著。支架工作阻力分布在14000～18000kN区间的占比 71.32%,在 26000kN 以上的比例平均 3.6%,支架适应性较好。

3.3.5　大采高工作面矿压显现规律总结

总结神东矿区 13 个矿井 45 个大采高综采工作面的矿压规律,分析了工作面宽度、采高、埋深与矿压之间的关系。

1. 工作面宽度与矿压的关系

对哈拉沟煤矿 2^{-2} 煤类似地质条件的 8 个大采高综采工作面宽度、来压步距进行统计分析，见表 3-24，得出工作面宽度与来压步距的关系，如图 3-58 所示。对同采 1^{-2} 煤层的不同矿井大采高工作面宽度与来压步距的关系进行分析，结果如图 3-59 所示。

表 3-24　综采工作面来压步距统计

工作面名称	宽度/m	采高/m	初次来压步距/m	周期来压步距/m
22214 工作面	225.7	5.2	56	15.2
22201 工作面	240	5.2	54	14.6
22202 工作面	240	5.2	53	13.8
22215 工作面	292.9	5.2	50	13.2
22211 工作面	300	5.2	51	14.1
22205 工作面	305	5.2	51	13.1
22209 工作面	320	5.2	50.5	12.1
22210 工作面	320	5.2	50	12.3

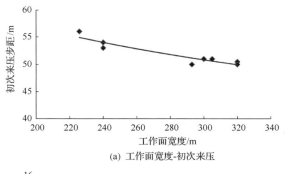

(a) 工作面宽度-初次来压

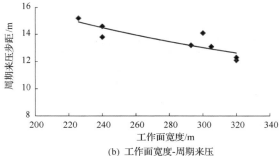

(b) 工作面宽度-周期来压

图 3-58　哈拉沟矿 2^{-2} 煤综采工作面宽度与来压步距关系

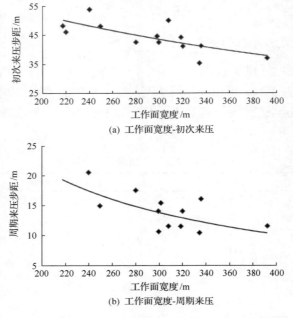

(a) 工作面宽度-初次来压

(b) 工作面宽度-周期来压

图 3-59　神东矿区 1^{-2} 煤不同矿井工作面宽度与来压步距关系

大采高综采工作面的初次来压步距、周期来压步距与工作面宽度呈负相关关系。工作面越宽，初次来压步距及周期来压步距越小，但工作面宽度达到一定值后，来压步距变化趋小。

2. 采高与来压步距的关系

1）工作面采高与来压步距的关系

以上湾煤矿 1^{-2} 煤 9 个大采高综采工作面为例，该矿工作面宽度多数在 300m 左右，地质和开采条件相似。统计了 12 个综采工作面采高与来压步距情况见表3-25，得出工作面采高与来压步距的关系曲线如图 3-60 所示。

表 3-25　上湾煤矿大采高综采工作面来压步距统计

煤矿及煤层	工作面名称	工作面宽度/m	采高/m	初次来压步距/m	周期来压步距/m
上湾煤矿 1^{-2} 煤	12305	300.5	4.2		15.0
	12301	249.6	4.8	48.0	15.0
	12104	300	5.3		16.2
	12101	240	5.3	53.8	20.6
	12202	301.5	5.8	50.0	15.4
	12205	308	6.0	50.0	11.5
	12206	318.7	6.5	44.2	11.5
	12106	298	6.8	44.5	10.0
	12401	299.2	8.8	42.5	14.0

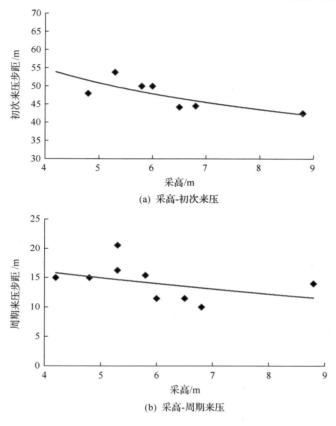

(a) 采高-初次来压

(b) 采高-周期来压

图 3-60　采高与来压步距关系曲线

大采高综采工作面初次来压步距、周期来压步距与采高呈负相关关系。采高越大，工作面来压步距相应缩短，采高增大到一定程度后，这种递减幅度变小。

2) 工作面采高与支架载荷的关系

对 1^{-2} 煤 14 个综采工作面采高、支架载荷进行统计，得出工作面采高与支架载荷的关系曲线，如图 3-61 所示。

浅埋、厚煤层综采工作面采高与支架载荷呈指数增长关系，3.5～6m 时支架载荷增加幅度不大；6m 以上再加大采高，支架载荷快速增加。目前，补连塔煤矿 8m 超大采高综采支架支护阻力达到 21000kN，上湾煤矿 8.8m 超大采高综采支架支护阻力达到 26000kN，采高仅增加 0.8m，而支架载荷相应增加了 5000kN。

3. 埋深与矿压的关系

1) 埋深与来压步距的关系

对石圪台、上湾、哈拉沟、榆家梁等煤矿 1^{-2}、2^{-2}、3^{-1}、5^{-2} 煤 17 个大采高综

采工作面埋深和来压步距进行统计，见表 3-26，得出工作面埋深与来压步距的关系曲线，如图 3-62 所示。

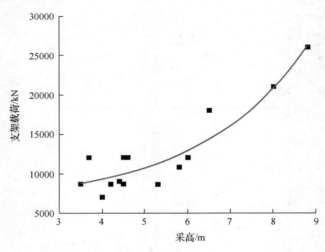

图 3-61　神东矿区浅埋 1^{-2} 煤采高与支架载荷关系曲线

表 3-26　不同煤层埋深与综采工作面来压步距统计

矿井	工作面名称	采高/m	埋深/m	初次来压步距/m	周期来压步距/m
石圪台煤矿	22406-1	4.4	82	69.4	18.8
石圪台煤矿	22408	4.3	109	69.8	15
石圪台煤矿	22407	4.4	114	80	15.8
上湾煤矿	12101	5.3	120	53.8	20.6
上湾煤矿	12202	5.8	130	50	15.4
石圪台煤矿	31203	3.9	130	65.2	19.2
石圪台煤矿	31204	3.9	135	65.8	11.6
哈拉沟	22207	5.3	145	50	13
哈拉沟	22409	5.2	150	61	16
哈拉沟	22407	5.2	153	66	11
上湾煤矿	12106	6.8	155	44.5	10
上湾煤矿	12105	6.8	158	66	11.5
榆家梁煤矿	52209	4.2	165	37	12.2
上湾煤矿	12206	6.5	228	44.2	11.5
上湾煤矿	12401	8.8	252	42.5	14
上湾煤矿	$12^{上}310$	3.8	270	53	13
上湾煤矿	12301	4.8	315	48	15

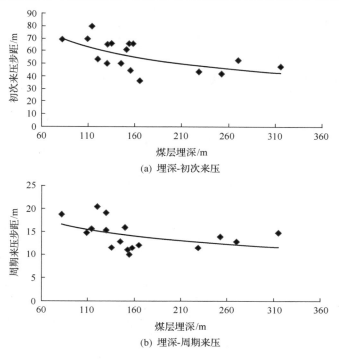

(a) 埋深-初次来压

(b) 埋深-周期来压

图 3-62　埋深与来压步距关系

在采高大致 4.0～6.5m 范围变化、工作面长度相近(约 300m)的条件下，浅埋煤层埋藏深度与大采高综采工作面初次来压步距、周期来压步距近似呈负相关关系，随着埋深加大，来压步距有降低趋势。

2) 埋深与支架载荷的关系

图 3-63 为以上 17 个大采高综采工作面支架载荷与埋深关系曲线，呈类似

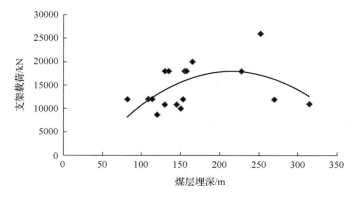

图 3-63　埋深与支架载荷关系曲线

抛物线形状。约 250m 以内时，支架载荷随着埋深增大而快速增加；埋深大于 250m 后，支架载荷随着埋藏深度增加而有所降低。这与浅埋煤层开采覆岩结构形式密切相关，埋深小于 250m 时覆岩不易形成稳定的承载结构，不能形成完整的"三带"，属于典型浅埋煤层开采特征；而埋深大于 250m，工作面顶板可能会形成完整的"三带"和稳定承载结构。

3.4　放顶煤工作面矿压显现规律

　　分析了布尔台矿、大柳塔矿预采顶分层以及柳塔矿综放工作面矿压显现规律。

3.4.1　布尔台矿综放开采

　　布尔台矿 42103 综放工作面回采 4^{-2} 煤，煤层倾角 1°～3°，平均厚度 6.7m，割煤高度 3.7m，放煤高度 3.0m，工作面长度 230m，推进长度 5242.5m。分岔复合区存在 0～1.2m 的夹矸，夹矸岩性为砂质泥岩。工作面上覆松散层厚度 3.2～34.8m，与 2^{-2} 煤层间距 35～77m，2^{-2} 煤层采深约 347.1m，地质构造简单。42103 工作面上部是 22103 采空区，采空区内积水对工作面威胁较大。工作面采掘工程平面如图 3-64 所示。

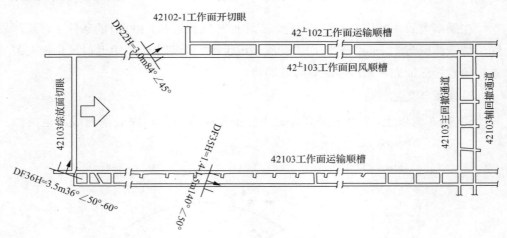

图 3-64　42103 工作面采掘工程平面图

　　采用 7LS6C/LWS739 型双滚筒采煤机，采高范围 2.40～4.95m；选用 ZFY12500/25/39D 型两柱掩护式液压支架，支护强度为 1.33～1.35MPa，支架具体参数特征见表 3-27。

表 3-27　ZFY12500/25/39D 液压支架主要技术特征

工作阻力 /kN	支架中心距 /mm	拉架力 /kN	支护强度 /MPa	梁端距 /mm	支撑高度 /mm	移架步距 /mm	推溜力 /kN	泵站压力 /MPa	顶梁长度 /mm
12500	1750	801	1.33～1.35	542	2500～3900	865	445	31.5	4845

1. 初采

工作面直接顶初次垮落步距为 21.2～22.1m（含切眼），初次来压步距为 57.4m（含切眼）。初次来压时工作面矿压显现强烈，煤壁片帮严重，支架活柱下缩量达 600～800mm，其中，55 号支架立柱行程来压后仅剩余 310mm。53～103 号支架安全阀大部分开启，52～65 号支架活柱行程小，支架姿态差，工作面片帮严重，片帮深度达 0.8～1.5m，59 号、60 号、72 号、91 号、94 号、104 号、109 号支架平衡油缸安全阀损坏。初次来压期间并未有飓风、耳鸣等现象，顶板断裂声响不大。

2. 正常开采

正常开采期间，工作面周期来压步距为 12.1～13.5m，平均 12.6m。支架初撑力 4637～6012kN，平均 5041kN，未达到支架额定初撑力 7917kN。

正常情况下，煤壁片帮，支架护帮板不能紧贴煤壁。来压时支架处于满负荷工作状态，达到额定工作阻力的 93.2%～97.4%，最大工作阻力 13961kN，动载系数平均 1.41，动载强烈。支架安全阀大面积频繁开启，煤壁片帮严重，局部区域漏矸冒顶，工作面顶板下沉量大，尤其是中部支架，下沉量平均 817mm，最大达 900mm，经常出现台阶下沉，支架濒临被压死状态。

工作面推进到 331m 时，调整支架安全阀开启压力至 52MPa，支架额定工作阻力达到 13062kN，此后，煤壁片帮、支架活柱下缩、架前漏矸冒顶得到有效缓解。正常推进阶段工作面矿压显现特征观测见表 3-28。

表 3-28　正常开采时 42103 工作面矿压显现特征观测

煤壁片帮部位及片帮值/mm		活柱下缩量/mm		支架安全阀开启
推进 0～330m	推进 331～735m	推进 0～330m	推进 331～735m	
800～1500	500～800	817～900	462	大部分开启

工作面存在大小周期来压，大周期来压步距平均 65m 左右，大周期来压期间，顶板维护困难，有漏矸发生，工作面压力值达到 50MPa，安全阀成射水状开启，控顶状况恶化，但未出现大面积冒顶事故。

3. 末采

末采期间工作面采高 3.6m 左右。根据支架载荷观测统计，距离贯通 22.4m 左右时发生周期来压，距离贯通 5.6m 时工作面再次周期来压，来压步距 16.8m。工作面破顶地段有大块矸石冒落现象，支架载荷显著增加，影响煤机正常行走。主回撤通道采用 15000kN 的 DZ15000 垛式支架，来压期间，主回撤通道内煤壁部分片帮并有锚杆崩断现象，垛式支架立柱行程最大下沉 150mm，平均 100mm，压力达 35MPa，与来压前相比，平均增加 10～15MPa。

3.4.2　大柳塔矿预采顶分层综放开采

大柳塔煤矿活鸡兔井 1^{-2} 煤层复合区煤层厚度为 10m 左右，由于煤层硬度大，若采用放顶煤一次采全厚，顶煤回收率低，资源浪费严重，由此，提出了预采顶分层、下分层综放开采的方法[81]，顶分层采用大采高综采技术，采高 3.5～4.0m，回采时未采取铺网人工制造假顶措施。$12^{下}202$ 工作面为 1^{-2} 煤下分层综放工作面，倾斜长度 249.8m，走向长度 1124.5m，地面标高 1202～1220m，煤层底板标高 1114.62～1126.55m。$12^{下}202$ 工作面正上方为预采顶分层 $12^{上}202$ 工作面采空区，北西始于 1^{-2} 煤南侧辅运巷，工作面南东端头为 1^{-2} 煤复合区的火烧边界，与 $12^{上}202$ 采空区底板的层间距为 1.5～4.7m。$12^{下}202$ 综放工作面煤层顶底板情况见表 3-29，$12^{下}202$ 综放面主要巷道布置如图 3-65 所示。采煤机选用 JOY-7LS6C/LWS738 型双滚筒采煤机，最大采高 4.5m；选用 ZFY10200/25/42 型两柱掩护式低位放顶煤液压支架，支护强度 1.08～1.11MPa，共 148 台。

表 3-29　$12^{下}202$ 综放工作面煤层顶底板

顶底板	岩石名称	厚度/m	岩性特征
基本顶	细、粉砂岩	>20	灰白色，石英为主，长石次之
直接顶	1^{-2} 煤	1.5～6.8	灰白色，粗粒砂岩为主，部分为中砂岩
直接底	粉砂岩	0.3～1.8	灰色，顶部夹 0.30m 薄层炭质泥岩，波状层理
老底	细、粉砂岩	>10	浅灰色，矿物颗粒以长石、石英、云母为主

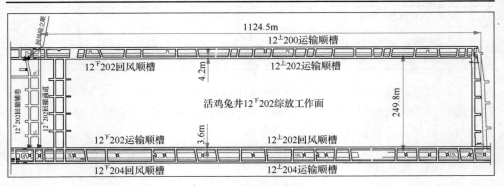

图 3-65　大柳塔矿活鸡兔井 $12^{下}202$ 综放工作面布置图

1. 初采

12^{下}202 综放面调斜切眼，机头滞后机尾 15.6m。观测期间，12^{下}202 综放工作面的回采高度为 3.2～3.6m，初次来压步距 31m。初采期间发生了切顶压架事故：当机头推进 22m，机尾推进 12m 时顶板急剧下沉，支架高度为 2.83～4.16m，平均 3.18m，如图 3-66 所示，压架过程中支架高度变化如图 3-67 所示；随着工作面推进，1～60 号支架安全阀开启增多，工作面顶板大幅度下沉，采高由 3.4～3.7m减小为 2.8～3.1m，6～50 号支架活柱瞬间下缩量达 250～810mm，平均 480mm，工作面煤壁片帮、漏顶现象严重，19 号支架被压死。

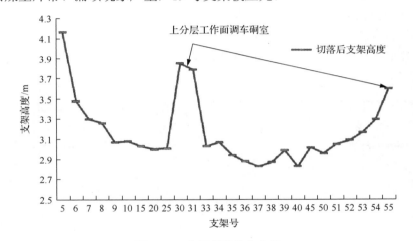

图 3-66　支架高度分布曲线

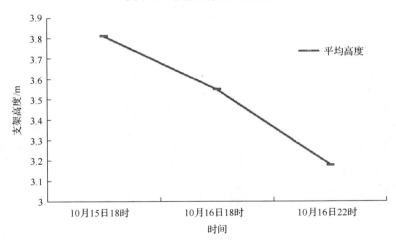

图 3-67　压架过程中支架高度变化曲线

2. 正常开采

正常回采期间 12^{下}202 综放工作面周期来压步距为 4.8～14.9m，平均 8.1m；来压时支架载荷为 9153～10026kN，平均 9434kN，非来压时支架载荷为 5219～8338kN，平均 7409kN；动载系数为 1.13～1.77，平均 1.29；来压持续长度为 0.8～11.2m，平均 3.2m，持续长度较大。支架安全阀开启率约 10%～19%。

12^{下}202 综放工作面过上分层联巷时两端头多次发生动载矿压，造成压架事故，而两端头超前支护段压力显现不明显，两帮无片帮，顶板无离层、明显下沉。工作面机头过上分层顺槽联巷共 23 个，造成机头 2 号组合架压架 6 次，压架位置均在工作面推至上分层联巷处，压架时组合架压力达 49MPa，立柱行程为 0。机头侧巷道位置关系如图 3-68 所示。

工作面机尾通过上分层联巷时发生了 3 次强烈动载矿压，如图 3-69 和图 3-70

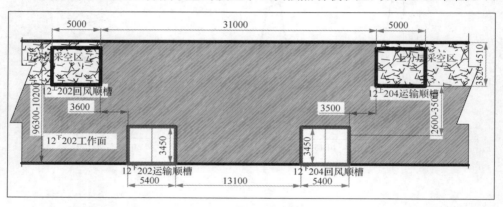

图 3-68 12^{下}202 综放面机头侧巷道层位剖面图

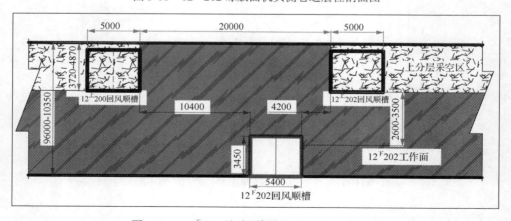

图 3-69 12^{下}202 综放面机尾侧巷道层位剖面图

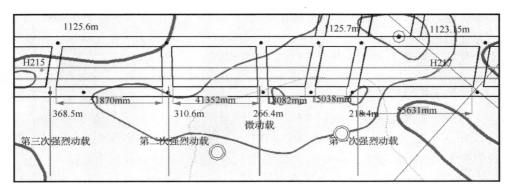

图 3-70　12$^\text{下}$202 综放工作面 3 次动载发生位置

所示，持续距离分别为 2.4m、0.8m、0.8m。动载来压时支架立柱压力急剧增大，安全阀开启，支架活柱行程仅剩余 50～100mm，端头支架推移困难，支架尾梁压在后溜机尾电机盖板上，造成工作面无法正常推进。

此外，当工作面推进至 236m 时，中部第 90～110 号支架顶煤变薄(0～0.2m)，煤层厚度仅 3.1m，该范围与上分层采空区贯通，造成端面漏顶。

3. 末采

12$^\text{下}$202 综放工作面推进至距离回撤通道 58.5m 时进入实体煤下回采，此时工作面不放煤，采高加大至 4.0m。从进入实体煤 22.5m 范围工作面没有来压显现，压力稳定在 30MPa 左右。当工作面进入实体煤 23m 时，70～110 号支架矿压显现剧烈，工作面顶板完整，但煤壁片帮严重，压力值在 45MPa 以上，最大 51MPa；立柱下缩量平均 500mm，来压步距为 23m。当工作面推进至回撤通道 14m 时工作面来压，来压步距为 20.5m，30～80 号支架压力显现剧烈，压力值在 40MPa 以上，最大达 49MPa，立柱下缩量平均 200mm，部分支架安全阀开启。末采期间工作面支架压力曲线图如图 3-71 所示。

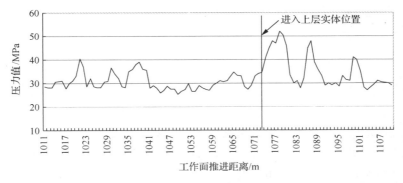

图 3-71　大柳塔矿 12$^\text{下}$202 综放工作面末采期间支架压力曲线图

贯通后，回撤通道两端头无明显下沉，中部垛式支架整体下沉 150～200mm，回撤通道内顶板完好，副帮上部有网兜，下部存在片帮，无锚索托盘损坏。液压支架立柱下缩量小，安全阀无开启。

3.4.3　柳塔矿综放开采

柳塔矿东部盘区 4 个规划工作面可采储量 1000 万 t，可采厚度 3～8.5m，平均 7.3m。一般含夹矸 1 层，厚 0.05～0.28m，夹矸岩性为粉砂质泥岩、泥岩。顶板岩性多为泥质粉砂岩、细砂岩，底板主要为砂岩、细砂岩及泥质粉砂岩。

1^{-2} 煤层 08 综放工作面东北方向是 1^{-2} 煤层 07 备用工作面，西南方向是 1^{-2} 煤层 09 备用工作面，东南方距井田边界 232m，西北方与东集中辅运相距 200m 为冲刷带，工作面地面标高 1236.68～1257.29m，煤层底板标高 1145.75～1155.80m，走向长 978.5m，倾斜长 274.95m。工作面相对地面位置没有建筑物及其他保护设施，地表为第四系风积沙，部分地段有沙柳、沙蒿植被。回采可造成地表台阶性下沉，但对邻近的地面建筑物及其他设施没有影响。图 3-72 为东部盘区 08 工作面平面布置示意图。

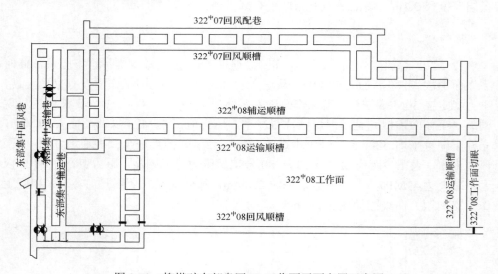

图 3-72　柳塔矿东部盘区 08 工作面平面布置示意图

1^{-2} 煤层 08 工作面平均煤厚度 7.3m，倾角 1°～3°，工作面沿煤层倾斜布置走向推进，沿 1^{-2} 煤底板回采，采高一般控制在 4m 以内，遇地质条件变化时，适当调整。采用走向长壁后退式综合机械化放顶煤采煤方法，全部垮落法管理顶板。采用 ZFY10200/25/42 型两柱掩护式放顶煤液压支架、SL750 型采煤机，前后部刮板运输机均为 SGZ1000/2×1000 型。

1. 初采

分析 08 工作面初采期间的矿压数据，各支架的循环末阻力曲线如图 3-73 所示，

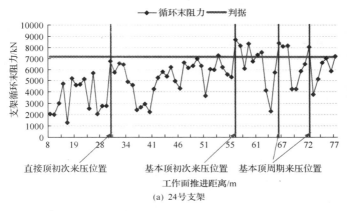

(a) 24号支架

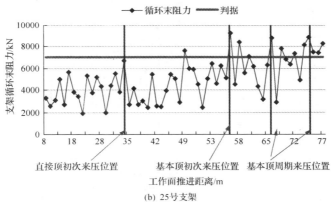

(b) 25号支架

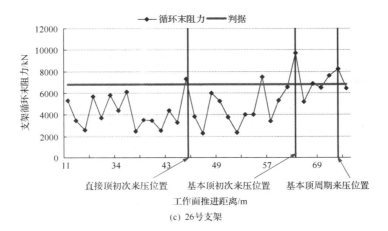

(c) 26号支架

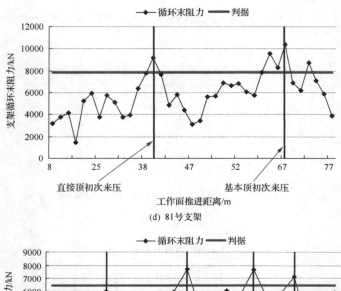

(d) 81号支架

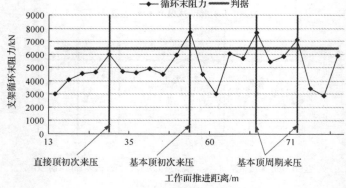

(e) 82号支架

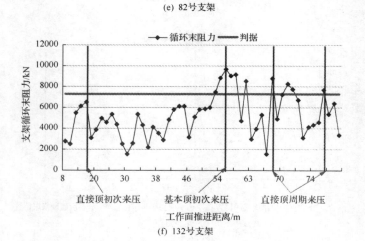

(f) 132号支架

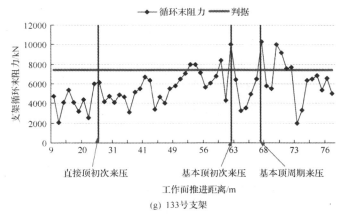

图 3-73 支架循环末阻力曲线图

上、中、下三测区分析结果见表 3-30 和表 3-31。工作面基本顶初次来压步距为 58.33～60.07m，平均 58.99m，动载系数为 1.65～2.22，平均 1.96，动载非常强烈。

表 3-30 基本顶初次来压步距

工作面位置	机头			中部		机尾	
支架号	24	25	26	81	82	132	133
来压步距/m	56.11	56.16	62.73	67.0	53.14	55.87	61.92
来压步距平均/m	58.33			60.07		58.90	
总平均/m	58.99						

表 3-31 基本顶历次来压动载系数统计

支架号		24	25	26	81	82	132	133	平均值	总平均值
初次来压		1.84	2.20	2.22	1.85	1.65	2.08	1.91	1.96	1.96
周期来压	1	1.34	1.37	1.26		1.59	1.55	2.10	1.54	1.49
	2	1.30	1.32			1.75	1.36		1.43	

2. 正常开采

正常回采期间，分析工作面 1 个月的矿压实测数据，如图 3-74 所示，工作面上、中、下三测区周期来压分析结果见表 3-32 和表 3-33。工作面基本顶周期来压步距为 3.18～19.5m，平均 9.43m；动载系数为 1.07～1.85，平均 1.36，动载明显。

3. 末采

末采期间，08 工作面距主回撤通道 15.6m 时开始挂网，矿压观测从运输顺槽剩余 62m、回风顺槽剩余 63m 开始。观测期间，工作面基本顶周期来压 6 次，统计见表 3-34。

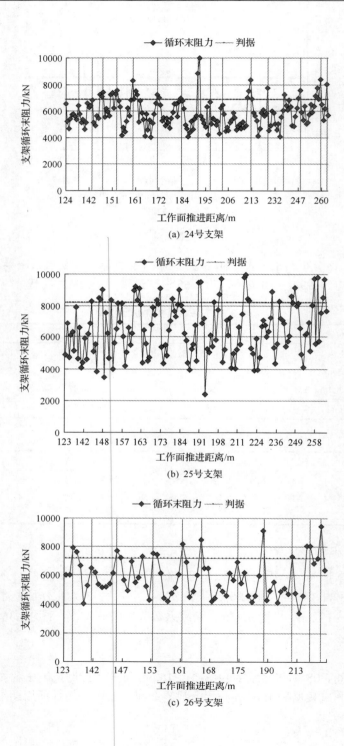

(a) 24号支架

(b) 25号支架

(c) 26号支架

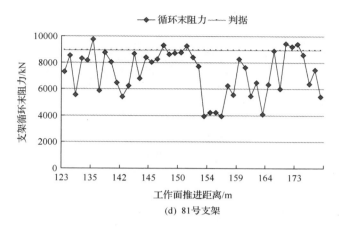

(d) 81 号支架

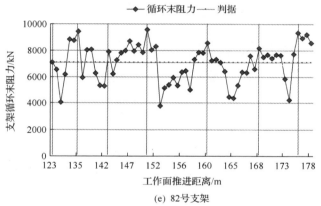

(e) 82 号支架

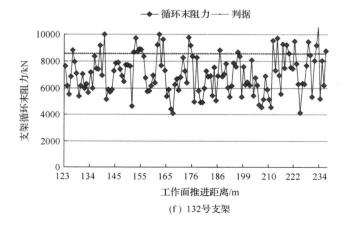

(f) 132 号支架

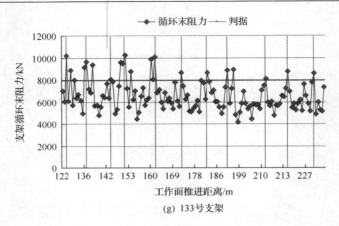

(g) 133号支架

图 3-74　支架循环末阻力曲线图

表 3-32　基本顶周期来压步距　　　　　　　　　　　（单位：m）

来压次序	机头			中部		机尾	
	24 号	25 号	26 号	81 号	82 号	132 号	133 号
1	10.46	8.78	16.68	10.06	11.59	15.69	12.60
2	7.72	10.06	3.6	7.56	7.39	10.29	10.15
3	4.41	5.15	7.35	5.0	8.18	10.07	4.59
4	6.75	6.38	8.81	3.18	9.28	11.78	11.32
5	7.02	7.26	5.60	8.68	8.12	13.15	11.34
6	10.62	10.96	7.60	7.37	7.45	9.67	10.2
7	12.73	11.42	13.1	6.78		13.31	9.96
8	7.67	8.23	14.65			11.95	15.12
9	5.58	7.01	15.70			6.8	10.92
10	4.63	14.2	6.92			7.55	11.38
11	11.31	19.5					
12	14.11	16.13					
13	11.17	9.22					
14	10.21	5.21					
15	11.07						
16	3.36						
平均		9.58			7.81		10.90
总平均				9.43			

表 3-33 基本顶历次周期来压动载系数统计

来压次序		支架号						
		24	25	26	81	82	132	133
周期来压	1	1.16	1.40	1.10	1.33	1.37	1.35	1.40
	2	1.20	1.53	1.39	1.28	1.22	1.44	1.23
	3	1.26	1.44	1.28	1.19	1.23	1.42	1.38
	4	1.17	1.41	1.50	1.07	1.35	1.35	1.50
	5	1.48	1.44	1.52	1.49	1.30	1.49	1.38
	6	1.26	1.32	1.29	1.48	1.35	1.34	1.39
	7	1.15	1.39	1.77	1.15		1.27	1.40
	8	1.85	1.55	1.53			1.57	1.32
	9	1.28	1.56	1.55			1.20	1.46
	10	1.23	1.66	1.35			1.47	1.40
	11	1.40	1.46				1.15	
	12	1.39	1.40					
	13	1.40	1.52					
	14	1.25	1.30					
	15	1.36						
	16	1.34						
平均			1.40			1.29		1.38
总平均					1.36			

表 3-34 工作面末采来压统计

来压次序	来压步距/m	持续距离/m	备注
1	11.4	1.7	
2	9.1	0.8	
3	8.7		129~136 号支架漏顶,高度达 1.2~2m
4	12.3	0.9	99~101 号支架漏顶,高度约 1.0~1.5m,工作面局部支架出现安全阀泄液,压力比正常情况(26~31MPa)大 4~7MPa
5	11.6	1.7	80~126 号支架大范围冒顶,顶板垮落的矸石,一度造成工作面前部输送机无法启动
平均	10.6	1.28	

末采期间,工作面顶板压力显现不稳定,周期来压强度大,周期来压步距 8.7~12.3m,平均 10.6m。工作面中部遇冲刷带,矿压显现较明显:第 4 次周期来压造成 129~136 号支架漏顶,高度达 1.2~2m;第 5 次周期来压造成 99~101 号支架漏顶,高度 1.0~1.5m,部分支架安全阀卸压;第 6 次周期来压,80~126 号支架大范围冒顶,造成工作面前部输送机无法启动。

3.4.4　综放工作面矿压显现规律总结

布尔台、大柳塔煤矿综放工作面开采参数相近,如采厚 6.0～6.8m、工作面宽度 230～250m、支架支护阻力 10200～12500kN,而埋深有差异,布尔台 4^{-2} 煤层埋深超过 400m,大柳塔 1^{-2} 煤层埋深约 100m。通过对比,大柳塔综放开采工作面呈现了典型的浅埋煤层开采矿压特征,动载系数高达 1.96,在过联巷时发生了压架事故。综上所述,浅埋综放工作面的支架载荷没有因为支架上方有顶煤作垫层作用而减弱,矿压显现依然十分强烈。

3.5　特殊条件下工作面矿压显现规律

分析了工作面过上覆采空区集中煤柱、地表沟谷及空巷等特殊开采条件下的矿压显现规律[82-86]。

3.5.1　工作面过上覆采空区集中煤柱

1. 1^{-2} 煤综采工作面过上覆集中煤柱

大柳塔矿活鸡兔井 1^{-2} 煤三盘区布置 6 个综采工作面,其上部对应 $1^{-2上}$ 煤 6 个综采工作面。由于 1^{-2} 煤层中存在一条状冲刷带,$21^{上}304～21^{上}306$ 工作面实施了重开切眼的跳采措施,因此,下部 1^{-2} 煤 21304～21306 工作面开采过程中均经历了过上覆跳采煤柱的开采状况,如图 3-75 所示。

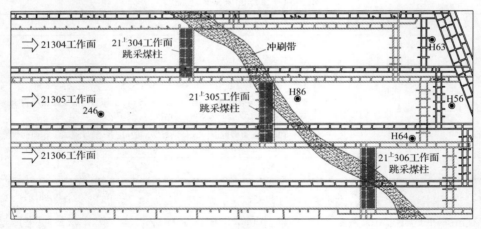

(a) 平面图

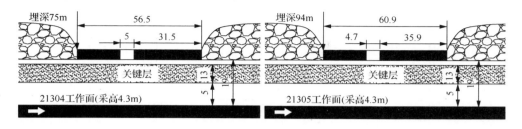

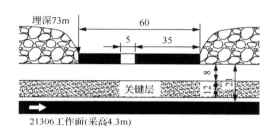

(b) 剖面图

图 3-75　大柳塔矿 1^{-2} 煤三盘区工作面上覆煤柱分布

　　1^{-2} 煤 3 个综采工作面在推出上覆遗留煤柱的过程中，均发生了支架活柱急剧下缩超过 500mm 的动载矿压现象，矿压显现剧烈。21304 工作面采用额定工作阻力为 8638kN 的液压支架，当工作面推进至距离出煤柱边界 3.4m 时，中部 63～105 号支架强烈来压，安全阀开启，煤壁片帮深度达 1.1m，架前冒矸高度达 1.2m，支架活柱急剧下缩量达 1200mm；21305、21306 工作面支架工作阻力提高到 12000kN，两工作面在出煤柱过程中，也发生了类似的动载矿压现象，其中，21305 工作面在推出煤柱边界后 4～5m 时支架活柱下缩 700～800mm，21306 工作面则在出煤柱前 5m 时支架活柱下缩 1100～1300mm。

　　3 个工作面开采条件类似，下面仅针对 21306 工作面的具体开采情况及其出煤柱时的矿压显现进行详细叙述。

　　21306 综采面走向长 2699.3m，倾斜长 255.7m，煤层厚度平均 4.75m，倾角 0°～5°，采高 4.3m，埋深约 103m，采用额定阻力为 12000kN 的两柱掩护式液压支架。上部倾向遗留煤柱宽度 60m，位于距 21306 工作面切眼 2196.9m 处。工作面距上部已采的 $1^{-2 \; 上}$ 煤层 $21^{上}306$ 工作面底板间正常基岩厚 2.5～26m，其覆岩柱状如图 3-76 所示。

　　当工作面距离出煤柱边界 5m 时，顶板突然大范围来压，16～130 号支架压力突然升高，17% 的支架载荷超过额定工作阻力 12000kN，如图 3-77 所示，最大阻力达 13363.6kN，平均 11922kN；动载系数最大 1.89，平均 1.75，动载强烈。支架安全阀剧烈开启，液管内乳化液喷射，2～3m 范围视线模糊。工作面顶板在

层号	厚度/m	埋深/m	岩性	关键层位置	柱状
1	21.79	21.79	黄土		
2	6.03	27.82	细粒砂岩		
3	16.86	44.68	粉砂岩	土关键层	
4	1.77	46.45	细粒砂岩		
5	1.5	47.95	粉砂岩		
6	0.95	48.9	细粒砂岩		
7	4.13	53.03	中粒砂岩		
8	4.37	57.4	粗粒砂岩		
9	0.2	57.6	1^{-1}煤		
10	2.54	60.14	粉砂岩		
11	3.86	64	细粒砂岩	亚关键层	
12	1.81	65.81	粉砂岩		
13	1.79	67.6	细粒砂岩		
14	2.33	69.93	粉砂岩		
15	1.87	71.8	细粒砂岩		
16	1.36	73.16	中粒砂岩		
17	2.67	75.83	$1^{-2\pm}$煤		
18	6.04	81.87	粉砂岩		
19	1.4	83.27	细粒砂岩		
20	1.73	85	中粒砂岩		
21	11.94	96.94	粗粒砂岩	亚关键层	
22	0.2	97.14	粉砂岩		
23	5.91	103.05	1^{-2}煤		

图 3-76　21306 工作面 H64 钻孔柱状图

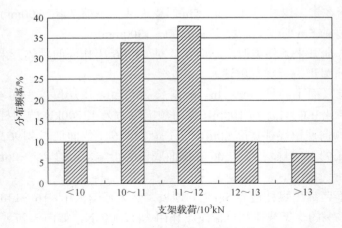

图 3-77　21306 工作面出煤柱时支架载荷分布

5s 内整体大幅度下沉，采高由 4.7～4.8m 骤降为 3.5～3.6m，其中，30～110 号支架活柱瞬间下缩 1100～1300mm。工作面煤壁片帮、端面漏顶现象严重，大量漏矸基本埋没采煤机。工作面强行快速推进 4～5 刀，采高逐步调整至 4.6m，工作面恢复正常。工作面动载矿压位置对应地表出现地堑式台阶下沉，裂缝宽度 3～4m，局部出现塌陷小漏斗，如图 3-78 所示。

图 3-78　21306 工作面动载矿压对应地表塌陷情况影响

2. 5^{-2} 煤综采工作面过上覆集中煤柱

52304 工作面机头推进 3698.6m、机尾推进 3683.6m 时，进入上覆 22307 工作面采空区 98.7m，工作面与上覆集中煤柱位置关系如图 3-79 所示。

矿压观测区域为出煤柱前 150m 至出煤柱后 100m，观测内容包括支架载荷变化、支架初撑力、端面漏矸及煤壁片帮、两顺槽超前支护段巷道变形及片帮等。

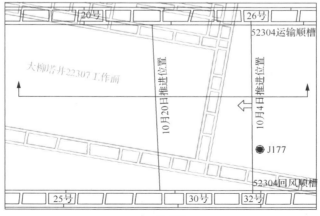

(a) 平面图

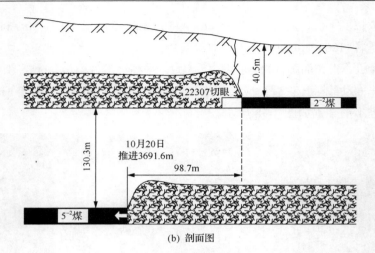

(b) 剖面图

图 3-79　52304 工作面与上覆采空区集中煤柱位置关系

　　工作面来压呈现明显的区域性，来压主要集中在 40～120 号架，两端头 1～30号架、130～152 号架基本无来压。各区域矿压显现特征见表 3-35。工作面周期来压步距整体表现为"两端大、中间小"的特征，来压持续长度则表现出"两端小、中间大"的特征，如图 3-80 所示，其中，工作面两端周期来压步距平均 19.9m，中部平均 15.2m；来压持续长度两端平均 2.1m，中部为 3.2m。来压期间支架载荷为 16249～17992kN，平均 17280kN，非来压期间支架载荷为 10656～12952kN，平均 11552kN，来压动载系数 1.5 左右，动载强烈。

表 3-35　52304 工作面不同区域矿压显现特征表

架号	来压步距/m	来压期间的支架循环末阻力/kN	非来压期间的支架循环末阻力/kN	动载系数	来压持续长度/m
1～30			基本无来压		
40	21.5	16882	11137	1.52	1.6
55	14.5	16700	11475	1.46	2.4
60	13.4	17519	11910	1.47	3.3
70	15.9	17116	10933	1.58	3.7
80	16.0	17818	11783	1.51	3.8
95	16.4	17619	11676	1.51	3.0
110	18.1	16711	11657	1.43	2.4
120	20.2	17878	11848	1.51	2.4
130～152			基本无来压		

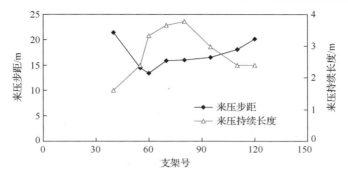

图 3-80　52304 工作面来压步距与来压持续长度

52304 工作面推过上覆 2^{-2} 煤一侧采空煤柱的过程中未呈现出较强烈的矿压显现，支架活柱下缩基本处于 100mm 以内，矿压显现正常。这主要是由于 2^{-2} 煤与 5^{-2} 煤之间岩层厚度大。工作面现场观测，来压期间煤壁片帮、炸帮，片帮深度 200～800mm，片帮形态整体呈现"凹"形分布，如图 3-81 所示。回风顺槽超前支护段副帮侧距端头 5～15m 范围内轻度片帮，煤壁呈鱼鳞状，片帮深度 60～120mm，片帮高度距离底板 1.0～2.3m；运输顺槽超前支护段巷帮则无明显片帮现象，巷道顶板状况良好。

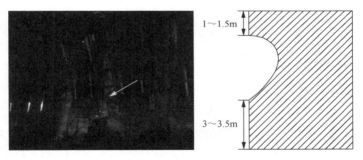

图 3-81　52304 工作面煤壁"凹"形片帮

3. 工作面过上覆集中煤柱动载矿压分析

浅埋近距离煤层工作面通过上覆集中煤柱的过程中，动载矿压多发生在出煤柱阶段，这与出煤柱阶段上覆岩层活动规律密切相关。首先，煤柱集中应力对下部煤层顶板施加了静载荷，采煤活动造成煤柱上覆岩层突然失稳，对下部煤层顶板施加了动载荷；其次，煤柱集中载荷的承载体系发生了改变，进煤柱前以及在煤柱下方时，主要依靠支架和煤壁共同承载，而出煤柱时，主要依靠支架承载，如图 3-82 所示。受上述因素影响，在下煤层工作面推出上覆集中煤柱边界时，顶板突发切落式破坏，这种切落结构不能维持其自身稳定性，对下煤层工作面产生冲击作用，造成动载矿压。

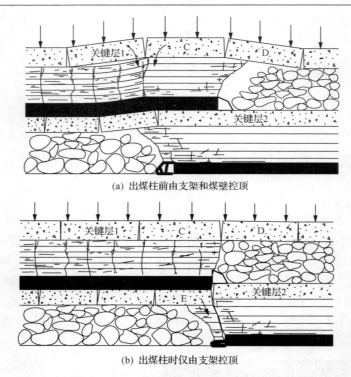

(a) 出煤柱前由支架和煤壁控顶

(b) 出煤柱时仅由支架控顶

图 3-82　工作面过煤柱不同阶段控顶体系示意图

　　采用相似材料模拟实验方法,进一步验证了上述关于工作面出煤柱动载矿压机理。为了准确反映工作面出煤柱时下煤层顶板所受的载荷变化,在煤柱边界对应的岩层上表面铺设应力计进行观测,实验室模拟实验结果如图 3-83 和图 3-84 所示。

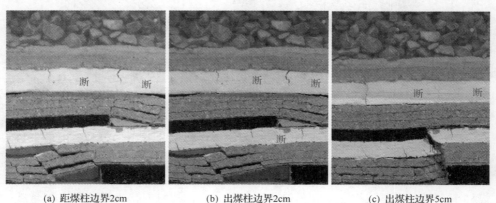

(a) 距煤柱边界2cm　　　　　　(b) 出煤柱边界2cm　　　　　　(c) 出煤柱边界5cm

图 3-83　工作面过上覆集中煤柱的相似材料模拟实验

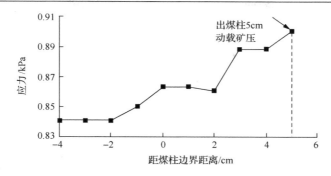

图 3-84　测点应力变化曲线

在工作面逐渐推出煤柱边界的过程中，下煤层顶板载荷逐步上升，煤柱上方顶板铰接结构的张开裂缝逐渐闭合。当工作面推出煤柱边界 5cm 时，下煤层顶板因不能承担上部过大的载荷而发生切落破坏，上部铰接结构及其控制的那部分岩层载荷短时间内施加于下煤层采场支护体系，导致了工作面动载矿压的发生。

3.5.2　工作面过地表沟谷

哈拉沟煤矿 22206 工作面推进长度 4850m，工作面宽度 305m，工作面北西侧为 22216、22217 工作面采空区，南西侧切眼至 99 联巷为实体煤，99 联巷至回撤通道为 22205 工作面采空区。工作面煤层埋深 70～135m，倾角 1°，煤层结构简单，属稳定煤层。工作面采用额定工作阻力为 10800kN 的两柱掩护式液压支架控制顶板。

22206 工作面回采过程中需过三元沟两条支沟，过沟段上覆基岩厚度 12.8～57.2m，松散层厚度 11.5～36.1m，含水层厚度 2.06～7.29m，工作面距切眼 520m 范围内有冲刷，煤厚 4.45～5.4m。过沟段砾石层和风化基岩分布较广，基岩顶面起伏较大，基岩顶面低点基岩厚度小，含水层厚度较大；基岩最薄处位于切眼 4 号硐室和 22206 回风顺槽 105 联巷附近，揭露基岩厚度均为 12.8m，工作面巷道布置、沟谷位置及基岩厚度分布如图 3-85 所示。

1. 过沟谷期间矿压显现规律

1）工作面入沟谷段（30～90m）矿压显现规律

工作面入地表沟谷 60m 范围内，共发生 4 次周期来压。来压步距为 9.5～13m，平均 11m，来压持续长度为 5.2m。周期来压时支架压力为 31.2～37MPa，平均 34.1MPa，动载系数为 1.38～1.46，平均 1.43，动载强烈。

周期来压期间，支架安全阀开启率为 11.3%～20%，立柱下缩量小于 20mm。第 3、4 次来压较为剧烈，顶板最大冒落高度达 1m，工作面入沟谷期间来压特征如图 3-86 和表 3-36 所示。

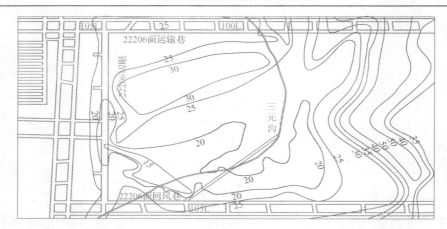

图 3-85　哈拉沟煤矿 22206 工作面沟谷位置及基岩等值线图

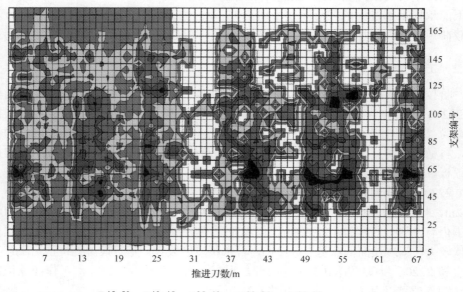

■45~50　■40~45　■35~40　□30~35　■25~30

图 3-86　哈拉沟煤矿 22206 工作面入沟谷段支架工作阻力曲面图（单位：MPa）

表 3-36　22206 工作面入沟谷段来压特征表

序号	来压时立柱平均压力/MPa	来压时立柱最大压力/MPa	35MPa 以上比例/%	来压割煤刀数	来压步距/m	动载系数
1	31.2	45.6	39.4	5	9.5	1.46
2	32.4	47.4	42.6	6	10	1.46
3	36	51	52.4	7	12	1.4
4	37	51.2	55.8	8	13	1.38
平均	34.1	48.8	50.05	6.5	11	1.43

2) 工作面过沟谷时(100~160m)矿压显现规律

工作面过沟谷期间共推进了 60m,周期来压 5 次,来压步距为 8.6~10m,平均 9.5m,来压持续长度为 4.2m。周期来压时支架压力为 34.7~36MPa,平均 35.6MPa,动载系数为 1.37~1.46,平均 1.43,动载强烈。

过沟谷周期来压期间,支架安全阀开启率为 8%~15%,平均 11.8%,立柱下缩量在 20mm 以内。除个别支架顶板漏矸严重,整体来看煤壁片帮不严重,工作面过沟谷期间来压特征如图 3-87 和表 3-37 所示。

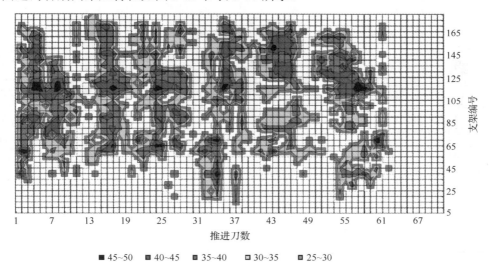

■ 45~50　■ 40~45　■ 35~40　□ 30~35　□ 25~30

图 3-87　哈拉沟煤矿 22206 工作面过沟谷时支架工作阻力曲面图(单位:MPa)

表 3-37　22206 工作面过沟谷时来压特征表

序号	来压时立柱平均压力/MPa	来压时立柱最大压力/MPa	35MPa 以上比例/%	来压割煤刀数	来压步距/m	动载系数
1	35.8	49.2	51.4	6	10	1.46
2	36	48.6	52.4	5	8.6	1.46
3	35.8	49.8	51.4	5	8.6	1.4
4	34.7	48.9	49.6	5	8.6	1.38
5	35.8	49.1	51.4	5	9.5	1.37
平均	35.6	49.1	51.24	5.2	9.5	1.43

3) 工作面出沟谷段(160~220m)矿压显现规律

工作面出沟谷期间共推进了 60m,周期来压 5 次,来压步距为 7.8~9.5m,平均 8.6m,来压持续长度为 4.3m。周期来压时支架压力为 34.8~37.1MPa,平均 35.9MPa,动载系数为 1.35~1.4,平均 1.37,动载强烈。

过沟谷周期来压期间，支架安全阀开启率为 9%～28%，平均 16.2%，开启较频繁。来压期间，顶板漏矸严重，但煤壁较硬，片帮不明显，工作面出沟谷期间来压特征如图 3-88 和表 3-38 所示。

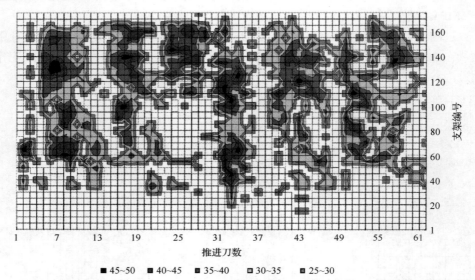

图 3-88　哈拉沟煤矿 22206 工作面出沟谷段支架工作阻力曲面图（单位：MPa）

表 3-38　22206 工作面出沟谷段来压特征表

序号	来压时立柱平均压力/MPa	来压时立柱最大压力/MPa	35MPa 以上比例/%	来压割煤刀数	来压步距/m	动载系数
1	35.7	48.6	51.4	6	9.5	1.36
2	34.8	48.7	49.7	5	8.6	1.4
3	36.2	49.7	53.7	5	7.8	1.37
4	37.1	50.2	59.8	6	8.6	1.35
5	35.8	48.9	51.6	5	8.6	1.37
平均	35.9	49.1	53.4	5.4	8.6	1.37

2. 过沟谷时矿压影响因素

以哈拉沟煤矿为例，采用数值模拟方法分析了工作面过沟谷前后的矿压影响因素，包括沟谷深度、主关键层层位、沟谷坡角、沟谷走向与工作面推进方向夹角。

1) 沟谷深度

沟谷深度越大，覆岩主关键层被侵蚀的可能性越大，被侵蚀的关键层层数越多。针对沟谷深度 21m、39m 和 55m 分别采用数值模拟方法进行了模拟分析，沟谷深度 55m 时的计算模型如图 3-89 所示。

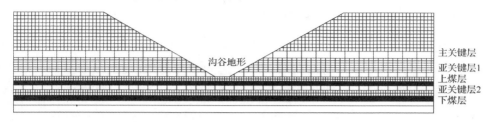

图 3-89　沟谷深度 55m 方案的计算模型图

通过对各方案的模拟分析，得出以下结论：

工作面矿压显现强度与沟谷深度正相关，尤其在沟谷上坡段易产生动载矿压，来压时活柱下缩量和地表台阶高度大。沟谷深度 55m 时，主关键层与亚关键层均被侵蚀，缺少水平应力，在上、下煤层工作面过沟谷地形上坡段，顶板块体易滑落失稳，对工作面支架产生动载，如图 3-90 所示。

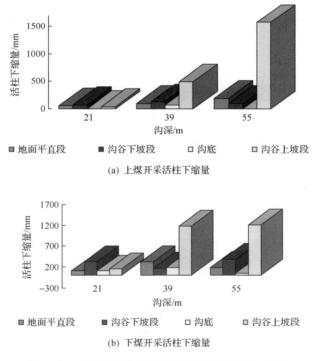

图 3-90　沟深对工作面支架活柱下缩量的影响关系

2）主关键层层位

在沟谷深度一定且主关键层被侵蚀的条件下，主关键层所处的层位越低，则相应上覆载荷越大，对应工作面过沟谷地形上坡段时发生动载矿压的危险性也越高。按照主关键层距离上煤层距离的不同，设置 3 组数值模拟方案，即主关键层距上煤层分别为 47m、32m 和 20m，前两种方案的模型如图 3-91 所示。

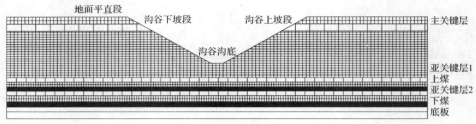

(a) 主关键层距上煤层47m

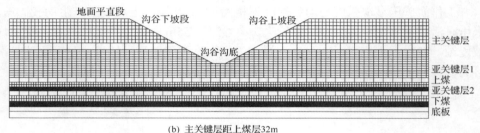

(b) 主关键层距上煤层32m

图 3-91 数值模拟计算模型图

通过各方案模拟分析，得出以下结论：

当主关键层距离工作面越远，工作面矿山压力越小，来压越不明显。当主关键层距离上煤层 20m（小于 10 倍采高）时来压明显，特别是在沟谷上坡段，顶板下沉量最大值达 490mm（图 3-92），对应地表台阶高度 430mm。当主关键层距离上煤层 32m 和 47m（约 10 倍采高）时，工作面在沟谷上坡段来压不明显，顶板下沉量最大值 360mm，对应地面台阶高度 300mm。

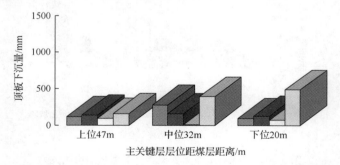

(a) 上煤层开采

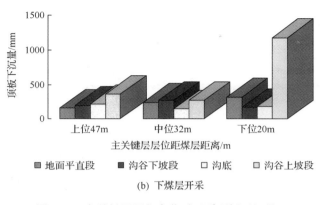

图 3-92　主关键层层位变化时开采顶板下沉量

3) 沟谷坡角

对于地表沟谷坡角，采用 6 组模拟方案进行数值模拟研究，见表 3-39，对应上坡坡角分别为 10°、15°、20°、25°、45°和 60°的数值模型如图 3-93 所示。

表 3-39　沟谷坡角变化数值模拟设计方案

方案	下坡角度/(°)	上坡角度/(°)	模型长度/m
方案 1	0	10	350
方案 2	15	15	500
方案 3	30	20	350
方案 4	30	25	350
方案 5	45	45	350
方案 6	60	60	350

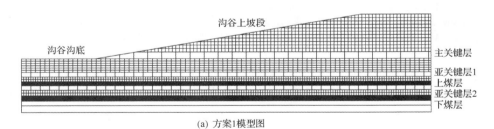

(a) 方案1模型图

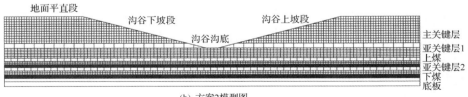

(b) 方案2模型图

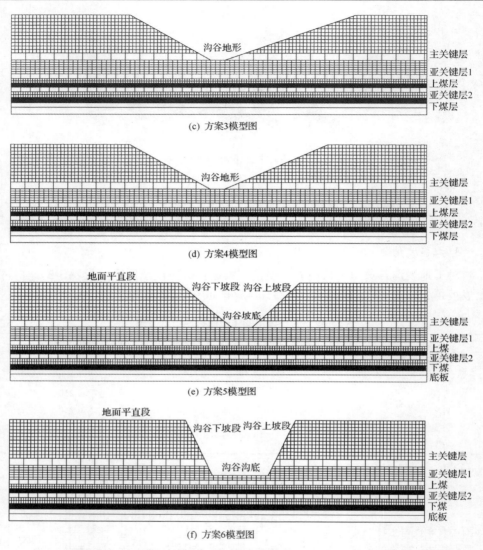

(c) 方案3模型图

(d) 方案4模型图

(e) 方案5模型图

(f) 方案6模型图

图 3-93　坡角变化方案计算模型图

　　方案 1（坡角 10°）时的模拟结果如图 3-94 所示。在上、下煤层开采工作面过沟谷上坡段期间，工作面来压强度不大。上煤层开采中顶板下沉量、地表台阶高度最大值分别为 330mm 和 300mm，下煤层开采中顶板下沉量、地表台阶高度最大值分别为 380mm 和 350mm。随着工作面不断推进，上覆岩层厚度逐渐增大，顶板下沉量和地表台阶不断增加。主要沟谷坡角较小，主关键层上覆岩层载荷较小，在工作面推进过程中，上覆岩层载荷逐渐增加，但关键层块体都能够保持稳定的结构状态。

　　方案 2（坡角 15°）时的模拟结果如图 3-95 所示。上、下煤层开采时工作面在

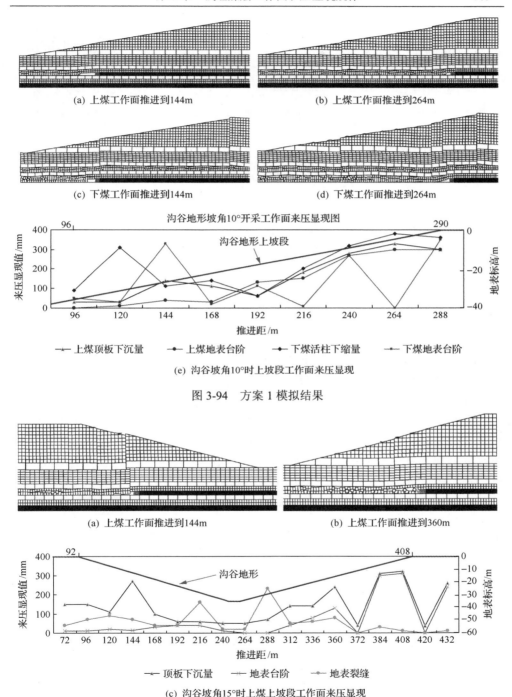

(a) 上煤工作面推进到144m　　　　　　　　　　(b) 上煤工作面推进到264m

(c) 下煤工作面推进到144m　　　　　　　　　　(d) 下煤工作面推进到264m

(e) 沟谷坡角10°时上坡段工作面来压显现

图 3-94　方案 1 模拟结果

(a) 上煤工作面推进到144m　　　　　　　　　　(b) 上煤工作面推进到360m

(c) 沟谷坡角15°时上煤上坡段工作面来压显现

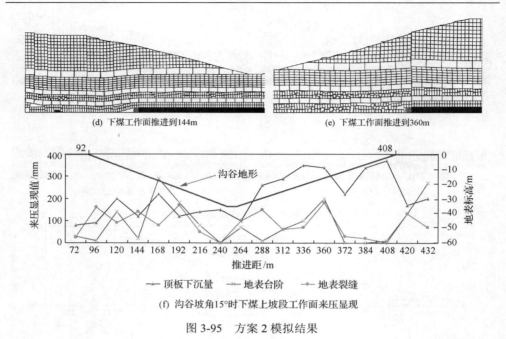

(d) 下煤工作面推进到144m　　　　　　(e) 下煤工作面推进到360m

(f) 沟谷坡角15°时下煤上坡段工作面来压显现

图 3-95　　方案 2 模拟结果

四个阶段均来压正常，上煤层开采时顶板下沉量、地表台阶高度最大值分别为 320mm 和 230mm，下煤层开采时顶板下沉量、地表台阶高度最大值分别为 370mm 和 180mm，且最大值均位于沟谷上坡段。

　　方案 3(坡角 20°)时的模拟结果如图 3-96 所示。上煤层开采时顶板下沉量、地表台阶高度最大值分别为 180mm 和 70mm，下煤层开采时顶板下沉量、地表台阶高度最大值分别为 320mm 和 500mm。在工作面推进过程中，上覆岩层载荷逐渐增加，但关键层块体结构保持稳定。

　　方案 4(坡角 25°)时的模拟结果如图 3-97 所示。上煤层开采时顶板下沉量、地表台阶高度最大值分别为 280mm 和 270mm，但在下煤层工作面过沟谷上坡段期间，有多次动载矿压，下煤层工作面推进至 240m 时，顶板下沉量、地表台阶高度分别为 600mm 和 1000mm。随着上覆岩层载荷逐渐增加，开采上煤层时关键层块体结构保持稳定，但开采下煤层时，主关键层块体受到二次扰动发生滑落失稳，在煤壁位置产生切顶，工作面发生动载矿压。

　　方案 5(坡角 45°)时的开采上煤层模拟结果如图 3-98、图 3-99 所示。当沟谷坡角 45°时，在非沟谷地段、过沟谷下坡段和沟底期间工作面矿压正常，顶板下沉量最大 220mm，地面台阶高度最大 150mm，裂缝宽度最大 50mm。当工作面推进到 240m 进入沟谷上坡段期间，工作面来压强烈，出现动载矿压，顶板下沉量 720mm，地面台阶高度最大 670mm，裂缝宽度 40mm。坡角增大，关键层块体上覆岩层载荷随之增加，块体破断后易产生滑落失稳。

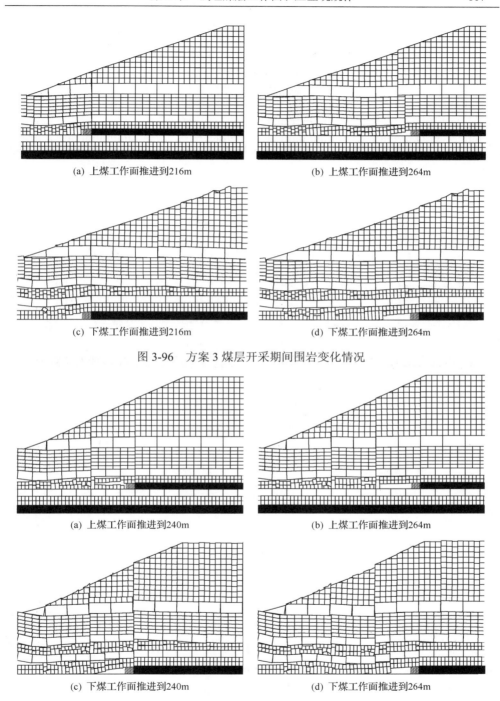

(a) 上煤工作面推进到216m　　　　　　(b) 上煤工作面推进到264m

(c) 下煤工作面推进到216m　　　　　　(d) 下煤工作面推进到264m

图 3-96　方案 3 煤层开采期间围岩变化情况

(a) 上煤工作面推进到240m　　　　　　(b) 上煤工作面推进到264m

(c) 下煤工作面推进到240m　　　　　　(d) 下煤工作面推进到264m

图 3-97　方案 4 煤层开采期间顶板破断情况

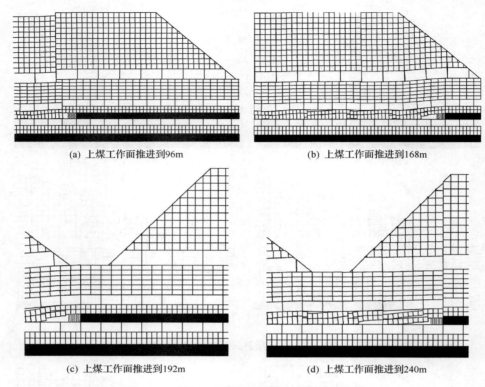

(a) 上煤工作面推进到96m   (b) 上煤工作面推进到168m

(c) 上煤工作面推进到192m   (d) 上煤工作面推进到240m

图 3-98　方案 5 上煤层开采期间顶板破断情况

沟谷地形坡角45°上煤开采工作面来压显现图

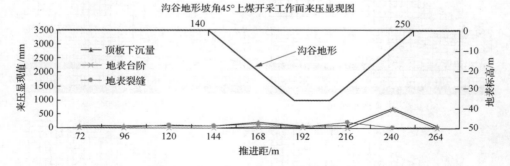

图 3-99　方案 5 上煤层开采矿压显现情况

　　方案 5(坡角 45°)时的开采下煤层模拟结果如图 3-100、图 3-101 所示。下煤层工作面从非沟谷地段到沟谷下坡段、沟底过程中,工作面来压正常,顶板下沉量最大 260mm,地面台阶高度最大 330mm,裂缝宽度最大 90mm。工作面进入沟谷上坡段,当推进至 240m(上煤层发生动载矿压的位置)时,工作面再次产生动载矿压，顶板下沉量最大 1300mm，地面台阶高度最大 3350mm，裂缝宽度 200mm。破断主关键层块体受到二次扰动结构稳定性较差，再次产生滑落失稳，使亚关键层 2 结构块体上覆岩层载荷急剧增大同步滑落失稳，从而导致支架活柱急剧下缩、切顶形成动载矿压。

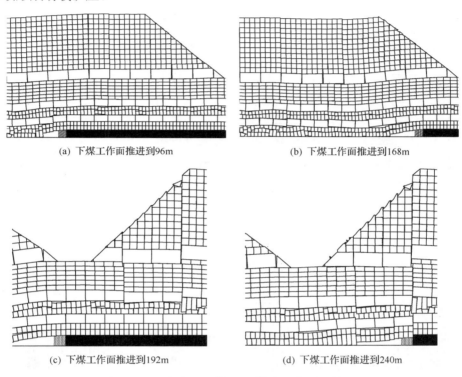

(a) 下煤工作面推进到96m　　　　　　(b) 下煤工作面推进到168m

(c) 下煤工作面推进到192m　　　　　　(d) 下煤工作面推进到240m

图 3-100　方案 5 下煤层开采期间顶板破断情况

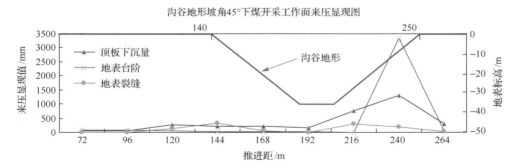

图 3-101　方案 5 下煤层开采矿压显现情况

方案 6(坡角 60°)时的开采上煤层模拟结果如图 3-102、图 3-103 所示。当沟谷坡角 60°时，工作面在非沟谷地段、过沟谷下坡段和沟底期间，矿压显现比坡角 45°明显，顶板下沉量最大 280mm，地面台阶高度最大 200mm，裂缝宽度最大 70mm。当工作面进入沟谷上坡段推进到 240m 时，产生了动载矿压，顶板下沉量最大 1570mm，地面台阶高度最大 600mm，裂缝宽度 80mm。

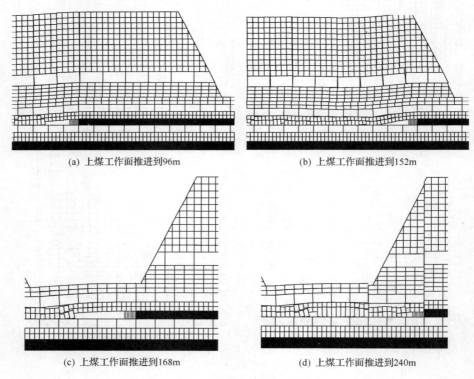

(a) 上煤工作面推进到96m　　　　　　　　　　(b) 上煤工作面推进到152m

(c) 上煤工作面推进到168m　　　　　　　　　　(d) 上煤工作面推进到240m

图 3-102　方案 6 上煤层开采期间顶板破断情况

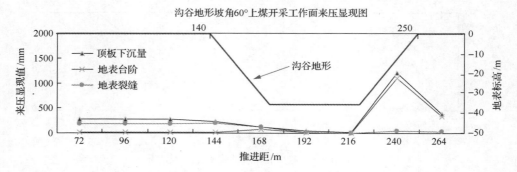

图 3-103　方案 6 上煤层开采矿压显现情况

方案 6（坡角 45°）时的开采上煤层模拟结果如图 3-104、图 3-105 所示。在工作面进入沟谷上坡段推进到 240m（开采上煤层发生动载矿压的位置）时，再次产生动载矿压，顶板下沉量最大 1570mm，地表台阶高度最大 500mm，裂缝宽度 80mm。

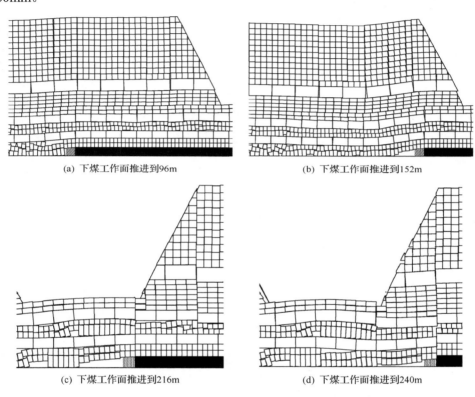

(a) 下煤工作面推进到96m　　　　　　(b) 下煤工作面推进到152m

(c) 下煤工作面推进到216m　　　　　　(d) 下煤工作面推进到240m

图 3-104　方案 6 下煤层开采期间顶板破断情况

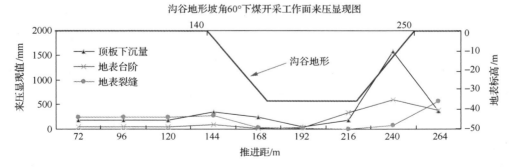

图 3-105　方案 6 下煤层开采矿压显现情况

通过各方案模拟分析，得到以下结论：

在工作面回采沟谷上坡段，坡角大于 20°时，随着上坡角度的增加，地表台阶下沉量随着增加，当坡角大于 20°时，增加幅度明显加大，如图 3-106 所示。

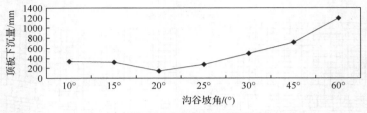

(a) 上煤开采沟谷坡角变化顶板下沉量对比图

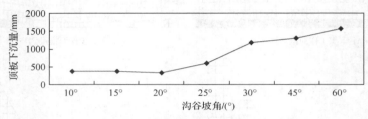

(b) 下煤开采沟谷坡角变化顶板下沉量对比图

图 3-106　各方案开采模拟结果比较

上煤层开采发生动载矿压的位置时，下煤层工作面也易发生动载矿压。

4) 沟谷走向与工作面推进方向夹角

模拟了沟坡走向投影线与工作面推进方向夹角从 0～90°时关键层块体台阶和地表台阶高度。模拟方案为工作面推进方向与沟坡走向投影线夹角分别 0°、30°、60°和 90°。通过 4 个方案的数值模拟，得到如下结论：

工作面过沟谷上坡段，沟坡走向投影线与工作面推进方向夹角越小，越易发生动载矿压。工作面过沟谷下坡段，夹角对矿压影响较小。

3.5.3　工作面过空巷

1. 哈拉沟煤矿 22406 工作面过空巷

哈拉沟煤矿 22406 工作面空巷开口于回风顺槽 50 联巷，贯通于运输顺槽 53 联巷，与回风顺槽成 70°，空巷长 324.46m、宽 4.4m、高 4.0m，施工三个调车硐室，深度为 12m。空巷与工作面位置关系如图 3-107 所示。空巷采用 "W 钢带+锚索+金属网+塑料网" 联合支护，支护宽度 4m，锚索支护排距 2.5m，一排三根。过空巷后，基岩顶界面逐渐变为上坡，基岩变厚；靠近回风顺槽侧基岩顶界面起伏较大，基岩厚度小于 40m，直至采过运输顺槽 45 联巷后基岩顶界面基本正常。

图 3-107　22406 工作面过空巷情况

过空巷期间正常控顶距为 12.86m，过调车硐室时最大控顶距为 17.54m，受空巷影响的走向推进长度为 110m。工作面过空巷期间矿压特征见表 3-40。工作面周期来压步距为 7.8～13.8m，平均 10.8m，来压持续长度为 3.5～4.3m，与正常开采阶段来压步距相当。过空巷期间，非来压时工作面压力不大，高于 30MPa 占比不足 10%。周期来压期间，多数支架立柱压力在 40～50MPa，最大 52.1MPa，安全阀开启率约 98%，立柱下沉量为 100～200mm。

表 3-40　22406 工作面过空巷期间矿压显现特征表

来压次数	来压持续长度/m	非来压距离/m	周期来压步距/m	最大压力/MPa
第 1 次	3.5	4.3	7.8	48.7
第 2 次	4.3	6.1	10.4	48.8
第 3 次	3.5	9.5	13.0	49.5
第 4 次	3.5	8.7	12.1	50.2
第 5 次	3.5	4.3	7.8	49.7
第 6 次	3.5	8.7	12.1	52.1
第 7 次	4.3	9.5	13.8	50.2
第 8 次	3.5	6.1	9.5	51.3
平均	3.7		10.8	

工作面推过空巷，基岩变厚，矿压显现强烈，支架压力增大，顶板出现比较严重的漏矸，煤壁片帮增多。

2. 大柳塔矿 52304 工作面过空巷

大柳塔煤矿 52304 综采工作面煤层厚 6.6～7.3m，采高 7.0m。上覆基岩厚度 110～210mm，基本顶为中粒砂岩，厚度 5.2～28.3m；直接顶为粉砂岩，厚度 0～1.85m。52304 综采工作面共安装 150 部 ZY18000/32/70 型液压支架。工作面距回撤通道 17.5m 时发生周期来压，39 号～108 号支架活柱严重下缩，86～88 号支架活柱行程不足 1m，煤机无法通过，漏矸严重。距回撤通道 14m 时，漏矸加剧，漏高达 20m。

第4章 浅埋煤层采场覆岩结构

神东矿区主采煤层厚度、埋藏深度、基岩厚度及松散层厚度变化较大，工作面覆岩结构呈现多样化，主要分为三种类型："砌体梁"结构、"悬臂梁+砌体梁"结构、"切落体"结构。当采高较小、基载比较大时，易形成"砌体梁"结构；当采高增加，顶板活动空间加大，易形成"悬臂梁+砌体梁"结构；当基岩较薄、基载比较小时，易形成"切落体"结构。论述了"切落体"结构的形成条件、运动形式和失稳机理，并对神东矿区各主采煤层的覆岩结构进行了分类。

4.1 "砌体梁"结构

20 世纪 70 年代末 80 年代初，钱鸣高院士在总结铰接岩块假说以及预成裂隙假说的基础上，结合大量生产实践，对岩层内部移动进行现场观测，建立了采场裂隙带岩体的"砌体梁"结构模型[87]，如图 4-1 所示。图 4-1(a)表示回采工作面前后岩体形态，其中，Ⅰ 为垮落带，Ⅱ 为裂隙带，Ⅲ 为弯曲下沉带，A 为煤壁支撑区，B 为离层区，C 为重新压实区；图 4-1(b)为根据观测的岩层形态而推测的岩体结构形态；图 4-1(c)为此结构中任一组(i)结构的受力状态。图中 Q 表示岩体自重及其载荷，R_i 表示支撑力，R_{0-i} 等则表示岩块间的垂直作用力，T 为水平推力。鉴于此结构是似砌体一样排列而组成的，因此称之为"砌体梁"。

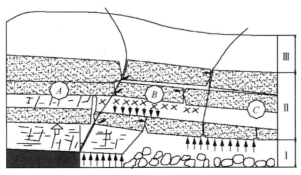

(a)

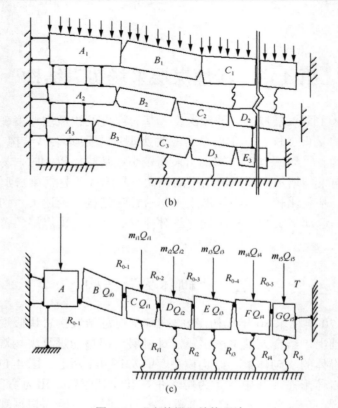

图 4-1   "砌体梁"结构理论

采场上覆岩层的岩体结构主要由各个坚硬岩层构成，每组岩体结构中的软岩层可视为坚硬岩层上的载荷，随着工作面的推进，当基本顶达到极限跨距时断裂，破断的岩块在下沉变形中互相挤压，产生水平推力，岩块间摩擦咬合，形成外表似梁实质是拱的"砌体梁"或裂隙体梁三铰拱式平衡结构，该结构具有滑落失稳和回转变形失稳两种失稳形式，破断岩块能否形成拱式平衡结构，主要取决于原岩应力及岩块在转动过程中所形成水平挤压力的大小。

按照"砌体梁"结构平衡理论，支架工作阻力应能平衡直接顶在控顶区内的重量，同时要对上覆岩层中可能形成"砌体梁"结构的基本顶岩层以作用力，以平衡其裂隙带结构岩层不能被基本顶岩块摩擦力平衡的部分载荷，从而保证基本顶破断块体不发生沿煤壁切落及落差较大的台阶下沉。因此，支架工作阻力计算公式为

$$P_1 = Bl_k \sum h_1 \gamma_z + \left[2 - \frac{L \tan(\varphi - \alpha)}{2(h_1 - S_1)} \right] QB \tag{4-1}$$

式中，P_1 为支架工作阻力；Σh_1 为直接顶厚度，m；γ_z 为直接顶容重，kN/m^3；L 为关键层周期来压步距，m；φ 为岩块间的摩擦角，(°)；α 为岩块破断角，(°)；h_1 为关键层厚度，m；S_1 为关键层破断岩块的下沉量，$S_1=\eta h_1$，η 为开采系数；Q 为工作面顶板上方裂隙带下位岩层中暴露岩块的全部重量，kN；l_k 为控顶距，m；B 为液压支架中心距，m。

举例说明：

锦界煤矿 31407 工作面开采 3^{-1} 煤层，煤层厚度平均 3.2m，煤层倾角 1°，工作面地面标高 1228.9～1297.1m，煤层底板标高 1102.2～1160.7m，煤层埋藏深度 126.7～136.4m，平均 131m，工作面上覆表土层厚度平均约 50m，基岩层厚度平均约 81.6m。工作面基本顶为细砂岩和粉砂岩，平均厚度为 10.4m；直接顶为粉砂岩，平均厚度为 6.14m；伪顶为泥岩或砂质泥岩，平均厚度为 0.5m；直接底为泥岩，平均厚度为 0.35m。

依据 31407 工作面煤层赋存条件分别建立物理模型和数值模型，模拟得出覆岩垮落形态如图 4-2 所示。由于工作面采高较小，直接顶垮落后散落在采空区，基本顶岩块断裂回转，并与前后关键块体相互铰接，形成"砌体梁"结构。该结构承担上覆岩层的部分载荷，减小支架受力。浅埋煤层条件下，"砌体梁"结构自身稳定性相比常规埋深工作面较差，当煤层埋深、基载比、关键岩层层位、采高等因素发生变化时，均对"砌体梁"结构稳定性有很大影响，表现为顶板活动剧烈，工作面矿压显现强烈。当基岩层变薄或地表松散层厚度变大，导致基载比变小时，"砌体梁"关键块体易发生滑落失稳。

(a) 相似模拟图

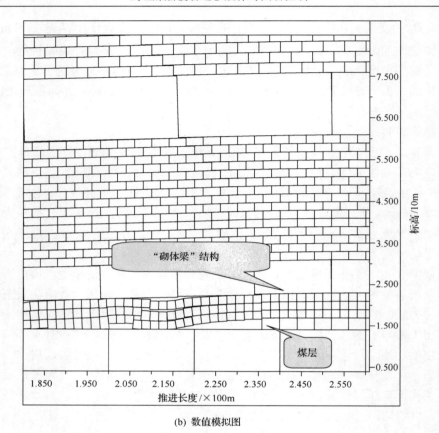

(b) 数值模拟图

图 4-2　3.2m 采高工作面"砌体梁"结构图

4.2　"悬臂梁+砌体梁"结构

随着采高的增大，在采高较小时能够形成稳定铰接结构的下位基本顶，由于顶板活动空间的增大而发生破断、垮落，以"悬臂梁"的形式存在，工作面能够形成稳定铰接结构的基本顶岩层上移，此时工作面覆岩结构呈现"悬臂梁+砌体梁"的结构特征。本节以大柳塔煤矿 5^{-2} 煤 7.0m 超大采高工作面为例，论述了"悬臂梁+砌体梁"结构的形成条件、运动形式和支架载荷计算公式[88]。

4.2.1　"悬臂梁+砌体梁"覆岩破断特征及形成条件

煤炭科学研究总院闫少宏、尹希文等依据大采高采场直接顶及基本顶新概念及新判别公式，提出大采高采场顶板易形成"短悬臂梁—铰接岩梁"结构，并给出了大采高综采支架工作阻力的计算公式[89]。随着采高的增加，大采高综采顶板活动空间明显加大，其运动方式表现为煤层之上的部分岩层呈"短悬臂梁"形式运动，并有一定的自承能力，随支架前移并未及时垮落，有一定的滞后性，而且在垮落之前难以触矸，位于这部分岩层之上的部分岩层可形成铰接平衡结构。基于大采高采场顶板运动的新特点，将位于煤层上方以"悬臂梁"方式运动并在垮落前难以触矸的部分岩层称为直接顶，而将位于直接顶之上可形成铰接平衡结构的部分岩层称为基本顶岩层。中国矿业大学许家林教授等也对特大采高综采采场"悬臂梁+砌体梁"顶板结构进行了研究，认为在大采高综采条件下，当下位关键层层位较低时，会形成"悬臂梁+砌体梁"的结构形式[90]，在下位"悬臂梁"和上位"砌体梁"结构的双重作用下，大采高工作面矿压显现强度相比基本顶只形成"砌体梁"结构的情况下将有显著增大。以大柳塔矿 52304 工作面为背景，论述 7.0m 大采高工作面"悬臂梁+砌体梁"结构破断特征及形成条件。

52304 工作面是大柳塔井 5^{-2} 煤三盘区的首采工作面。工作面地面标高 1154.8～1269.9m，底板标高 988.7～1018.1m，煤层埋深 166.1～251.8m，平均 209m；煤层厚度 6.6～7.3m，平均 6.94m；煤层顶底板均以灰色粉砂岩为主，基本顶厚 5.2～28.3m，直接顶厚 0～1.85m，直接底厚 0.76～5.6m。工作面采用大采高综采一次采全高工艺，工作面走向推进长度 4547.6m，在初采期呈现"刀把面"的布置形式。其中，52304-1 面宽 147.5m，总推进长度 148.7m；52304-2 面宽 301m，总推进长度 4389.1m，如图 4-3 所示。该面作为神东矿区 5^{-2} 煤首例采用 7m 支架的超大采高工作面，设计采高 6.8m，采用郑煤 ZY16800/32/70D 型液压支架，额定工作阻力 16800kN，支架中心距 2.05m。

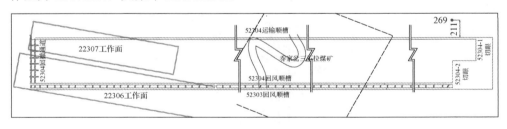

图 4-3 大柳塔煤矿 52304 工作面布置平面图

为探测工作面上覆岩层结构，分别在工作面进风巷和回风巷不同位置共打设 4 个顶板层位探测孔，并根据顶板岩层岩性和厚度判别工作面不同位置关键层层位，如图 4-4 所示。52304 工作面上覆岩层呈多关键层结构，第一层亚关键层（下位基本顶）距煤层的高度为 2～17.2m，平均为 7.0m。为研究工作面上位关键层和下位关键层周期破断后覆岩结构形式，分别采用物理相似模拟和数值模拟试验研究工作面推采后的覆岩垮落形态。

层号	厚度/m	埋深/m	岩性	关键层位置
64	4.78	4.78	黄土	
63	1.9	6.68	细粒砂岩	
62	0.35	7.03	2⁻¹煤	
61	1.32	8.35	泥岩	
60	3.34	11.69	细粒砂岩	
59	6.47	18.16	粉砂岩	
58	0.66	18.82	2⁻²煤	
57	4.41	23.23	粉砂岩	
56	1	24.23	泥岩	
55	3.65	27.88	粉砂岩	
54	0.6	28.48	中粒砂岩	
53	3.85	32.33	粉砂岩	
52	0.89	33.22	细粒砂岩	
51	3	36.22	粉砂岩	
50	0.8	37.02	泥岩	
49	1.55	38.57	粉砂岩	
48	1.1	39.67	泥岩	
47	0.8	40.47	细粒砂岩	
46	1.72	42.19	粉砂岩	
45	1.7	43.89	细粒砂岩	
44	2.37	46.26	粉砂岩	
43	0.93	47.19	粗砂岩	
42	0.52	47.71	粉砂岩	
41	0.35	48.06	3⁻¹煤	
40	3.55	51.61	泥岩	
39	13.43	65.04	中粗粒砂岩	主关键层
38	2.1	67.14	砂质泥岩	
37	1.18	68.32	细粒砂岩	
36	5.4	73.72	粉砂岩	
35	0.88	74.6	砂质泥岩	
34	8.98	83.58	粉砂岩	亚关键层
33	3	86.58	中粒砂岩	
32	4.46	91.04	粉砂岩	
31	0.35	91.39	泥岩	
30	4.43	95.82	粉砂岩	
29	1.15	96.97	砂质泥岩	
28	5.58	102.55	粉砂岩	亚关键层
27	1.3	103.85	石英砂岩	
26	1.68	105.53	粉砂岩	
25	0.95	106.48	粉砂岩	
24	0.44	106.92	4⁻²煤	
23	6.09	113.01	粉砂岩	亚关键层
22	1.92	114.93	中粒砂岩	
21	4.92	119.85	细粒砂岩	
20	4.17	124.02	粉砂岩	
19	1.5	125.52	中粒砂岩	
18	1.8	127.32	粉砂岩	
17	0.6	127.92	泥质粉砂岩	
16	3.84	131.76	细粒砂岩	
15	2.62	134.38	泥岩	
14	2.9	137.28	粗粒砂岩	
13	3.9	141.18	砂质泥岩	
12	3.4	144.58	泥岩	
11	2.9	147.48	细粒砂岩	
10	0.5	147.98	粉砂岩	
9	1.7	149.68	泥岩	
8	1.4	151.08	粉砂岩	
7	8.9	159.98	细粒砂岩	亚关键层
6	7.8	167.78	粗粒砂岩	
5	1.6	169.38	泥岩	
4	3.1	172.48	中粒砂岩	
3	2.4	174.88	细粒砂岩	
2	2.3	177.18	泥岩	
1	7.14	184.32	5⁻²煤	

(a) 运输顺槽83号联巷钻孔柱状图

层号	厚度/m	埋深/m	岩性	关键层位置
60	4.78	4.78	黄土	
59	1.9	6.68	细粒砂岩	
58	0.35	7.03	2⁻¹ᵗ煤	
57	1.32	8.35	泥岩	
56	3.34	11.69	细粒砂岩	
55	6.47	18.16	粉砂岩	
54	0.66	18.82	2⁻²煤	
53	4.41	23.23	粉砂岩	
52	1	24.23	泥岩	
51	3.65	27.88	粉砂岩	
50	0.6	28.48	中粒砂岩	
49	3.85	32.33	粉砂岩	
48	0.89	33.22	细粒砂岩	
47	3	36.22	粉砂岩	
46	0.8	37.02	泥岩	
45	1.55	38.57	粉砂岩	
44	1.1	39.67	泥岩	
43	0.8	40.47	细粒砂岩	
42	1.72	42.19	粉砂岩	
41	1.7	43.89	细粒砂岩	
40	2.37	46.26	粉砂岩	
39	0.93	47.19	粗砂岩	
38	0.52	47.71	粉砂岩	
37	0.35	48.06	3⁻¹煤	
36	3.55	51.61	泥岩	
35	13.43	65.04	中粗粒砂岩	主关键层
34	2.1	67.14	砂质泥岩	
33	1.18	68.32	细粒砂岩	
32	5.4	73.72	粉砂岩	
31	0.88	74.6	砂质泥岩	
30	8.98	83.58	粉砂岩	亚关键层
29	3	86.58	中粒砂岩	
28	4.46	91.04	粉砂岩	
27	0.35	91.39	泥岩	
26	4.43	95.82	粉砂岩	
25	1.15	96.97	砂质泥岩	
24	5.58	102.55	粉砂岩	
23	1.3	103.85	石英砂	
22	1.68	105.53	粉砂岩	
21	0.95	106.48	粉砂岩	
20	0.44	106.92	4⁻²煤	
19	6.09	113.01	粉砂岩	
18	1.92	114.93	中粒砂岩	
17	4.92	119.85	细粒砂岩	
16	4.17	124.02	粉砂岩	
15	1.5	125.52	中粒砂岩	
14	1.8	127.32	粉砂岩	
13	0.6	127.92	泥质粉砂岩	
12	3.84	131.76	细粒砂岩	
11	1.52	133.28	泥岩	
10	0.2	133.48	粗粒砂岩	
9	2.6	136.08	粉砂岩	
8	0.9	136.98	泥岩	
7	0.8	137.78	细粒砂岩	
6	3.6	141.38	泥岩	
5	16	157.38	粗粒砂岩	
4	3.8	161.18	中粒砂岩	
3	9.3	170.48	细粒砂岩	亚关键层
2	6.7	177.18	中粒砂岩	
1	7.14	184.32	5⁻²煤	

(b) 回风顺槽87号联巷钻孔柱状图

层号	厚度/m	埋深/m	岩性	关键层位置
61	4.78	4.78	黄土	
60	1.9	6.68	细粒砂岩	
59	0.35	7.03	2⁻²上煤	
58	1.32	8.35	泥岩	
57	3.34	11.69	细粒砂岩	
56	6.47	18.16	粉砂岩	
55	0.66	18.82	2⁻²煤	
54	4.41	23.23	粉砂岩	
53	1	24.23	泥岩	
52	3.65	27.88	粉砂岩	
51	0.6	28.48	中粒砂岩	
50	3.85	32.33	粉砂岩	
49	0.89	33.22	细粒砂岩	
48	3	36.22	粉砂岩	
47	0.8	37.02	泥岩	
46	1.55	38.57	粉砂岩	
45	1.1	39.67	泥岩	
44	0.8	40.47	细粒砂岩	
43	1.72	42.19	粉砂岩	
42	1.7	43.89	细粒砂岩	
41	2.37	46.26	粉砂岩	
40	0.93	47.19	粗砂岩	
39	0.52	47.71	粉砂岩	
38	0.35	48.06	3⁻¹煤	
37	3.55	51.61	泥岩	
36	13.43	65.04	中粗粒砂岩	主关键层
35	2.1	67.14	砂质泥岩	
34	1.18	68.32	细粒砂岩	
33	5.4	73.72	粉砂岩	
32	0.88	74.6	砂质泥岩	
31	8.98	83.58	粉砂岩	亚关键层
30	3	86.58	中粒砂岩	
29	4.46	91.04	粉砂岩	
28	0.35	91.39	泥岩	
27	4.43	95.82	粉砂岩	
26	1.15	96.97	砂质泥岩	
25	5.58	102.55	粉砂岩	
24	1.3	103.85	石英砂	
23	1.68	105.53	粉砂岩	
22	0.95	106.48	粉砂岩	
21	0.44	106.92	4⁻²煤	
20	6.09	113.01	粉砂岩	
19	1.92	114.93	中粒砂岩	
18	4.92	119.85	细粒砂岩	
17	4.17	124.02	粉砂岩	
16	0.12	124.14	泥岩	
15	1.7	125.84	细砂岩	
14	0.65	126.49	4⁻⁴煤	
13	0.21	126.7	泥岩	
12	0.13	126.83	细砂岩	
11	8.03	134.86	泥岩	
10	12.73	147.59	中砂岩	亚关键层
9	0.06	147.65	泥岩	
8	7.71	155.36	中砂岩	亚关键层
7	0.75	156.11	粗砂岩	
6	1.72	157.83	中砂岩	
5	6.88	164.71	细砂岩	
4	0.69	165.4	泥岩	
3	1.03	166.43	细砂岩	
2	0.31	166.74	泥岩	
1	7.14	173.88	5⁻²煤	

（c）回风顺槽61号联巷钻孔柱状图

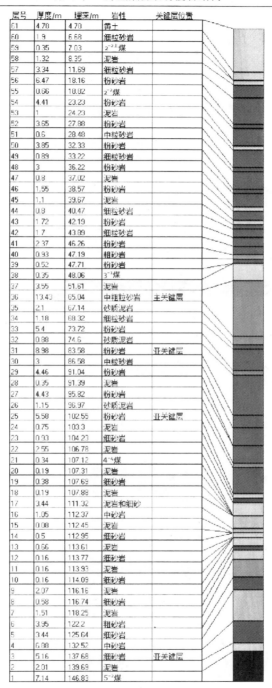

层号	厚度/m	埋深/m	岩性	关键层位置
61	4.70	4.70	黄土	
60	1.9	6.68	细粒砂岩	
59	0.35	7.03	2⁻²上煤	
58	1.32	8.35	泥岩	
57	3.34	11.69	细粒砂岩	
56	6.47	18.16	粉砂岩	
55	0.66	18.82	2⁻²煤	
54	4.41	23.23	粉砂岩	
53	1	24.23	泥岩	
52	3.65	27.88	粉砂岩	
51	0.6	28.48	中粒砂岩	
50	3.85	32.33	粉砂岩	
49	0.89	33.22	细粒砂岩	
48	3	36.22	粉砂岩	
47	0.8	37.02	泥岩	
46	1.55	38.57	粉砂岩	
45	1.1	39.67	泥岩	
44	0.8	40.47	细粒砂岩	
43	1.72	42.19	粉砂岩	
42	1.7	43.89	细粒砂岩	
41	2.37	46.26	粉砂岩	
40	0.93	47.19	粗粒砂岩	
39	0.52	47.71	粉砂岩	
38	0.35	48.06	3⁻¹煤	
37	3.55	51.61	泥岩	
36	13.43	65.04	中粗粒砂岩	主关键层
35	2.1	67.14	砂质泥岩	
34	1.18	68.32	细粒砂岩	
33	5.4	73.72	粉砂岩	
32	0.88	74.6	砂质泥岩	
31	8.98	83.58	粉砂岩	亚关键层
30	3	86.58	中粒砂岩	
29	4.46	91.04	粉砂岩	
28	0.35	91.39	泥岩	
27	4.43	95.82	粉砂岩	
26	1.15	96.97	砂质泥岩	
25	5.58	102.55	粉砂岩	亚关键层
24	0.75	103.3	泥岩	
23	0.93	104.23	细砂岩	
22	2.55	106.78	泥岩	
21	0.34	107.12	4⁻⁴煤	
20	0.19	107.31	泥岩	
19	0.38	107.69	细砂岩	
18	0.19	107.88	泥岩	
17	3.44	111.32	泥岩和细砂	
16	1.05	112.37	中砂岩	
15	0.08	112.45	泥岩	
14	0.5	112.95	细砂岩	
13	0.66	113.61	泥岩	
12	0.16	113.77	细砂岩	
11	0.16	113.93	泥岩	
10	0.16	114.09	细砂岩	
9	2.07	116.16	泥岩	
8	0.58	116.74	细砂岩	
7	1.51	118.25	泥岩	
6	3.95	122.2	粗砂岩	
5	3.44	125.64	细砂岩	
4	6.88	132.52	中砂岩	
3	5.16	137.68	细砂岩	亚关键层
2	2.01	139.69	泥岩	
1	7.14	146.83	5⁻²煤	

(d) 回风顺槽45号联巷钻孔柱状图

图 4-4　52304 工作面两顺槽钻孔覆岩关键层判别图

1. 物理相似模拟实验

1）物理模拟方案设计

模拟实验选用平面应力模型，实验架长 120cm，宽 8cm。模型的几何比为 1：100，重力密度比为 0.6。模拟开采高度为 7.0m，试验模型图如图 4-5 所示。

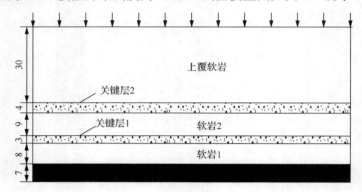

图 4-5　两方案模拟实验模型图

2）实验结果与分析

模型开挖后，覆岩关键层形成的结构形态如图 4-6 所示。由于大采高工作面采出空间大，采空区充填不实，下位关键层回转角增大，发生回转失稳，岩块间难以形成铰接结构，而呈"悬臂梁"结构形式；随着岩层向上垮落，在垮落岩石的碎涨作用下，采空区的充填程度增大，上位关键层的回转角减小，在触矸后能与后方破断岩块形成铰接，形成"砌体梁"结构。

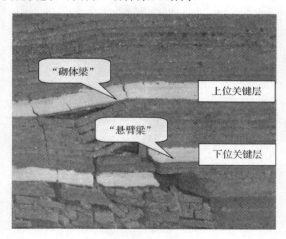

图 4-6　7.0m 大采高工作面覆岩结构破断物理模拟实验图

2. 数值模拟

1) 数值模拟方案设计

数值模拟采用离散元软件 UDEC 进行模拟，模型走向长 300m，下位亚关键层厚度为 8m，上位亚关键层厚度为 15m，主关键层厚度为 19m，主关键层上部为风积砂层。模拟采高为 7.0m。模型的结构单元划分如图 4-7 所示。

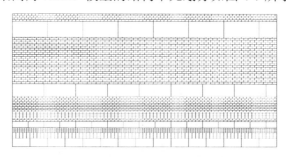

图 4-7　数值模型单元划分示意图

2) 模拟实验结果与分析

模型开挖后覆岩关键层结构如图 4-8 所示。由数值模拟结果证明，在下位关键层层位较低，直接顶难以充填采空区的情况下，下位关键层呈"悬臂梁"的结

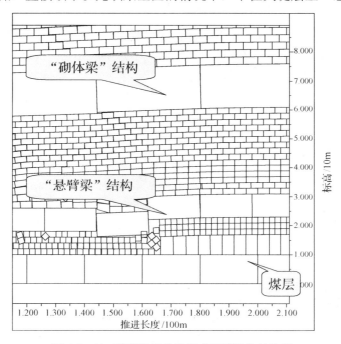

图 4-8　7m 采高覆岩关键层"悬臂梁"结构图

构形式存在，层位较高的上位关键层能够形成"砌体梁"结构。这与相似模拟试验的结果相同。

大采高工作面下位关键层以"悬臂梁"结构形态垮落的原因主要为采高增大后，下位关键层岩块在发生周期破断后的回转量增大，超过了维持其结构稳定的最大回转量，无法形成稳定的"砌体梁"结构。

如图 4-9 所示的关键层回转运动示意图，直接顶垮落后与上部关键层之间的空间为

$$\Delta = M + (1 - K_P)\Sigma h_i \tag{4-2}$$

式中，Δ 为下位关键层破断块体的允许回转量；M 为煤层采高，m；K_P 为直接顶垮落岩块碎胀系数；Σh_i 为关键层下部直接顶厚度，m。

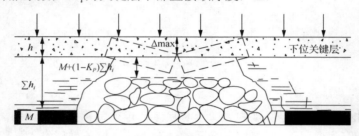

图 4-9　关键层回转空间示意图

设关键层破断块体能铰接形成稳定的"砌体梁"结构所需的极限回转量为 $\Delta_{\max}$，则当 $\Delta > \Delta_{\max}$ 时，下位关键层将形成"悬臂梁"结构。根据"砌体梁"结构变形失稳的力学模型可得

$$\Delta_{\max} = h - \sqrt{\frac{2ql^2}{\sigma_c}} \tag{4-3}$$

式中，h 为下位关键层厚度，m；l 为下位关键层断裂步距，m；q 为下位关键层及其上覆载荷，MPa；σ_c 为下位关键层破断岩块抗压强度，MPa。

因此，大采高综采面下位关键层形成"悬臂梁"的条件为

$$M + (1 - K_P)\Sigma h_i > h - \sqrt{\frac{2ql^2}{\sigma_c}} \tag{4-4}$$

由公式(4-4)可知，在其他条件一定的情况下，大采高综采面下位关键层形成"悬臂梁"结构的主要影响因素有工作面采高、关键层层位、破断步距、厚度等，7m 超大采高工作面覆岩结构示意如图 4-10 所示。

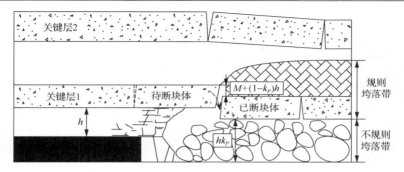

图 4-10　7.0m 支架综采面覆岩关键层结构运动示意图

4.2.2　"悬臂梁+砌体梁"结构运动形式

通过物理相似模拟实验发现，下位亚关键层"悬臂梁"结构破断时会呈现 3 种不同的运动形式：①"悬臂梁"直接垮落式，如图 4-11 所示。关键层"悬臂梁"破断块体直接回转，因回转角较大而无法形成铰接结构，最终直接垮落在采空区，并在前方形成新的"悬臂梁"结构。②"悬臂梁"双向回转垮落式，如图 4-12 所示。关键层"悬臂梁"破断块体回转较小角度后就触及后方已断块体而停止回转，并暂时形成稳定的平衡结构，待工作面继续开采一段距离时，块体又反向回转并垮落，最终又形成新的"悬臂梁"结构。③"悬臂梁+砌体梁"交替式，如图 4-13 所示。关键层"悬臂梁"破断块体回转较小角度后就触及后方已断块体而停止回转，并形成稳定的铰接结构随工作面开采不断前移，但经历几次破断铰接后，最终又垮落而形成新的"悬臂梁"结构。

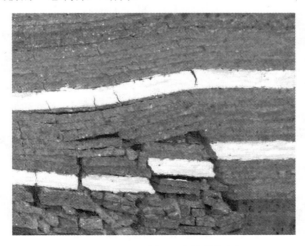

图 4-11　"悬臂梁"结构模拟图

(a) "悬臂梁"结构

(b) 暂时稳定的结构

(c) "悬臂梁"反向回转垮落

图 4-12 "悬臂梁"双向回转垮落式运动图

(a) "悬臂梁"结构

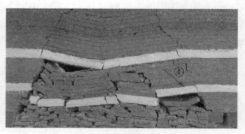

(b) "砌体梁"结构1

(c) "砌体梁"结构2

(d) "砌体梁"结构3

(e) 新的 "悬臂梁" 结构

图 4-13　"悬臂梁+砌体梁" 交替式运动图

下位关键层 "悬臂梁" 结构不同的运动形式又会对采场矿压造成不同的影响[91]：①"悬臂梁" 直接垮落式。"悬臂梁" 直接垮落式为 7.0m 大采高工作面覆岩关键层普遍存在的一种运动形式，其运动回转难以达到稳定状态，造成工作面来压步距和来压持续长度加大。②"悬臂梁" 双向回转垮落式。关键层破断块体经历了两次相反的回转运动，工作面呈现出 "来压—暂时非来压—再次来压" 的矿压显现特征。来压强度介于 "悬臂梁" 直接垮落式和 "悬臂梁+砌体梁" 交替式之间。③"悬臂梁+砌体梁" 交替式。"悬臂梁" 结构形式时，工作面来压步距和来压强度显著加大，而 "砌体梁" 结构形式时，来压步距和来压持续长度较小。该运动形式条件下，工作面呈现非均匀的大小周期来压规律，且来压步距大时对应的来压持续长度也较大。

4.2.3　"悬臂梁+砌体梁" 结构下的支架阻力计算方法

1. 上下位邻近关键层之间破断无相互影响时的支架阻力计算方法

在大采高工作面，当下位关键层距离煤层较近而处于覆岩垮落带中时，将以 "悬臂梁" 的结构运动，如图 4-14 所示。此时由于关键层悬顶距的存在，垮落带岩层的重量分成两个部分进行计算："悬臂梁" 下部直接顶载荷 Q_z 按照支架控顶距长度计算，"悬臂梁" 及其上部直至垮落带顶界面岩层的重量 $Q_0 + Q_{r_1}$ 以悬顶长度进行计算。裂隙带岩层所需控制的载荷 P_{H_1} 按照 "砌体梁" 结构理论计算公式进行。因此，"悬臂梁+砌体梁" 结构状态时支架工作阻力估算公式为

$$P_2 = Q_z + Q_0 + Q_{r_1} + P_{H_1} \tag{4-5}$$

其中，$Q_z = Bl_k \Sigma h_1 \gamma_z$，$Q_0 + Q_{r_1} = BL_1(h_{垮} - \Sigma h_1)$，$P_{H_1} = \left[2 - \dfrac{L_1 \tan(\varphi - \alpha)}{2(h - S)} \right] QB$

式中，$h_{垮}$ 为垮落带顶界面岩层距离煤层的距离，m；h 为裂隙带下位岩层的厚度，m；S 为裂隙带下位岩层的下沉量，m。

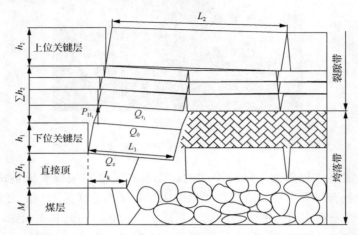

图 4-14　关键层"悬臂梁"结构状态支架阻力计算模型

考虑上下位关键层间岩层的载荷作为下位关键层悬顶岩块的载荷，则有 $Q_0 + Q_{r_1}' = BL_1(h_1 + \Sigma h_2)$，由此计算出 P_2' 值，关键层"悬臂梁"结构状态下，支架载荷介于 P_2 与 P_2' 之间。

$$P_2' = Q_z + Q_0 + Q_{r_1}' \tag{4-6}$$

2. 上下位邻近关键层之间破断有相互影响时的支架阻力计算方法

由于大采高工作面一次采出空间较大，一定条件下若覆岩中存在两层邻近的关键层时，处于上位的第二层关键层的破断运动也会对下位第一层关键层的破断及采场的矿压产生影响。此时，支架的载荷将由四部分组成：关键层下方直接顶的重量 Q_z，关键层悬顶岩块的自重 Q_0，上下关键层之间岩层的重量 Q_{r_2}，以及平衡关键层铰接结构所需的平衡力 P_{H_2}，如图 4-15 所示。支架工作阻力估算公式为

$$P_3 = Q_z + Q_0 + Q_{r_2} + P_{H_2} \tag{4-7}$$

其中，$Q_z = Bl_k \Sigma h_1 \gamma_z$，$Q_0 + Q_{r_2} = BL_1(h_1 + \Sigma h_2)$，$P_{H_2} = \left[2 - \dfrac{L_2 \tan(\varphi - \alpha)}{2(h_2 - S_2)} \right] Q_1 B$

式中，S_2 为上位关键层破断岩块的下沉量，m；Q_1 为上位关键层破断岩块重量及其载荷。

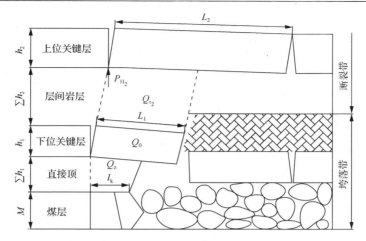

图 4-15　上下位邻近关键层破断相互影响状态支架阻力计算模型

4.3　"切落体"结构

本节在分析神东公司浅埋煤层覆岩破断特征的基础上，提出了浅埋煤层"切落体"结构并进行了分类，论述了"切落体"结构运动与失稳机理，研究了该结构条件下支架工作阻力估算方法。

4.3.1　浅埋煤层采场覆岩破断特征

1．现场实测

神东矿区开发初期，对浅埋覆岩结构运动破坏规律认识不足，所选支架支护强度低，工作面多次发生覆岩架前整体切落、地表台阶下沉、支架大面积被压死等现象。如大柳塔煤矿 1^{-2} 煤层 1203 工作面为神东矿区第一个综采工作面，该工作面煤层平均厚度 6m，埋深 50～60m，上部松散层厚度 15～30m，煤层近水平分布，工作面设计采高 4m，倾向长度 160m，采用国产 YZ3500—2.3/4.5 型液压支架，工作面回采过程中发生了顶板沿煤壁全厚切落的现象；该矿开采 2^{-2} 煤层的 20601 和 20604 工作面时，引进了德国 DBT 公司额定工作阻力为 6708kN 的 WS1.7—2.1/4.5 型两柱掩护式液压支架，仍发生了顶板沿煤壁切落和地表台阶下沉。

神东公司自 2007 年以来先后发生数十起严重的压架事故（表 4-1），尤其是石圪台煤矿切顶压架事故，造成了重大的经济损失。通过浅埋煤层开采的初步实践和理论研究[92,93]，逐渐认识到浅埋煤层矿压较普通埋深更为强烈，在液压支架支护强度显著提高的情况下，片帮冒顶、压强等强矿压显现依然存在，尤其是工作面过上覆集中煤柱、空巷、沟谷等特殊条件时，顶板控制难度大。

表 4-1　神东公司部分矿井浅埋煤层工作面压架事故统计

矿井名称	工作面名称	面宽(采高)/m	埋深/m	支架活柱下缩量/mm	备注
活鸡兔	12304	240(4.3)	97.6	420	架前冒高 1.5～2m
	12305	257.2(4.3)	116.4	1000	架前冒高 1.2m
	12306	255.7(4.3)	97.1	400～500	架前冒高 1.0m
	12313	344.2(4.5)	102.8	900	刮板输送机被压死，停产 2 天
石圪台	12102	217.2(2.8)	65.5	1200	采煤机被压死，停产 2 天
	12103	329.2(2.8)	63.5	500～700	架前冒高 1m，停产 2 天
	12105	300(2.8)	78.6	600	压架，透水，停产 13 天
	31201	311.4(4)	110～140	1300～1500	累计发生 9 次压架事故，最严重一次压架 112 架，停产 60 天
大柳塔	22103	322.7(3.6)	86.1	1500	立柱被压爆，停产 5 天
	52304	301(7)	254～275	1500	38～108 号支架活柱行程下降了约 1.5m，冒高最大约 10m
榆家梁	43303-2	351.3	115.7	1000	受上覆房采煤柱影响，机尾段突然来压，160～195 号支架瞬间被压死

　　除了神东公司以外，神东矿区其他煤炭企业开发浅埋煤层时，也存在切顶压架现象，如伊泰大地精煤矿、纳林庙一号井等。总结神东矿区浅埋煤层开采呈现出的特殊矿压现象，得到如下特征：①综采工作面矿压显现强烈，动载大。实测哈拉沟 5m 大采高工作面动载系数为 1.6，大柳塔 7m 大采高工作面动载系数为1.5～1.6，上湾 8.8m 大采高工作面动载系数超 1.7。②工作面液压支架增阻速度快，易发生切顶压架事故。如大柳塔矿、石圪台矿、榆家梁矿等多个矿井在开采过程中均发生过切顶压架事故。③开采扰动范围大，地表台阶下沉明显。超前工作面150m 地表产生下沉，补连塔矿大采高工作面裂采比为 30，上湾 8.8m 大采高裂采比达到 27.6 以上等。

　　根据以上实测得到的浅埋煤层工作面矿压特征，认为浅埋煤层工作面矿压显现较普通埋深更加强烈，其覆岩结构与普通埋深工作面应有较大差异。初步推测在埋深浅、基岩薄、载荷层厚度大的情况下，工作面上覆岩层呈整体切落式破断，切落块体不易形成稳定的承载结构，易产生滑落失稳，从而导致工作面矿压显现更加强烈。下面采用数值模拟及相似模拟方法对以上推测进行验证。

2. 数值模拟

　　针对以上神东矿区浅埋煤层开采矿压显现所表现出的新特征，采用 3DEC离散元数值模拟软件对浅埋煤层开采覆岩破断特征进行了研究。3DEC 软件是基于离散模型显式单元法的三维计算机数值程序，可用来模拟在静态或动态载荷作用下离散介质的力学反应，被广泛应用于岩石工程分析设计，包括岩石边坡失稳、地下工程挖掘、岩石地基工程中节理岩体、断层、层理等结构影响的模拟估算[94-96]。

1) 建立数值模型

建立三维立体模型，模型长度为 300m，基岩层以神东矿区 2^{-2} 号煤顶底板岩层条件为基准，模拟煤层埋藏深度 14~79m。模拟方案为由岩性不变、层厚变化的岩土层组合建立 5 组模型，基岩层厚度分别为 15m、20m、25m，地表松散层厚度分别为 30m、40m。考虑主关键岩层对上覆软弱岩层及地表风积砂、黄土层运动、破坏的控制作用，将主关键岩层以上的基岩层和表土层等均视为松散层或载荷层。在模拟过程中，地表松散层载荷换算成垂直应力，均匀施加于模型上表面。不同模拟方案中，煤层底板岩层岩性与厚度保持不变，煤层厚度按 3.5m 考虑。各方案岩层情况见表 4-2。

表 4-2 不同方案煤岩层厚度搭配表 （单位：m）

岩性	方案 1	方案 2	方案 3	方案 4	方案 5
松散层	30	30	30	40	40
泥岩	0	0.5	1	0	0.5
砂质泥岩	2	2.5	3	2	2.5
砂质泥岩	3.5	4.5	5.5	3.5	4.5
粉砂岩	1	1.5	2	1	1.5
细粒砂岩	2	2.5	3	2	2.5
粉砂岩	2.5	3	3.5	2.5	3
细粒砂岩	2	2.5	3	2	2.5
砂质泥岩	2	3	4	2	3
煤层	3.5	3.5	3.5	3.5	3.5
砂质泥岩	6	6	6	6	6
细粒砂岩	10	10	10	10	10

模型底部为固定支承，限制 z 向速度；左右、前后侧面为滑动支承，分别限制 x、y 向速度。建立的模型及节理划分如图 4-16 所示，其中，地表松散层作为均布载荷 q 施加于模型上表面。

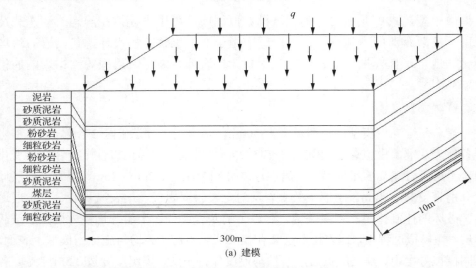

(a) 建模

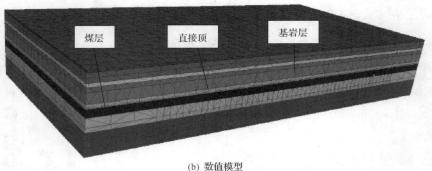

(b) 数值模型

图 4-16　数值模拟模型划分

神东矿区煤岩层综合物理力学参数及节理裂隙物理力学参数统计参见表 4-3和表 4-4，采用本构关系模型为 Mohr-Coulumb 模型。

表 4-3　煤岩层综合物理力学参数

参数岩性	密度 $\rho/(\mathrm{kg/m^3})$	弹性模量 E/GPa	泊松比 ν	内聚力 C/MPa	摩擦角 $\varphi/(°)$	抗压强度 σ_N/MPa	抗拉强度 σ_T/MPa
表土层	1800	8.00	0.33	1.5～2.0	8～20	5～13	—
砂质泥岩	2510	10.85	0.16	2.45～8	31～37	28～37	1.14～3.53
中粒砂岩	2457	13.50	0.123	2.16～7	36～38	36	1.13～1.8
细粒砂岩	2560	25.00	0.18	2.51～7	38～42	32	1.90
粉砂岩	2843	33.40	0.18	3.25～6	37～40	30～40	1.05～1.90
泥岩	2431	8.90	0.26	1.25～10	29～35	24～48	0.61～4.3
煤层	1350	8.30	0.32	1.35	38	19～38	0.95～1.14

表 4-4　节理裂隙综合物理力学参数

节理参数岩性	法向刚度 K_n/GPa	切向刚度 K_s/GPa	内聚力 C/MPa	摩擦角 φ/(°)	抗拉强度 σ_T/MPa
表土层	1.0	0.15	0.10	10	0.0125
砂质泥岩	1.4	0.22	1.45	21	0.2
中粒砂岩	1.5	0.25	1.56	28	0.31
细粒砂岩	2.0	0.29	1.51	32	0.5
粉砂岩	2.3	0.33	2.15	27	0.5
泥岩	1.2	0.18	1.25	19	0.04
煤层	1.2	0.19	1.20	11	0.295

2) 模拟结果分析

(1) 方案 1: 松散层厚度 30m、基岩厚度 15m。

当基岩厚度 15m 时，基载比为 0.5。为了消除边界效应，从左侧边界 60m 处对模型开挖，开挖步距 5m，每次开挖后运算时步设定为 20000 步。模拟结果如图 4-17 所示。

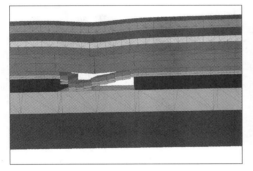

(a) 推进20m

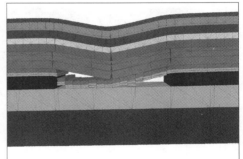

(b) 推进35m

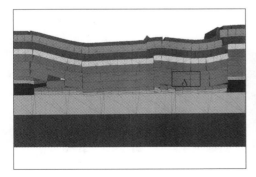

(c) 推进45m

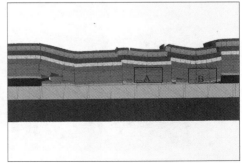

(d) 推进55m

图 4-17　松散层厚度 30m、基岩厚度 15m 时模拟结果

　　由数值模拟结果可知，直接顶随采随冒，工作面推进 35m 时顶板初次破断，基岩层分别在中部和两端煤壁上方断裂，断裂线贯通地表。当推进至 45m 时，顶板发生第 1 次周期性断裂，上覆岩层沿煤壁整体切落，产生切落岩体 A，工作面上方地表出现明显的台阶下沉。当推至 55m 处，切落岩体 A 活动趋于稳定，新切落岩体 B 产生，同样沿工作面煤壁整体切落，对应地表台阶下沉。

　　浅埋煤层开采地表沉陷特征是周期性台阶下沉，依据切落岩体运动的时空关系可划分为两个区域：切落区（图中 B 区域）和切落稳定区（图中 A 区域）。与一般埋深煤层相比，该开采条件下的上覆基岩层的运移破断具有无序性，即下位与上位基岩层不是逐次垮落，而是整体运动，破断岩体碎胀性小；此外，覆岩中仅形成了垮落带。切落岩体与前方煤体和后方采空区矸石大面积接触，相互挤压，与铰接结构不同。

　　(2) 方案 2：松散层厚度 30m、基岩厚度 20m。

　　当基岩厚度加大至 20m 时，基载比为 0.67。模拟开挖过程控制与方案 1 相同，模拟结果如图 4-18 所示。

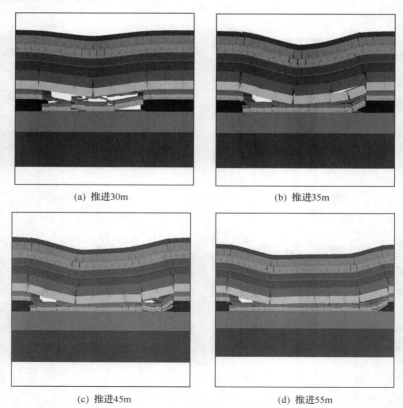

(a) 推进30m　　　　　　　　　　　　　(b) 推进35m

(c) 推进45m　　　　　　　　　　　　　(d) 推进55m

图 4-18　松散层厚度 30m、基岩厚度 20m 时模拟结果（文后附彩图）

由数值模拟结果得出，直接顶及时垮落，工作面推进 30～35m 时顶板初次破断，断裂线贯通地表；当推进至 45m 时，发生第一次周期破断，上覆岩层沿煤壁破断，但与基岩厚度 15m 时来压的情形并不完全相同，属于切落-铰接过渡阶段，上部基岩层断裂可以形成铰接，工作面对应地表不出现明显的台阶，覆岩在竖直方向形成垮落带和裂隙带"两带"。当推进至 55m 时发生第二次周期来压，则周期来压步距为 10m。

(3)方案 3：松散层厚度 30m、基岩厚度 25m。

当基岩厚度为 25m 时，基载比为 0.8。从图 4-19 数值模拟结果得出，直接顶能够及时垮落，工作面推进 35m 时发生顶板初次来压，基本顶岩层分别从中部和两端煤壁处垮断，与上位基岩层间出现较大离层，产生的拉伸裂隙贯通地表；当推进至 45m 时，发生第一次周期来压，基本顶沿煤壁破断，上部基岩层断裂形成铰接结构承载上部基岩及地表松散层，地表缓慢下沉不出现台阶，覆岩在竖直方向形成垮落带和裂隙带等"两带"。当工作面距切眼 55m 时，发生第二次周期来压，周期来压步距为 10m。

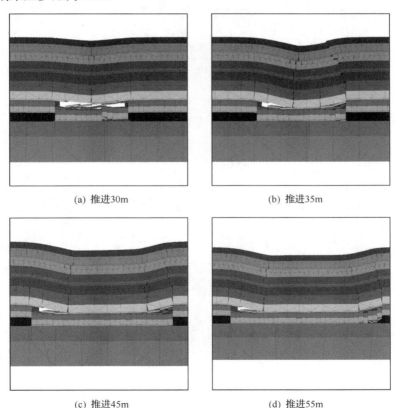

(a) 推进30m　　　　　　　　　　　(b) 推进35m

(c) 推进45m　　　　　　　　　　　(d) 推进55m

图 4-19　松散层厚度 30m、基岩厚度 25m 时模拟结果

　　由此，当基载比大于 0.8 时，将不再产生"切落体"结构，工作面周期来压时基本顶受弯拉破坏，产生拉伸裂隙贯通地表，地表不再出现台阶，上覆岩层可形成冒落带和裂隙带"两带"，垮落岩体形成铰接结构，与一般埋深条件下工作面覆岩运动特征相同。

　　(4)方案 4：松散层厚度 40m、基岩厚度 15m。

　　图 4-20 为松散层厚度 40m、基岩厚度 15m 的模拟结果，此时基载比为 0.375。与方案 1 相比较，松散层厚度为 40m 时基岩切落现象更加明显和强烈。当距开切眼 35m 时，顶板即发生切落式破坏，裂隙贯通地表；推进至 45m、55m 时，新切落岩体产生；以后每推进 10m，就会出现相应的切落岩体，对应地表出现比较明显的台阶式下沉。切落岩体间相互挤压、接触，阻碍破断岩体的下滑。

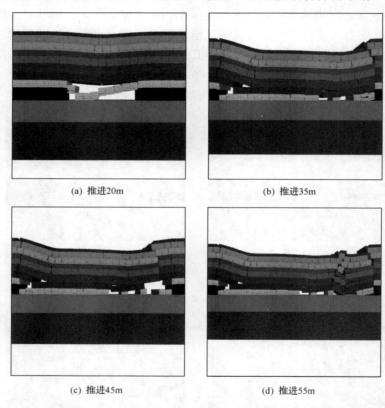

(a) 推进20m　　　　　　　　　　　　　(b) 推进35m

(c) 推进45m　　　　　　　　　　　　　(d) 推进55m

图 4-20　松散层厚度 40m、基岩厚度 15m 时模拟结果

　　(5)方案 5：松散层厚度 40m、基岩厚度 20m。

　　图 4-21 为松散层厚度 40m、基岩厚度 20m 的模拟结果，此时基载比为 0.5。自切眼推进至 35m 时初次来压，沿工作面煤壁发生切落式破坏；推进至 45m，顶板再次发生整体切落式破坏，地表出现明显的台阶下沉，形成周期来压；此后每

采 10m，顶板周期性切落、来压一次，切落岩体间密切接触，抑制其滑落失稳。与方案 2 相比，松散层厚度的增加使得覆岩破断形式发生了根本性变化。

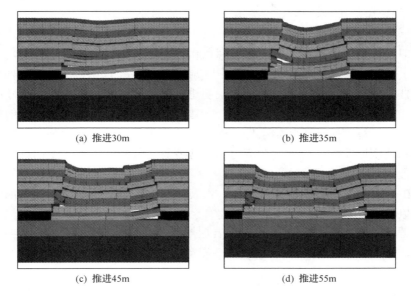

(a) 推进30m　　　　　　　　　　　(b) 推进35m

(c) 推进45m　　　　　　　　　　　(d) 推进55m

图 4-21　松散层厚度 40m、基岩厚度 20m 时模拟结果

通过数值模拟分析，得出：①浅埋煤层顶板易于发生切落的关键影响因素是基岩厚度和基载比。基载比小于 0.8 时，覆岩易于发生切落；基载比超过 0.8，通常不易发生切落式破坏(不考虑地质异常区)，与一般埋深覆岩运动破坏规律相似。②浅埋煤层顶板破坏范围常常波及至地表，具有明显的台阶下沉特征，覆岩形不成完整的"三带"结构，且周期来压步距较小。③切落后的岩体相互接触，在接触面产生摩擦力，抑制其滑落失稳，减小覆岩运动对液压支架的作用力。

3. 相似模拟

1) 相似模拟实验理论基础

相似模拟实验具有条件容易控制、破坏形式观察直观、实验周期短、可以重复实验等特点，是对理论和现场实测的重要补充，是科学研究工作中的重要手段。

相似模拟的依据是相似原理，其理论基础是相似三定理[97]：

(1) 相似第一定理。1686 年牛顿首先提出，此后由法国科学家伯特兰于 1848年给予了严格的证明。

相似第一定理可表述为：过程相似则相似准数不变，相似指标为 1。

(2) 相似第二定理。1911 年俄国学者费捷尔曼提出的。1914 年美国学者白金汉(Buchingham)也得到同样的结果。

相似第二定理可以表述为：描述相似现象的物理方程均可变成相似准数组成的综合方程。现象相似，其综合方程必须相同。

(3)相似第三定理。1930 年基尔皮契夫及古赫尔曼提出的。

第三定理可表述为：在几何相似系统中，具有相同文字的关系方程式，单值条件相似，且由单值条件组成的相似准数相等，则此两现象是相似的。

为了把个别现象从同类物理现象中区别出来，所要满足的条件称为单值条件。单值条件具体地是指：①几何条件，说明进行该过程的物体的形状和尺寸；②物理条件，说明物体及介质的物理性质；③边界条件，说明物理表面所受的外力，给定的位移及温度等；④初始条件，现象开始产生时，物体表面某些部分所给定的位移和速度以及物体内部的初应力和初应变等；⑤时间条件，说明进行该过程在时间上的特点。

煤矿开采是一个复杂的系统工程，涉及到诸多因素，若使所有因素都保持相似，难以做到，在工程实际中也没有必要。实践经验表明，煤矿开采相似模拟试验主要考虑以下参数：煤层厚度 M、岩层厚度 H、抗压强度 σ_c、抗拉强度 σ_t、容重 γ、弹模 E、时间 t、泊松比 μ 八个参数，令其方程为

$$F(H, M, \sigma_c, \sigma_t, \gamma, E, \mu, t) = 0 \tag{4-8}$$

根据 π 定理，应用量纲分析法，可得出以下 5 个相似准则

$$
\begin{aligned}
\pi_1 &= \sqrt{H}/t \\
\pi_2 &= E/\sigma_c \\
\pi_3 &= \sigma_c/\sigma_t \\
\pi_4 &= \gamma H/\sigma_c \\
\pi_5 &= M/H
\end{aligned}
\tag{4-9}
$$

故使模型与原型相似，则需满足下列方程：

$$
\begin{aligned}
\frac{E_m}{E_p} &= \frac{s_{tm}}{s_{tp}} & \frac{s_{cm}}{s_{cp}} &= \frac{s_{tm}}{s_{tp}} & \frac{s_{cm}}{s_{cp}} &= \frac{g_m \cdot H_m}{g_p \cdot H_p} \\
\frac{H_m}{H_p} &= \frac{M_m}{M_p} & \frac{t_m}{t_p} &= \sqrt{\frac{H_m}{H_p}}
\end{aligned}
\tag{4-10}
$$

2)相似模拟试验设计

(1)相似材料选取。相似材料的确定是相似模拟试验中的一个重要环节，选择相似材料一般要求：①力学性能稳定，不因大气温度、湿度变化而发生较大的改变。②改变配比后，能使其物理力学指标大幅度变化，便于选择使用。③材料来源丰富，制作方便，凝固时间短，成本低。④相似材料强度、变形均匀，便于测

量，且材料本身无毒无害。⑤模型材料与原型材料的变形及破坏特征相符合。

根据经验及本试验所模拟的岩层性质，决定以细河砂为骨料，以水泥和石膏为胶结材料，用四硼酸钠(硼砂)作为缓凝剂。

(2)原型地质条件。上湾煤矿 12401 超大采高综采工作面是 1^{-2} 煤四盘区首采面，工作面宽度 299.2m，推进长度 5254.8m，设计最大采高 8.8m，煤层厚度为 7.56～10.79m，平均 9.16m，可采出煤量 1800 万 t。12401 超大采高综采面埋深 124～244m，上覆松散层厚度 0～27m，上覆基岩厚度 120～220m。煤岩物理力学性质见表 4-5。

表 4-5　开采煤层及顶底板岩层物理力学性质

序号	岩层名称	实际厚度/m	模型厚度/cm	体积力/(kN/m³)	抗压强度/MPa	抗拉强度/MPa	弹性模量/GPa	说明
37	粉砂岩	4.25	4.25	23.80	9.6	0.77	2.31	
36	中粒砂岩	3.85	3.85	24.80	5.3	0.24	0.52	
35	粉砂岩	1.90	1.90	23.80	9.6	1.75	0.81	随动层
34	细粒砂岩	1.10	1.10	23.90	10.7	0.49	1.27	
33	砂质泥岩	5.20	5.20	24.10	21.7	1.84	1.58	
32	粉砂岩	11.50	11.50	23.80	31.0	2.77	2.66	
31	细粒砂岩	2.80	2.80	23.90	22.6	1.81	3.08	主关键层
30	粉砂岩	9.50	9.50	24.80	31.0	2.77	2.66	
29	中粒砂岩	8.14	8.14	23.80	4.6	1.06	0.35	
28	细粒砂岩	3.50	3.50	24.80	15.4	0.49	1.27	
27	粉砂岩	1.16	1.16	23.80	14.4	1.75	0.81	
26	细粒砂岩	3.50	3.50	23.90	15.4	0.49	1.27	
25	粉砂岩	4.77	4.77	23.80	14.4	1.75	0.81	
24	细粒砂岩	1.40	1.40	23.90	15.4	0.49	1.27	
23	粉砂岩	5.82	5.82	23.80	29.4	1.75	0.81	
22	细粒砂岩	2.16	2.16	23.90	22.9	0.49	1.27	
21	中粒砂岩	2.23	2.23	24.80	6.9	1.06	0.35	随动层
20	粉砂岩	2.25	2.25	23.80	14.4	1.75	0.81	
19	细砂岩	1.30	1.30	23.90	15.4	0.49	1.27	
18	粉砂岩	6.13	6.13	23.80	14.4	1.75	0.81	
17	细粒砂岩	2.00	2.00	23.90	30.4	0.49	1.27	
16	粉砂岩	5.26	5.26	23.80	14.4	1.75	0.81	
15	砂质泥岩	2.52	2.52	24.10	21.7	1.84	1.58	
14	细粒砂岩	1.40	1.40	23.90	30.4	0.49	1.27	

序号	岩层名称	实际厚度/m	模型厚度/cm	体积力/(kN/m³)	抗压强度/MPa	抗拉强度/MPa	弹性模量/GPa	说明
13	粉砂岩	12.09	12.09	23.80	22.6	1.75	0.81	
12	细粒砂岩	1.69	1.69	23.90	15.4	0.49	1.27	
11	粉砂岩	0.90	0.90	23.80	9.57	1.75	0.81	随动层
10	细粒砂岩	3.47	3.47	23.90	30.9	1.81	3.08	
9	泥岩	0.75	0.75	24.60	55.7	4.53	6.37	
8	中粒砂岩	13.71	13.71	24.80	72.6	4.21	14.04	亚关键层
7	粉砂岩	1.28	1.28	23.80	33.5	2.72	6.75	直接顶
6	细粒砂岩	8.05	8.05	23.90	37.6	2.88	3.88	
5	1^{-2}煤	8.80	8.80	14.70	22.2	1.68	1.76	煤层
4	粉砂岩	0.98	0.98	23.80	57.8	4.76	8.87	
3	黏土岩	0.96	0.96	23.80	67.18	5.2	8.21	底板
2	粉砂岩	3.80	3.80	23.80	57.8	4.76	8.87	
1	中粒砂岩	11.05	11.05	24.80	34.5	2.38	7.42	

(3)相似比确定。矿山压力的相似模拟应满足：几何相似、运动相似、动力相似、应力相似、外力相似、应力应变关系相似、强度曲线相似以及时间特性相似等相似条件。模型架要求有足够大的刚度，且具有一定的宽度，以保证模型的稳定性。根据现有试验条件，在 3600mm×2000mm×250mm（长×高×宽）规格的刚模型架上进行试验。

根据本次相似模拟实验的目的，考虑实验模型的可操作性和可靠性，依据相似准则，取相似模拟系数如下：

①几何相似比 $C_L = \dfrac{L_m}{L_p} = 1:100$

②泊松比相似比 $C_\mu = \dfrac{\mu_m}{\mu_p} = 1:1.5$

③密度相似比 $C_\rho = \dfrac{\rho_m}{\rho_p} = 1:1.5$

④刚度相似比 $C_E = \dfrac{\sigma_E}{\sigma_E} = C_L \times C_\rho = 1/150$

⑤应力相似比 $C_\sigma = \dfrac{\sigma_m}{\sigma_p} = C_L \times C_\rho = 1/150$

⑥时间相似比 $C_t = \dfrac{t_m}{t_p} = \sqrt{C_L} = 1/10 \approx 1/10$

　　模型架以加载配重方式模拟从地表至模型上方覆岩的重量。参考地质资料，所建模型最上层岩层的埋深为 54m，上覆岩层的平均容重取 24kN/m³，计算出上边界的应为值 1.3MPa。按照强度相似比，模型上边界应施加的应力 P_m=1.3/150=0.0087MPa，换算成外部载荷 F_m=8.7kN，顶部载荷由自制钢块进行均匀配重。

　　(4)模型各层配比及所需材料数目的确定。根据相似材料模拟强度值的计算方法，并参照相关文献，得出各层相似材料的合理配比。根据模型架的横截面积，岩(煤)层厚度及几何相似比，可计算出所需各相似材料的体积，根据相似材料的容重及配比计算出各岩(煤)层相似材料的重量(考虑 1.2 的富裕系数)，见表 4-6。

　　各分层材料总用量由下式计算可得

$$M_i = L \times b \times H_i \times \gamma_i \times 1.2 \tag{4-11}$$

式中，M_i 为分层材料总用量，kg；L 为模型架长度，m；b 为模型架宽度，m；H_i 为模型分层厚度，m；γ_i 为材料密度，kg/m³。

表 4-6　8.8m 大采高相似材料模拟实验配比表

序号	岩性	厚度/cm	抗压强度/kPa	抗拉强度/kPa	配比号	砂/kg	碳酸钙/kg	石膏/kg	水/kg	总计
34	粉砂岩	4.25	63.8	5.1	95：3：2	69.19	2.18	1.46	8.09	72.83
33	中粒砂岩	3.85	35.3	1.6	95：3：2	65.31	2.06	1.37	7.64	68.75
32	粉砂岩	1.90	63.8	11.7	95：3：2	30.93	0.98	0.65	3.62	32.56
31	细粒砂岩	1.10	71.1	3.3	95：3：2	17.98	0.57	0.38	2.10	18.93
30	砂质泥岩	5.20	144.7	12.3	864	80.20	6.02	4.01	10.03	90.23
29	粉砂岩	11.50	206.3	18.5	773	172.43	17.24	7.39	21.90	197.06
28	细粒砂岩	2.80	150.8	12.1	873	42.83	3.75	1.61	5.35	48.18
27	粉砂岩	9.50	206.3	18.5	773	148.43	14.84	6.36	18.85	169.63
26	中粒砂岩	8.14	30.5	7.1	95：3：2	132.51	4.18	2.79	15.50	139.49
25	细粒砂岩	3.50	102.7	12.1	973	56.25	4.37	1.87	6.94	62.50
24	粉砂岩	1.16	95.7	18.5	973	17.89	1.39	0.60	2.21	19.88
23	细粒砂岩	3.50	102.7	12.1	973	54.21	4.22	1.81	6.69	60.23
22	粉砂岩	4.77	95.7	18.5	973	73.56	5.72	2.45	9.08	81.74
21	细粒砂岩	1.40	102.7	12.1	973	21.68	1.69	0.72	2.68	24.09
20	粉砂岩	5.82	195.7	18.5	773	87.27	8.73	3.74	11.08	99.73
19	细粒砂岩	2.16	152.7	12.1	873	33.04	2.89	1.24	4.13	37.17

续表

序号	岩性	厚度/cm	抗压强度/kPa	抗拉强度/kPa	配比号	砂/kg	碳酸钙/kg	石膏/kg	水/kg	总计
18	中粒砂岩	2.23	45.7	7.1	973	35.84	2.79	1.19	4.42	39.82
17	粉砂岩	2.25	95.7	18.5	973	34.70	2.70	1.16	4.28	38.56
16	细砂岩	1.30	102.7	12.1	973	20.13	1.57	0.67	2.49	22.37
15	粉砂岩	6.13	95.7	18.5	973	94.54	7.35	3.15	11.67	105.04
14	细粒砂岩	2.00	202.7	12.1	773	30.11	3.01	1.29	3.82	34.42
13	粉砂岩	5.26	95.7	18.5	973	81.12	6.31	2.70	10.02	90.14
12	砂质泥岩	2.52	144.7	18.0	973	39.35	3.06	1.31	4.86	43.73
11	细粒砂岩	1.40	202.7	12.1	773	21.08	2.11	0.90	2.68	24.09
10	粉砂岩	12.09	150.8	18.5	873	184.15	16.11	6.91	23.02	207.17
9	细粒砂岩	2.59	102.7	12.1	973	40.11	3.12	1.34	4.95	44.57
8	细粒砂岩	4.22	206.3	12.1	773	63.54	6.35	2.72	8.07	72.62
7	中粒砂岩	13.71	483.7	28.1	546	204.00	16.32	24.48	27.20	244.81
6	粉砂岩	1.28	223.2	18.1	864	19.50	1.46	0.97	2.44	21.93
5	细粒砂岩	8.05	250.9	19.2	855	123.13	7.70	7.70	15.39	138.52
4	1^{-2}煤	8.80	148.2	11.2	873	82.79	7.24	3.10	10.35	93.14
3	粉砂岩	1.94	385.2	31.7	755	29.09	2.08	2.08	3.69	33.24
2	粉砂岩	3.80	385.2	31.7	755	56.98	4.07	4.07	7.24	65.12
1	中粒砂岩	11.05	229.8	15.9	864	175.39	13.15	8.77	21.92	197.31
合计		161				2443.64	184.28	111.66	304.40	2739.58

3）模型制作、开挖及观测

（1）模型制作。按照相似材料模拟实验配比表由下向上逐层铺设，制作时，层与层之间弱胶结面用云母粉进行模拟，挡板提前抹油，防治拆板时对模型造成破坏。相似模拟试验成型图如图 4-22 所示。

(a) 模型正面　　　　　　　　　　　　　　　(b) 模型背面

图 4-22　相似材料模型

（2）观测内容及测点布置。

①应力监测。本实验在上覆煤岩层中安装应力应变仪，通过静态应变仪测试系统和分析系统进行数据采集和处理。应变片布置位置及仪器设备如图 4-23、图 4-24 所示，整个应力监测系统共布置 1 条横向应力监测线和 1 条纵向应力监测线，共布置 12 个压力盒。

②全站仪观测。为了分析垮落带、裂隙带随工作面开采的发育情况，在煤层上方每 20cm 布置一条位移监测点，每条位移监测点上的相邻监测点距离为 10cm，位移监测点及观测设备如图 4-25、图 4-26 所示，各测点位置见表 4-7。

③声发射系统。为了研究随工作面推进过程中覆岩破坏（尤其是切落）的时空关系，在模型开挖过程中合理设置声发射探头（至少设置 4 个监测探头），监测覆岩破坏的声发射特征，如能量幅值、空间位置等，传感器与模型表面之间用凡士林耦合，并用胶带固定，采用双通道同时采集数据。在模型中共布置了 5 个监测探头。布置位置如图 4-25 所示。

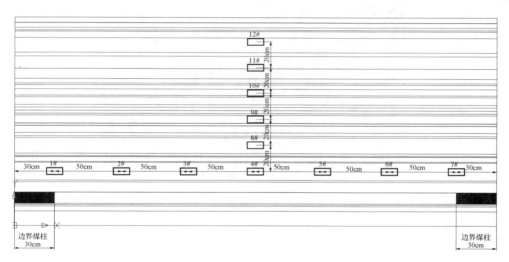

图 4-23 应变片布置示意图

（a）压力传感器   （b）计算机软件   （c）数据采集仪

图 4-24 围岩应力监测系统

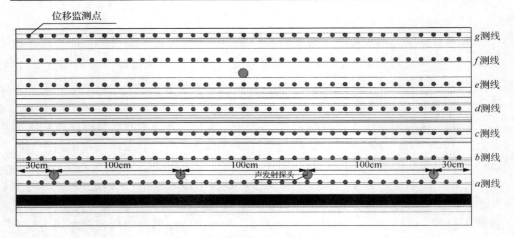

图 4-25 位移监测点布置示意图

图 4-26 三维光学摄影测量系统(XJTUDP)

表 4-7 测线布置位置

测线编号	测点编号	距煤层顶部距离/cm
a	a1～a35	10
b	b1～b35	30
c	c1～c35	50
d	d1～d35	70
e	e1～e35	90
f	f1～f35	110
g	g1～g35	130

④开挖步骤。模型按比例 1∶100 设计。模型开挖长度为 3m,相当于实际推进 300m。模拟一次采全高从右向左依次推进,采空区全部垮落。模型开挖高度为 8.8cm,相当于实际生产中的 8.8m;整个相似模型共开挖 20 次,每次开挖 15cm,

相当于每天工作面实际向前推进 15m。为了消除边界效应，在模型的两边留设 30cm 的边界煤(岩)柱。

4) 实验结果分析

(1) 覆岩破坏状态

①伪顶垮落。当工作面推进到 15～30m 时，伪顶垮落，垮落高度 H=3m。岩层垮落经历了中部裂隙发育、贯穿岩层、短暂停留后岩层整体破断，如图 4-27 所示。

图 4-27 工作面回采 30m

②直接顶初次垮落。当工作面推进到 60m 时，工作面上方直接顶开始出现不明显的离层裂隙，直接顶整体较为稳定，无垮落趋势，如图 4-28 所示。工作面继续向前推进，当工作面推进到 75m 时，如图 4-29(a) 所示，直接顶与亚关键层间出现宏观离层裂隙，随时间效应的作用，直接顶弯曲变形量逐渐变大，离层裂隙向两端扩展，两侧煤壁上方覆岩和悬空直接顶中部开始出现竖向贯穿裂隙，如图 4-29(b) 所示。当直接顶弯曲变形到挠度极限，直接顶初次垮落，直接顶上方悬空亚关键层中部开始出现向上发育的竖向裂隙，如图 4-29(c) 所示。

图 4-28 工作面回采 60m

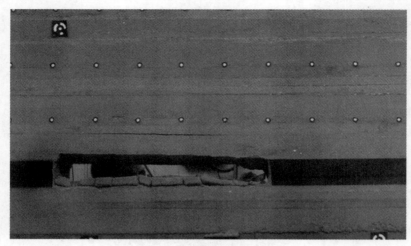

(a) 直接顶离层裂隙发育

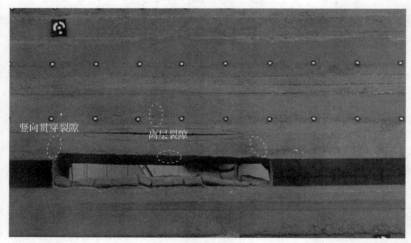

(b) 贯穿裂隙开始产生

(c) 直接顶垮落

图 4-29　工作面回采 75m

③直接顶第一次垮落。工作面推进到 90m 时，工作面后部覆岩垮落时形成"悬臂梁"，滞后"悬臂梁"长 15m。开挖完成 8min 后悬臂段失稳垮落，如图 4-30 所示。

(a) 垮落前

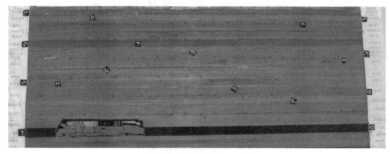

(b) 垮落后

图 4-30　工作面回采 90m

④亚关键层初次垮落。当工作面推进到 105m 时，亚关键层下部垮落，上部弯曲下沉，开切眼和工作面上方覆岩开始出现竖向贯穿裂隙，离层裂隙发育到主关键层下方。3min 后亚关键层开始整体失稳，垮落高度 87m，破断岩层发育到主关键层下方，工作面初次来压显现，如图 4-31 所示。

⑤亚关键层第一次周期破断。工作面推进到 125m 时，亚关键层第 1 次周期破断，采场第 1 次周期来压，破断岩块长度 20m，整体垮落厚度 87m，主关键层下部开始弯曲下沉，中部出现贯穿裂隙，如图 4-32 所示。

⑥主关键层初次破断。当工作面推进到 161m 时，亚关键层发生第三次周期破断，主关键层整体失稳发生初次破断，主关键层上覆岩层随主关键层破断而整体破断，贯穿裂隙发育到模型顶部，如图 4-33 所示。

⑦主关键层第一次周期破断。工作面推进到 183m 时，主关键层与亚关键层同时破断，上次来压破断产生的亚关键层块体台阶下沉，并与破断覆岩形成铰接结构。模型顶部覆岩受拉破断，产生较小竖向台阶裂缝，如图 4-34 所示。

⑧覆岩整体切落。工作面推进到 216m 时，关键层第二次周期来压，煤层上

方覆岩出现倾斜整体切落，模型顶部出现大的台阶裂缝，如图 4-35 所示。

⑨覆岩倒台阶形切落。推进到 283m 时，煤层上方覆岩呈倒梯形回转切落，工作面前方煤壁因应力集中出现破碎、片帮等现象，如图 4-36 所示。

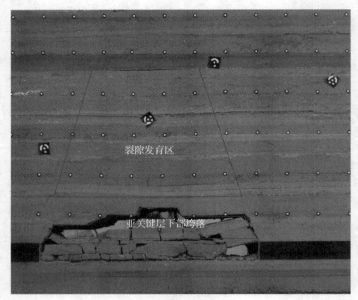

(a) 亚关键层下部垮落

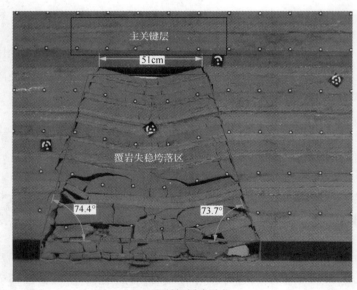

(b) 亚关键层全部垮落

图 4-31　工作面回采 105m

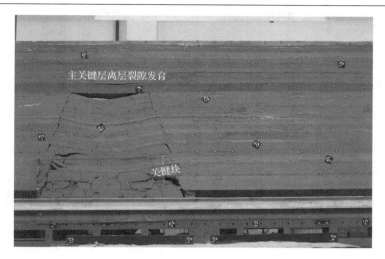

图 4-32　工作面回采 125m

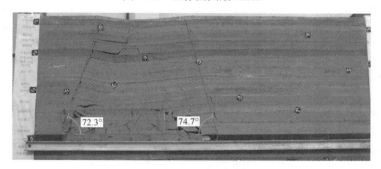

图 4-33　工作面回采 161m

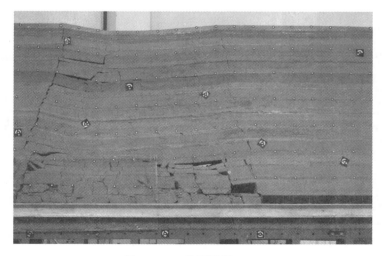

图 4-34　工作面回采 183m

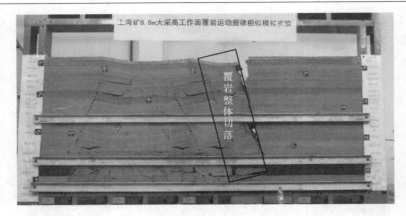

图 4-35 工作面回采 216m

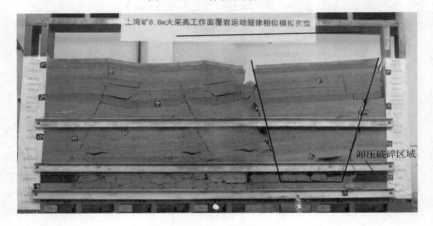

图 4-36 工作面回采 283m

(2)位移变化特征

以顶板累计下沉量为纵坐标、测线上各测点作为横坐标，绘制不同时期顶板下沉量曲线图，如图 4-37 所示。

当工作面推进 105m 时，亚关键层初次破断；测线 a、b、c、d 上的测点出现垂直下沉，测线 a 的 6 号测点下沉量最大，其值为 8.2m。测线 b 上的最大下沉量为 6.98m，c 测线上最大下沉量为 6.05m，d 测线上最大下沉量为 5.36m。随着岩层距煤层顶板距离的增大，垮落覆岩最大下沉量逐渐减小。

当工作面推进至 161m 时，主关键层初次破断；破断裂隙发育到模型顶部，测线 $a \sim g$ 均出现垂直下沉，测线 a 上 3～12 号测点出现垂直下沉，最大下沉量 8.21m，7 条测线所测得的下沉曲线均呈"U"形。

当工作面推进至 216m 时，主关键层第一次周期破断，覆岩整体切落，出现台阶下沉；在下沉图中可以看出，b、d、e、f、g 测线在 $x=200$m 所对应的下沉

量相较于 x=160m 明显增大,且不同测线在 x=200 到 x=230 时的下沉量较为接近。

当工作面推至 283m 时,上覆岩层发生倒梯形切落,上覆岩层垮落为最终形态;在 x=0m 到 x=180m 的区域,最大值下沉量为 8.21m,测线测得的下沉量会随测线距煤层顶部距离的增大而逐渐减小。在 x=180m 到 x=360m 区域,最大下沉量为 8.66m,相同 x 坐标位置下,不同高度测线所测得的下沉值变化较小。

综合分析各测点下沉量变化特征,可以得出:①开采初期,各岩层垂直位移量较小,随着工作面推进,位移量逐渐增大,各测点的位移量变化具有差异性。②在相似模拟过程中,覆岩整体切落与呈"砌体梁"结构垮落的下沉曲线存在差异:呈"砌体梁"结构垮落时,覆岩下沉量过渡较平滑,距煤层顶板不同高度的覆岩下沉量变化较大,与煤层的距离增大,下沉量逐渐减小;覆岩整体切落时,顶板下沉曲线变化较剧烈,覆岩整体下沉量大,与煤层距离的增大,对覆岩下沉量的影响较小。

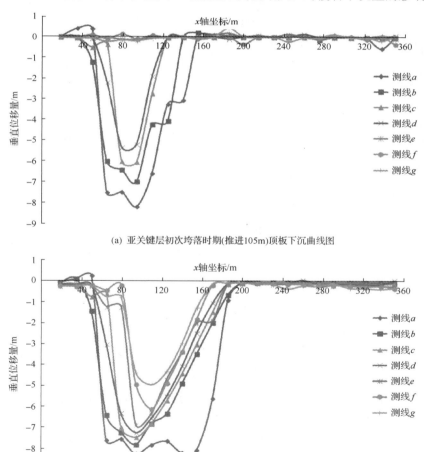

(a) 亚关键层初次垮落时期(推进105m)顶板下沉曲线图

(b) 主关键层初次垮落时期(推进161m)顶板下沉曲线图

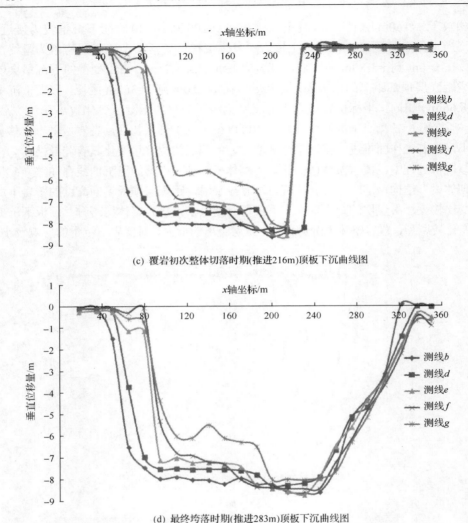

(c) 覆岩初次整体切落时期(推进216m)顶板下沉曲线图

(d) 最终垮落时期(推进283m)顶板下沉曲线图

图 4-37　不同时期顶板下沉量曲线图

(3)声发射特征

使用声发射(AE)监测模型开挖过程中覆岩裂隙扩展、破裂、垮落所产生的弹性波,覆岩受采动影响产生裂隙,声发射接收到的变形信号较小,覆岩发生破裂时,声发射能率明显增强,覆岩垮落时声发射能率最强并且持续时间最短。以覆岩第一次亚关键层来压过程为例对覆岩破断过程中的声发射能率变化规律进行描述,如图 4-38 所示。①裂隙扩展阶段,覆岩发生塑性变形,裂隙快速产生、扩展和贯通,声发射事件次数急剧增加,持续时间较长。②岩层垮落来压阶段,悬露岩层承载力达到极限后,内部裂隙交叉联合形成宏观破裂面,持续时间较短且变化破坏十分剧烈，声发射事件在短时间内大幅度增加，之后迅速减少。③破裂后阶段，悬露岩层破裂、离层下沉，但破裂岩块相互铰接而未发生垮塌，同时积聚的能量不断释放，该阶段声发射事件明显减少。

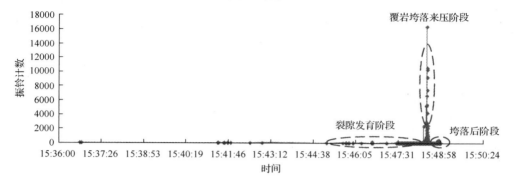

图 4-38　基本顶第一次周期来压过程

　　分析来压过程中覆岩破坏时不同通道声发射振铃次数-时间关系（图 4-39）与实验观察所记录的工作面来压时间表（表 4-8），得出采动覆岩破坏特征：

表 4-8　相似模拟来压时间

事件	时间
伪顶垮落	11:20:00
直接顶初次破断	11:38:00
亚关键层初次破断	14:24:00
亚关键层第一次周期破断	15:08:00
亚关键层第二次周期破断	15:46:00
主关键层初次破断	16:09:00
主关键层第一次周期破断	16:34:00

　　顶板来压是覆岩破断失稳造成的结果，亚关键层初次破断过程和主关键层第一次周期破断时声发射信号最丰富，原因在于亚关键层强度较大，且对上覆 70m 厚的覆岩起承载作用，当亚关键层发生破断时，主关键层以下的覆岩均随其发生破断，该过程持续时间长，并伴随大量的覆岩裂隙产生、发育，声发射事件频繁。主关键层第一次周期破断时，煤层上方覆岩整体发生破断，裂隙发育到地表，产生声发射事件多、能量大。其他周期来压过程中声发射能率相对较小，破裂次数相对较少，覆岩破裂间隔时间较短。

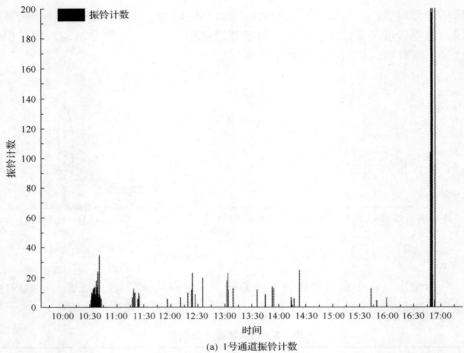

(a) 1号通道振铃计数

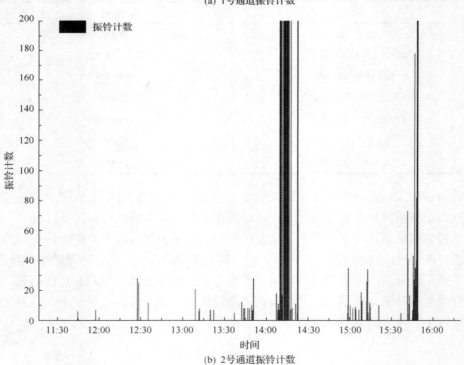

(b) 2号通道振铃计数

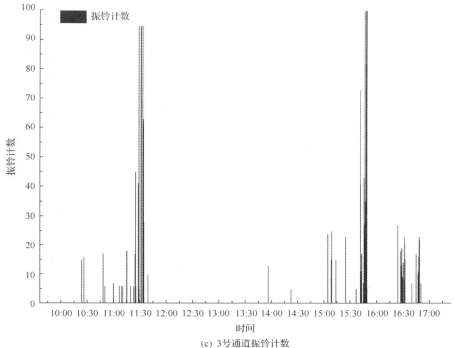

(c) 3号通道振铃计数

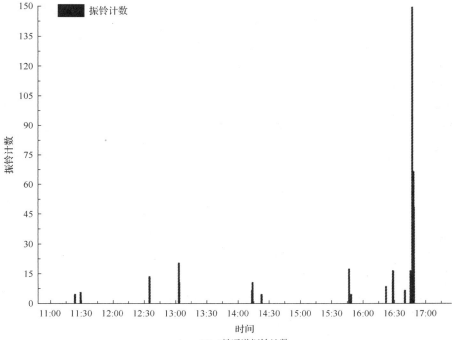

(d) 4号通道振铃计数

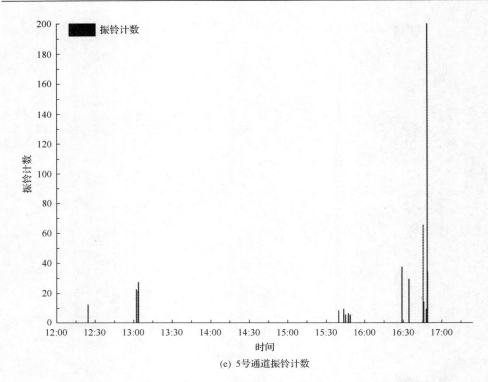

(e) 5号通道振铃计数

图 4-39　声发射振铃计数图

（4）应力变化特征

图 4-40 为应力随工作面位置的变化规律。2 号土压力传感器位于亚关键层中，距开切眼 50m，该压力传感器测得的初始应力为 4.5MPa。工作面回采 75m 后，压力盒示数逐渐降低，亚关键层开始离层卸压；当推进到 105m 时，亚关键层初次破断垮落，压力传感器示数达到最低，之后上覆岩层垮落，压实采空区，传感器示数又逐渐增大。

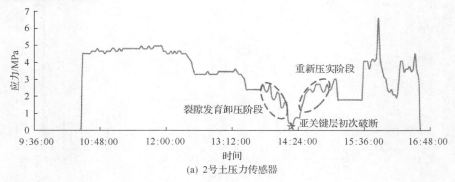

(a) 2号土压力传感器

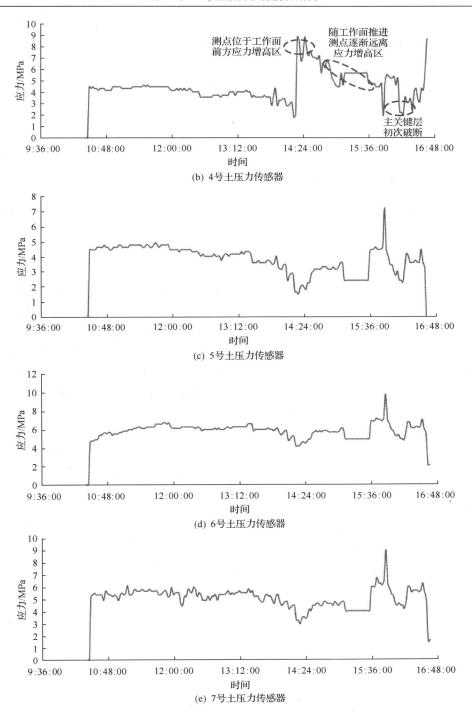

(b) 4号土压力传感器

(c) 5号土压力传感器

(d) 6号土压力传感器

(e) 7号土压力传感器

图 4-40　相似材料模拟过程中岩层应力变化曲线

4 号土压力传感器距开切眼 150m。工作面推进 105m，亚关键层初次垮落后，土压力传感器数据逐渐增大，此传感器处于应力增高区；工作面继续推进，传感器逐渐远离应力增高区，垂直应力逐渐下降。当工作面推进到 161m，主关键层初次破断，传感器测得垂直应力突然下降。

5～7 号传感器距回采工作面较远，应力曲线相似，应力值无太大波动，垂直应力在 4.5MPa 左右。

综合相似模拟研究结果认为，浅埋煤层覆岩呈周期性破断规律，在主关键层没有破断以前，随着工作面的推进，下位覆岩呈"悬臂梁"和"砌体梁"结构形式，地表变形量较小，煤体应力水平较低；当主关键层破断后，随着工作面继续推进，覆岩呈整体切落式破断，破坏范围波及地表，地表下沉量、采场应力和声发射信号强度均显著增加。

4.3.2　"切落体"结构的提出

综合现场实测、数值模拟以及相似模拟研究结果认为，浅埋煤层工作面覆岩结构与普通埋深有显著不同。浅埋采场覆岩呈整体切落式周期性破断，破断范围波及至地表，"切落体"之间能够相互铰接，但不能形成稳定的承载结构，易发生滑落失稳，此结构称之为"切落体"结构，如图 4-41 所示。与"砌体梁"、"悬臂梁"以及"拱"等结构相比，"切落体"结构的力学承载能力更弱，覆岩大部分载荷作用在支架上，导致浅埋煤层工作面矿压显现更加强烈，而回采顺槽相对较弱。

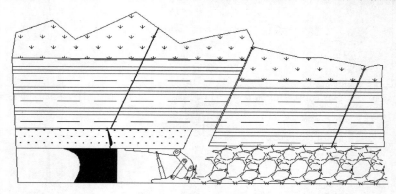

图 4-41　浅埋煤层工作面"切落体"结构示意图

覆岩切落角度与岩层强度、刚度、层理、厚度等参数有关。对于厚硬岩层组合，顶板破断面偏向于采空区，破断角小于 90°（图 4-42(a)），对于薄及松软岩层组合，顶板破断面偏向于工作面前方，破断角大于 90°（图 4-42(c)），对于软硬复合型岩层组合，则介于前述二者之间（图 4-42(b)）。结合开采实践，将"切落体"结构形式划分为三类，即超前"切落体"、垂直"切落体"和滞后"切落体"，如

图 4-42 所示。

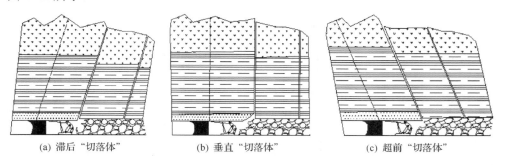

(a) 滞后 "切落体"　　　　(b) 垂直 "切落体"　　　　(c) 超前 "切落体"

图 4-42　顶板不同 "切落体" 形式示意图

4.3.3　"切落体" 结构运动与失稳机理

　　浅埋煤层采场覆岩的破坏形式兼具弯拉和剪切破坏，"切落体" 的产生需要满足一定的力学条件，本节主要从力学分析角度阐释 "切落体" 的破坏形式、形成条件及失稳机理。

1. 覆岩弯拉破坏分析

　　根据上文分析，顶板发生切落前，形成短悬梁结构，与上一切落面密切接触。由于受到松散层均布载荷的作用，短悬梁结构有弯曲下沉的趋势，梁尾端相应产生抑制这种趋势的接触摩擦阻力，图 4-43 是通过简化构建的力学模型，分析短悬梁内部的拉应力和剪应力[98]。

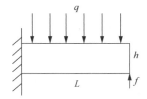

图 4-43　破断前短悬臂结构受力简图

　　在上覆岩层均布载荷和自重的作用下，岩梁拉破坏的条件是岩梁内部由弯曲变形产生的拉应力达到极限抗拉强度，即

$$\sigma = \frac{M}{W} = [\sigma_t] \tag{4-12}$$

式中，σ 为岩梁内部实际拉应力；M 为岩梁弯矩；W 为岩梁的抗弯截面系数；$[\sigma_t]$ 为岩梁的极限抗拉强度。

对于短悬梁结构，其弯矩分布如图 4-44 所示。

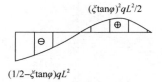

图 4-44　短悬梁弯矩分布图

根据 ξ 和 φ 的取值范围讨论，满足 $\left(\dfrac{1}{2}-\xi\tan\varphi\right)qL^2 > \dfrac{\xi^2\tan^2\varphi}{2}qL^2$，对于矩形

断面，有 $W=\dfrac{I_z}{h/2}=\dfrac{bh^2}{6}$，$b=1$，代入式（4-12），得

$$\sigma_{\max}=\frac{(1/2-\xi\tan\varphi)qL^2}{\dfrac{h^2}{6}}=\frac{(3-6\xi\tan\varphi)\left(\dfrac{\gamma_0}{J_z}+\gamma\right)L^2}{h} \tag{4-13}$$

令 $\sigma_{\max}=[\sigma_t]$，得出顶板产生拉伸破坏的极限垮落步距为

$$L_L=\sqrt{\frac{h[\sigma_t]}{(3-6\xi\tan\varphi)\left(\dfrac{\gamma_0}{J_z}+\gamma\right)}} \tag{4-14}$$

2. 覆岩剪切破坏分析

短悬梁破断面为矩形断面，如图 4-45 所示。

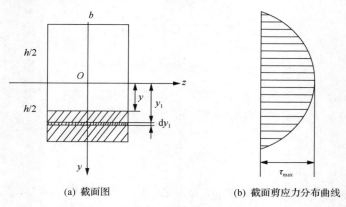

(a) 截面图　　　　　　　　(b) 截面剪应力分布曲线

图 4-45　短悬梁矩形截面及剪应力分布曲线

对于矩形横截面上的剪应力 τ ，有矩形截面梁切应力公式

$$\tau = \frac{F_s S_z^*}{I_z b} \tag{4-15}$$

式中，F_s 为横截面上的剪力；S_z^* 为截面上距离中性轴 z 为 y 的横线以下部分面积对中性轴的静矩；I_z 为整个截面对中性轴的惯性矩；b 为截面宽度。

取 d$A=b$dy，有

$$S_z^* = \int_{A_1} y_1 \mathrm{d}A = \int_y^{\frac{h}{2}} by_1 \mathrm{d}y_1 = \frac{b}{2}\left(\frac{h^2}{4} - y^2\right) \tag{4-16}$$

将(4-16)代入(4-14)式得

$$\tau = \frac{F_s}{2I_z}\left(\frac{h^2}{4} - y^2\right) \tag{4-17}$$

由公式(4-17)，沿截面高度切应力 τ 按抛物线规律变化，令 $y=0$，$b=1$，又有 $I_z = \frac{bh^3}{12}$，得出任一单位宽度横断面的短悬梁最大切应力公式为

$$\tau_{\max} = \frac{3F_s}{2h} \tag{4-18}$$

对图 4-45 进行受力分析，得到剪力分布如图 4-46 所示。

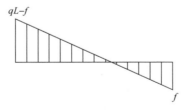

图 4-46　短悬梁剪力分布图

假设摩擦阻力 $f = \xi qL\tan\varphi$ ，ξ 为水平挤压力比例因子，且 $\xi = 0.3\sim0.45$ ，φ 为岩层平均内摩擦角（一般取 30°～40°），q 为载荷集度，L 为跨度。通过短悬梁剪力分布图可以看出，在梁嵌固端剪力最大，最大剪力为 $qL - f = (1 - \xi\tan\varphi)qL$ ，说明在此处最容易发生剪切破坏。将最大剪力代入(4-18)可得

$$\tau_{\max} = \frac{3(qL-f)}{2h} = \frac{3(1-\xi\tan\varphi)qL}{2h} = \frac{3}{2}(1-\xi\tan\varphi)\left(\gamma + \frac{\gamma_0}{J_z}\right)L \quad (4\text{-}19)$$

式中，J_z 为基载比；γ_0、γ 分别表示松散层、基岩层的容重。

上式表明，基载比越小，岩梁受到的剪应力越大，覆岩越易于切落破坏，与数值模拟结论吻合。

设岩石极限抗剪强度为 $[\tau]$，令 $\tau_{\max}=[\tau]$，可得出极限切落步距为

$$L_Q = \frac{2[\tau]}{3(1-\xi\tan\varphi)\left(\gamma + \dfrac{\gamma_0}{J_z}\right)} \quad (4\text{-}20)$$

3. 覆岩破断力学条件

浅埋煤层顶板可能发生两种形式的破断，即剪切破断和弯拉破断。令极限切落步距和极限垮落步距相等，得到浅埋煤层顶板发生剪切破断和弯拉破断的临界条件为

$$[\sigma_t] = \frac{4[\tau]^2(1-2\xi\tan\varphi)}{3h\left(\dfrac{\gamma_0}{J_z}+\gamma\right)(1-\xi\tan\varphi)^2} \quad (4\text{-}21)$$

顶板破断形式的主要影响因素包括：组合岩层极限抗拉强度、极限抗剪强度、基载比、岩层内摩擦角、基岩厚度及水平挤压力比例因子。对于特定的地质开采条件，顶板岩层物理力学参数是定值，水平挤压力比例因子根据现场实践统计确定。由公式(4-21)进行讨论：

(1) 当 $[\sigma_t] > \dfrac{4[\tau]^2(1-2\xi\tan\varphi)}{3h\left(\dfrac{\gamma_0}{J_z}+\gamma\right)(1-\xi\tan\varphi)^2}$，极限抗拉强度相对较大，顶板发生剪切破断；

(2) 当 $[\sigma_t] < \dfrac{4[\tau]^2(1-2\xi\tan\varphi)}{3h\left(\dfrac{\gamma_0}{J_z}+\gamma\right)(1-\xi\tan\varphi)^2}$，极限抗拉强度相对较小，顶板发生弯拉破断。

上述讨论仅仅在理想条件下理论分析，而岩层的弯拉破坏和剪切破坏形式并非固定不变的，随着地质开采条件的变化，二者会相互转化。以下列举几种转化条件：①当工作面推进至短悬梁固支端裂隙发育段，加快工作面推进速度，可能会使剪切破坏转化为弯拉破坏。②坚硬顶板工作面采取强制放顶措施后，基岩层厚度减

小，基载比 J_z 变小，顶板破断形式可能由弯拉破断转化为切落破断。③当覆岩含有断层时，尤其是平行于工作面的大断层，一旦工作面推进到断层面附近，岩层尚未达到弯拉破断的强度条件时，可能出现整体切顶的危险。

4. "切落体"结构失稳力学机理

浅埋采场支架载荷主要由两部分组成：一是直接顶载荷，二是"切落体"载荷。一般直接顶强度低，随采随冒，而"切落体"载荷并非全部作用于支架，仅将"切落体"残余载荷传递至支架。传力的大小取决于切落面的滑动摩擦力，切落角影响"切落体"对直接顶的力学作用。因此，分析"切落体"与支架相互作用关系，其关键因素有"切落体"水平挤压力 T、切落角度 α 和切落面摩擦系数 $\tan\varphi$。

1) 垂直"切落体"受力分析

根据上述分析，图 4-47 为构建的垂直"切落体"与支架相互作用关系的平面力学模型。

对于垂直"切落体"力学模型(a)在竖直方向上运用力学平衡原理，有

$$qL + P - RL_{控} - 2T\tan\varphi = 0 \tag{4-22}$$

其中，$T = \xi(\gamma_0 h_0 + \gamma h)L$，$q = \gamma_0 h_0$，$P = \gamma h L$

同样，对受力模型(b)应用力学平衡原理，有

$$R'L_{控} + P_1 - R_{支}L_{控} = 0 \tag{4-23}$$

$$P_{支}\eta = R_{支}L_{控} \tag{4-24}$$

其中，$P_1 = \gamma_1 h_1 L_{控}$，$R' = R$。

式中，q 为松散层均布载荷，MPa；P、P_1 为"切落体"自重、直接顶重量，kN；T 为水平挤压力，kN；ξ 为水平挤压力比例因子；$\tan\varphi$ 为切落面摩擦系数；φ 为岩体平均内摩擦角，(°)；R、R' 为"切落体"与直接顶相互作用力，MPa；$R_{支}$ 为支架顶梁受力，MPa；$R_{支}$ 为支架工作阻力，kN；η 为支架的支撑效率；$L_{控}$、L 为支架控顶距、切落步距，m；γ_0、γ、γ_1 为松散层、"切落体"和直接顶体积力，kN/m³；h_0、h、h_1 为松散层、"切落体"和直接顶厚度，m。

联立公式(4-22)～式(4-24)，求解得支架所需阻力为

$$P_{支} = \frac{(\gamma_0 h_0 + \gamma h)L + \gamma_1 h_1 L_{控} - 2\xi L(\gamma_0 h_0 + \gamma h)\tan\varphi}{\eta} \tag{4-25}$$

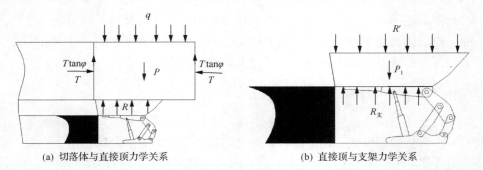

(a) 切落体与直接顶力学关系　　　　　　　(b) 直接顶与支架力学关系

图 4-47　垂直"切落体"结构受力简图

2) 超前"切落体"和滞后"切落体"受力分析

图 4-48 和 4-49 分别是对滞后"切落体"和超前"切落体"模型的力学分析。

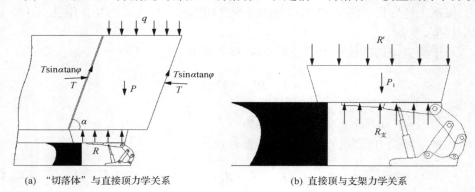

(a) "切落体"与直接顶力学关系　　　　　　(b) 直接顶与支架力学关系

图 4-48　滞后"切落体"结构受力简图

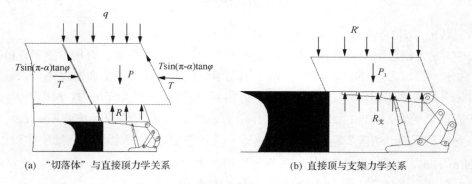

(a) "切落体"与直接顶力学关系　　　　　　(b) 直接顶与支架力学关系

图 4-49　超前"切落体"结构受力简图

对于滞后"切落体"力学模型(图 4-49)在竖直方向和水平方向上运用力学平衡原理,有

$$\begin{cases} qL + P - RL_{控} - 2T\tan\varphi\sin^2\alpha = 0 \\ R'L_{控} + P_1 - R_{支}L_{支} = 0 \\ P_{支,水平} - 2T\tan\varphi\sin\alpha\cos\alpha = 0 \end{cases} \tag{4-26}$$

其中，$P_1 = \gamma_1 h_1 L_{控}$，$R' = R$。

令 $T = \xi(qL + P)$，$P_{支}\eta = R_{支}L_{控}$，得支架必须提供的工作阻力 $P_{支}$ 和顶梁水平受力 $P_{支,水平}$ 为

$$\begin{cases} P_{支} = \dfrac{\left(\gamma_0 h_0 L + \gamma h L\right)\left(1 - 2\xi\tan\varphi\sin^2\alpha\right) + \gamma_1 h_1 L_{控}}{\eta} \\ P_{支,水平} = \xi\left(\gamma_0 h_0 L + \gamma h L\right)\tan\varphi\sin 2\alpha \end{cases} \tag{4-27}$$

同理，对于超前"切落体"力学模型(图 4-51)在竖直方向和水平方向上运用力学平衡原理，有

$$\begin{cases} qL + P - RL_{控} - 2T\tan\varphi\sin^2(\pi - \alpha) = 0 \\ R'L_{控} + P_1 - R_{支}L_{控} = 0 \\ P_{支,水平} - 2T\tan\varphi\sin(\pi - \alpha)\cos(\pi - \alpha) = 0 \end{cases} \tag{4-28}$$

代入各参数，最终求得支架必需的工作阻力 $P_{支}$ 和顶梁水平受力 $P_{支,水平}$ 为

$$\begin{cases} P_{支} = \dfrac{\left(\gamma_0 h_0 L + \gamma h L\right)\left(1 - 2\xi\tan\varphi\sin^2\alpha\right) + \gamma_1 h_1 L_{控}}{\eta} \\ P_{支,水平} = -\xi\left(\gamma_0 h_0 L + \gamma h L\right)\tan\varphi\sin 2\alpha \end{cases} \tag{4-29}$$

4.4　支架合理工作阻力验算及顶板结构分类

根据上述"砌体梁"结构、"悬臂梁+砌体梁"结构和"切落体"结构作用下的支架载荷计算公式，分别以上湾矿 8.8m 大采高工作面、大柳塔 7.0m 大采高工作面、哈拉沟矿 5.2m 大采高工作面和锦界煤矿 3.2m 中厚煤层综采工作面为例对综采工作面支架工作阻力进行了验算，进而对神东公司浅埋煤层工作面顶板结构进行分类。

【实例 1】上湾煤矿 12401 大采高综采工作面采高 8.8m，平均埋深 189m，其中，基岩层平均厚度 86m，平均容重 25kN/m³，载荷层平均厚度为 93.7m，平均容重 22kN/m³，直接顶(含伪顶)厚度为 9.3m，容重 20kN/m³，各岩层平均内摩擦角取 38°，周期来压步距平均 13.5m，支架最大控顶距为 6.867m，支架中心距

为 2.4m。

如图 4-50 和表 4-9 所示，根据关键层理论对工作面上覆岩层关键层层位进行了判定，上湾煤矿 12401 大采高工作面关键基岩层厚度 86m，根据钻孔揭示上覆随动层最大厚度 129m，基载比最小为 86/129=0.67。

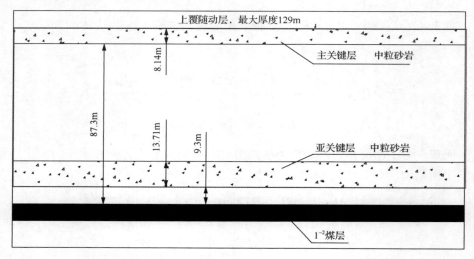

图 4-50 上湾煤矿 8.8m 大采高工作面顶板关键层示意图

表 4-9 上湾 8.8m 大采高工作面顶板关键层计算

序号	岩层名称	实际厚度/m	体积力 kN/m³	抗拉强度/MPa	弹性模量/GPa	关键层判定
Y26	细粒砂岩	2.8	23.9	7.2	32	
Y25	粉砂岩	9.5	23.8	4.45	35	
Y24	中粒砂岩	8.14	24.8	6.13	38	主关键层
Y23	细粒砂岩	3.50	23.9	7.2	32	
Y22	粉砂岩	1.16	23.8	4.45	35	
Y21	细粒砂岩	3.50	23.9	7.2	32	
Y20	粉砂岩	4.77	23.8	4.45	35	
Y19	细粒砂岩	1.40	23.9	7.2	32	
Y18	粉砂岩	5.82	23.8	4.45	35	
Y17	细粒砂岩	2.16	23.9	7.2	32	
Y16	中粒砂岩	2.23	24.8	6.13	38	
Y15	粉砂岩	2.25	23.8	4.45	35	
Y14	细粒砂岩	1.30	23.9	7.2	32	
Y13	粉砂岩	6.13	23.8	4.45	35	

序号	岩层名称	实际厚度/m	体积力 kN/m³	抗拉强度/MPa	弹性模量/GPa	关键层判定
Y12	细粒砂岩	2.0	23.9	7.2	32	
Y11	粉砂岩	5.26	23.8	4.45	35	
Y10	砂质泥岩	2.52	24.1	3.6	18	
Y9	细粒砂岩	1.40	23.9	7.2	32	
Y8	粉砂岩	12.09	23.8	4.45	35	上位亚关键层
Y7	细粒砂岩	1.69	23.9	7.2	32	
Y6	粉砂岩	0.9	23.8	4.45	35	
Y5	细粒砂岩	3.47	23.9	7.2	32	
Y4	泥岩	0.75	24.6	6.22	21	
Y3	中粒砂岩	13.71	24.8	6.13	38	下位亚关键层
Y2	粉砂岩	1.28	23.8	4.45	35	
Y1	细粒砂岩	8.05	23.9	7.2	32	
	1^{-2} 煤层	8.8	14.7	2.38	23	

(1) 按"切落体"结构计算公式估算

以覆岩沿煤壁垂直切落的情况考虑，大采高综采工作面"切落体"的水平作用力比例因子取 0.4，支架支撑效率按 93%，则利用"切落体"计算公式(4-25)估算支架载荷为

$$P = \frac{(\gamma_0 h_0 + \gamma h)L + \gamma_1 h_1 L_{控} - 2\xi L(\gamma_0 h_0 + \gamma h)\tan\varphi}{\eta}$$

$$= [(22 \times 93.7 + 25 \times 86) \times 13.5 + 20 \times 9.3 \times 6.867 - 2$$
$$\times 0.4 \times 13.5 \times (22 \times 93.7 + 25 \times 86)\tan 38°] / 0.93$$
$$= 24297\text{kN}$$

将参数代入公式，计算得出垂直切落时支架载荷 $P = 24297\,\text{kN}$。

(2) 按"砌体梁"结构计算公式估算

取顶板下沉量 $S_1 = 1/6h_1$，岩块破断角 $\alpha = 0$，工作面下位亚关键层悬露重量及其上方载荷取 $Q = 13.5 \times 25 \times 13.71 = 4627\text{kN/m}$，采用公式(4-1)计算支架载荷为

$$P_1 = Bl_k \sum h_1 \gamma_z + \left[2 - \frac{L\tan(\varphi - \alpha)}{2(h_1 - S_1)}\right]QB$$

$$= 2.4 \times 6.867 \times 9.3 \times 20 + \left[2 - \frac{13.5\tan 38°}{2 \times (13.71 - 1/6 \times 13.71)}\right] \times 13.5 \times 25 \times 20.52 \times 2.4$$

$$= 19700\text{kN}$$

将参数代入公式，计算得出下位亚关键层呈现"砌体梁"结构时支架载荷 P_1=20056kN。

（3）按"悬臂梁+砌体梁"结构计算公式估算

按照上表 12401 工作面关键层判断结果，工作面下位亚关键层为 13.71m 厚的中粒砂岩，上位亚关键层为 12.09m 厚的粉砂岩，上位亚关键层下方垮落带的总高度为 30m，下位亚关键层下方不规则垮落带（直接顶）的高度为 9.3m。工作面周期来压主要受上位亚关键层所形成的"砌体梁"结构的周期性失稳控制。依据"悬臂梁+砌体梁"结构理论计算，支架载荷主要由以下三部分组成：

①"悬臂梁"下方直接顶重量 $Q_z = B l_k \sum h_1 \gamma_z$=2.4×6.0×9.3×20=2678kN

②"悬臂梁"及其上部直至垮落带顶界面岩层的重量

$$Q_0 + Q_{r_1} = BL_1(h_{垮} - \sum h_1)\gamma_z = 2.4 \times 6.867 \times (30 - 9.3) \times 22 = 7505\text{kN} ;$$

③上位基本顶"砌体梁"结构所控制的顶板载荷

$$P_{H_1} = \left[2 - \frac{L_1 \tan(\varphi - \alpha)}{2(h - S)} \right] QB = \left[2 - \frac{13.5 \times 0.8}{2 \times (1 - 1/6) \times 12.09} \right] \times 13.5 \times 25 \times 12.09 \times 2.4$$
$$= 14468\text{kN}$$

由此得出"悬臂梁+砌体梁"结构作用下，支架所受载荷为

$$P_2 = Q_z + Q_0 + Q_{r_1} + P_{H_1} = 2678 + 7505 + 14468 = 24651\text{kN}$$

8.8m 大采高工作面埋深及基载比变化较大，支架额定工作阻力为 26000kN，工作面来压期间实测支架最大工作阻力为 23790～26112kN，对比以上三种支架工作阻力计算结果认为，当工作面处于埋深和基载较小区域时，工作面顶顶板呈"切落体"结构特征；当工作面处于埋深和基载比较大区域时，顶板呈"悬臂梁+砌体梁"结构特征。

【实例 2】大柳塔矿 52304 工作面开采 5^{-2} 煤，根据图 4-51，回风顺槽 61 号联巷探测钻孔柱状图，煤层埋藏深度约 167m，表土层厚度 4.78m，主关键层及以下基岩层厚度平均 103.75m，主关键层以上载荷层厚度为 51.61m，基载比为 103.75/65=2.0。下位亚关键层下方直接顶厚度为 11.35m。岩层容重均取 22kN/m³，岩石内摩擦角取 38°。工作面平均周期来压步距取 16m，工作面支架为 7.0m 两柱掩护式支架，支架工作阻力为 16800kN，支架最大控顶距取 6.675m，支架中心距为 2.05m。

层号	厚度/m	埋深/m	岩性	关键层位置
61	4.78	4.78	黄土	
60	1.9	6.68	细粒砂岩	
59	0.35	7.03	2⁻²上煤	
58	1.32	8.35	泥岩	
57	3.34	11.69	细粒砂岩	
56	6.47	18.16	粉砂岩	
55	0.66	18.82	2⁻²煤	
54	4.41	23.23	粉砂岩	
53	1	24.23	泥岩	
52	3.65	27.88	粉砂岩	
51	0.6	28.48	中粒砂岩	
50	3.85	32.33	粉砂岩	
49	0.89	33.22	细粒砂岩	
48	3	36.22	粉砂岩	
47	0.8	37.02	泥岩	
46	1.55	38.57	粉砂岩	
45	1.1	39.67	泥岩	
44	0.8	40.47	细粒砂岩	
43	1.72	42.19	粉砂岩	
42	1.7	43.89	细粒砂岩	
41	2.37	46.26	粉砂岩	
40	0.93	47.19	粗砂岩	
39	0.52	47.71	粉砂岩	
38	0.35	48.06	3⁻¹煤	
37	3.55	51.61	泥岩	
36	13.43	65.04	中粗粒砂岩	主关键层
35	2.1	67.14	砂质泥岩	
34	1.18	68.32	细粒砂岩	
33	5.4	73.72	粉砂岩	
32	0.88	74.6	砂质泥岩	
31	8.98	83.58	粉砂岩	亚关键层
30	3	86.58	中粒砂岩	
29	4.46	91.04	粉砂岩	
28	0.35	91.39	泥岩	
27	4.43	95.82	粉砂岩	
26	1.15	96.97	砂质泥岩	
25	5.58	102.55	粉砂岩	
24	1.3	103.85	石英砂	
23	1.68	105.53	粉砂岩	
22	0.95	106.48	粉砂岩	
21	0.44	106.92	4⁻²煤	
20	6.09	113.01	粉砂岩	
19	1.92	114.93	中粒砂岩	
18	4.92	119.85	细粒砂岩	
17	4.17	124.02	粉砂岩	
16	0.12	124.14	泥岩	
15	1.7	125.84	细砂岩	
14	0.65	126.49	4⁻¹煤	
13	0.21	126.7	泥岩	
12	0.13	126.83	细砂岩	
11	8.03	134.86	泥岩	
10	12.73	147.59	中砂岩	亚关键层
9	0.06	147.65	泥岩	
8	7.71	155.36	中砂岩	亚关键层
7	0.75	156.11	粗砂岩	
6	1.72	157.83	中砂岩	
5	6.88	164.71	细砂岩	
4	0.69	165.4	泥岩	
3	1.03	166.43	细砂岩	
2	0.31	166.74	泥岩	
1	7.14	173.88	5⁻²煤	

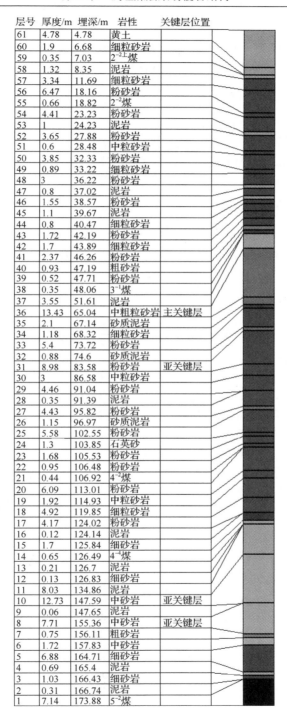

图 4-51　52304 工作面回风顺槽 61 号联巷顶板探测钻孔柱状图

(1) 按"切落体"结构计算公式估算

按覆岩沿煤壁垂直切落的情况考虑，大采高综采工作面"切落体"的水平作用力比例因子取 0.4，支架支撑效率按 93%，则利用"切落体"计算公式估算支架载荷为：

$$P = \frac{(\gamma_0 h_0 + \gamma h)L + \gamma_1 h_1 L_{控} - 2\xi L(\gamma_0 h_0 + \gamma h)\tan\varphi}{\eta}$$

$$=[(22×51.61+22×103.75)×16+22×11.35×6.675-2×0.4×16$$
$$×(22×51.61+22×103.75)×0.8]/0.93$$
$$=23085\text{kN}$$

(2) 按"砌体梁"结构计算公式计算

工作面下位亚关键层为 7.71m 厚的中砂岩，取顶板下沉量 $S_1=1/6h_1$，岩块破断角 $\alpha=0$，当下位亚关键层形成"砌体梁"结构时，采用砌体梁公式计算支架载荷为

$$P_1 = Bl_k \sum h_1 \gamma_z + \left[2 - \frac{L\tan(\varphi-\alpha)}{2(h_1-S_1)}\right]QB$$

$$=2.05×6.675×11.35×22+\left[2-\frac{16×0.8}{2×(7.71-1/6×7.71)}\right]×16×22×7.71×2.05$$

$$=8980.6\text{kN}$$

将参数代入公式，计算得出支架载荷 $P=8980.6$kN。

(3) 按"悬臂梁+砌体梁"结构计算公式估算

根据 52304 工作面顶板探测钻孔柱状图以及关键层判别理论得出，工作面下位亚关键层为 7.71m 厚的中砂岩，为"悬臂梁"结构；上位亚关键层为 12.73m 厚的中砂岩，呈现"砌体梁"结构；上位亚关键层下方垮落带的总高度取 19.12m，下位亚关键层下方不规则垮落带（直接顶）的高度为 11.35m。依据"悬臂梁+砌体梁"结构理论计算，支架载荷主要由以下三部分组成：

① "悬臂梁"下方直接顶重量

$$Q_z = Bl_k \sum h_1 \gamma_z = 2.05×6.675×11.35×22 = 3417\text{kN}$$

② "悬臂梁"及其上部直至垮落带顶界面岩层的重量

$$Q_0 + Q_{r_1} = BL_1(h_{垮} - \sum h_1)\gamma_z = 2.05×7.5×(19.12-11.35)×22 = 2628\text{kN}$$

③ 上位基本顶"砌体梁"结构所控制的顶板载荷

$$P_{H_1} = \left[2 - \frac{L_1\tan(\varphi-\alpha)}{2(h-S)}\right]QB = \left[2-\frac{16×0.8}{2×(1-1/6)×12.73}\right]×16×22×12.73×2.05$$

$$=12860\text{kN}$$

由此得出"悬臂梁+砌体梁"结构作用下，支架所受载荷为

$$P_2 = Q_z + Q_0 + Q_{r_1} + P_{H_1} = 3417 + 2628 + 12860 = 18905 \text{kN}$$

大柳塔煤矿 52304 大采高工作面支架额定工作阻力为 16800kN，工作面周期来压期间矿压显现较强烈，工作面周期来压期间矿压显现较强烈，工作面安全阀开启率达到 62%，现有支架额定工作阻力难以满足控顶要求，后续 52303 工作面采取将支架立柱安全阀开启压力调高，使支架额定工作阻力达到 18000kN，实测工作面来压期间支架最大工作阻力为 18669kN，安全阀开启率降为 35%左右，基本满足控顶要求。综合以上三种支架工作阻力计算结果可知，采用"悬臂梁+砌体梁"结构理论得出的支架载荷值与来压期间支架实测最大工作阻力最为接近，因此判断大柳塔煤矿 7.0m 大采高工作面顶板结构形式为"悬臂梁+砌体梁"结构。

【实例 3】哈拉沟矿 22406 工作面煤层埋藏深度平均 150.5m，地表松散层厚度平均 69m，基岩层厚度平均 76.65m，基载比平均为 76.65/69=1.11。直接顶厚度为 4.85m。取基岩层容重 24kN/m³，松散层容重 20kN/m³，直接顶容重 24kN/m³，岩石内摩擦角为 38°。工作面周期来压步距平均 13m，工作面支架为 5.5m 两柱掩护式支架，支架工作阻力为 12000kN，支架最大控顶距取 6.14m，支架中心距 1.75m。

(1) 按"切落体"结构计算公式估算

按覆岩沿煤壁垂直切落的情况考虑，大采高综采工作面"切落体"的水平作用力比例因子取 0.4，支架支撑效率按 93%，则利用"切落体"计算公式估算支架载荷为

$$P = \frac{(\gamma_0 h_0 + \gamma h)L + \gamma_1 h_1 L_{\text{控}} - 2\xi L(\gamma_0 h_0 + \gamma h)\tan\varphi}{\eta}$$

$$= [(69 \times 20 + 24 \times 76.65) \times 13 + 24 \times 4.85 \times 6.14 - 2$$
$$\times 0.4 \times 13 \times (69 \times 20 + 24 \times 76.65) \times 0.8] / 0.93$$
$$= 16790 \text{kN}$$

(2) 按"砌体梁"结构计算公式估算

取顶板下沉量 $S_1 = 1/6h_1$，岩块破断角 $\alpha = 0$，工作面下位亚关键层为 11m 厚的中粒砂岩，上方随动载荷层泥岩的厚度为 2.3m，则工作面基本顶(下位亚关键层)悬露重量及其上方载荷取 $Q = 13 \times 24 \times 13.3 = 4149.6 \text{kN/m}$，采用式(4-1)计算支架载荷为

$$P_1 = Bl_k \sum h_1 \gamma_z + \left[2 - \frac{L\tan(\varphi - \alpha)}{2(h_1 - S_1)}\right] QB$$

$$= 1.75 \times 6.14 \times 4.85 \times 24 + \left[2 - \frac{13 \times 0.8}{2 \times (11 - 1/6 \times 11)}\right] \times 13 \times 24 \times 13.3 \times 1.75$$

$$= 11635 \text{kN}$$

将参数代入公式，计算得出工作面基本顶呈现"砌体梁"结构时支架载荷 $P=$ 11635kN。

(3) 按"悬臂梁+砌体梁"结构计算公式计算

根据 22406 工作面综合柱状图以及关键层判别理论得出，工作面下位关键层为 11m 厚的中粒砂岩，为"悬臂梁"结构，上位关键层为 15.36m 厚的中粒砂岩，呈现"砌体梁"结构；上位基本顶下方垮落带的总高度取 21.3m，下位关键层下方不规则垮落带（直接顶）的高度为 4.85m。依据"悬臂梁+砌体梁"结构理论计算，支架载荷主要由以下三部分组成：

① "悬臂梁"下方直接顶重量

$$Q_z = Bl_k \sum h_1 \gamma_z = 1.75 \times 6.14 \times 4.85 \times 24 = 1250.7\text{kN}$$

② "悬臂梁"及其上部直至垮落带顶界面岩层的重量

$$Q_0 + Q_{r_1} = BL_1(h_{垮} - \sum h_1)\gamma_z = 1.75 \times 7.0 \times (21.3 - 4.85) \times 24 = 4836.3\text{kN}$$

③ 上位基本顶"砌体梁"结构所控制的顶板载荷

$$P_{H_1} = \left[2 - \frac{L_1 \tan(\varphi - \alpha)}{2(h - S)} \right] QB = \left[2 - \frac{13 \times 0.8}{2 \times (1 - 1/6) \times 15.36} \right] \times 13 \times 24 \times 15.36 \times 1.75$$
$$= 13418.5\text{kN}$$

由此得出"悬臂梁+砌体梁"结构作用下，支架所受载荷为

$$P_2 = Q_z + Q_0 + Q_{r_1} + P_{H_1} = 2678.4 + 7505 + 13418.5 = 23602\text{kN}$$

哈拉沟煤矿 22406 大采高工作面支架额定工作阻力为 12000kN，工作面来压期间支架最大工作阻力实测值为 11800kN，现场使用效果良好，满足控顶要求。综上以上三种支架工作阻力计算结果可知，采用"砌体梁"结构理论得出的支架载荷值与支架实际工作阻力最为接近，因此判断哈拉沟煤矿 22406 大采高工作面顶板结构形式为"砌体梁"结构。

【实例 4】锦界煤矿 31407 综采工作面开采 3^{-1} 煤层，煤层厚度平均为 3.2m。如图 4-52 所示为锦界矿 31407 工作面综合柱状图，煤层埋深平均为 85.7m，地表松散层厚度平均 63.3m，基岩层厚度平均 15.8m，基载比平均为 15.8/63.3=0.25。取基岩层容重 24kN/m³，松散层容重 18kN/m³，岩石内摩擦角为 38°。工作面直接顶厚度为 6.6m，周期来压步距平均 13m，工作面支架采用 ZY12000/18/35D 型两柱掩护式支架，支架工作阻力为 12000kN，支架最大控顶距取 6.1m，支架中心距为 1.75m。

地层单位	柱状 1:200	层厚	岩石名称及岩性描述
Q₄ Q₃S		$\dfrac{5.0\sim58.0}{24.0}$	第四系风积沙、萨拉乌苏组沙土：褐黄色，以石英长石为主，含长石、云母碎片，分选性差，磨圆中等，松散，稍湿
Q₂L N₂b		$\dfrac{7.0\sim71.4}{39.3}$	黄土：浅黄色，亚砂土及亚黏土，砂质成分含量较高，中部夹有古土壤层，偶见虫孔，局部夹粉砂团块。红土：浅红色，粉砂质黏土及亚黏土，含大量钙质结核
J₂z		$\dfrac{0.0\sim11.6}{2.35}$	粗粒砂岩：土黄色，钙质，坚硬
		$\dfrac{0.0\sim1.7}{0.94}$	砂质泥岩：土黄色-灰色，粉砂质泥岩，弱风化
		$\dfrac{0.0\sim10.7}{2.15}$	粗粒砂岩：土黄色，泥质胶结，成分以石英为主、长石，岩屑次之，含褐色氧化铁质矿物，分选较差，局部为含砾粗砂岩，磨圆程度好，整体厚层状，强到中风化
		$\dfrac{0.0\sim1.0}{0.5}$	砾岩：灰白色，泥质胶结，成分以石英、岩屑为主，含少量岩屑，成分成熟度较高，底部与泥岩冲刷接触，砾石以石英为主
			2⁻¹煤：黑色，暗煤为主，丝炭含量较高，属暗淡型煤，断口平坦，结构简单
		$\dfrac{4.14\sim11.75}{7.15}$	粉砂岩：灰色，具有小型交错层理，微波状层理，变形层理，含较多植物化石碎片，中夹薄层泥质砂岩
		$\dfrac{2.49\sim8.72}{3.25}$	细砂岩：灰色，泥质胶结，底部钙质胶结，局部为粉砂质泥岩，见水平层理，底部与粉砂岩互层
		$\dfrac{4.46\sim7.98}{6.14}$	粉砂岩：灰色-深灰色，泥质粉砂岩，见水平层理，底部为薄层深灰色砂质泥岩
J₁₋₂y		$\dfrac{0.0\sim2.10}{0.50}$	泥岩或砂质泥岩：灰色，团块状，含植物化石碎片，具滑面
		$\dfrac{2.9\sim3.45}{3.22}$	3⁻¹煤：黑色，条痕褐黑色，成分以亮煤为主，次为暗煤，镜煤，丝炭，半亮型，细条带状，阶梯状断口，裂隙发育，含黄铁矿薄膜
		$\dfrac{0.25\sim0.88}{0.35}$	泥岩：暗灰色，致密，块状，含较多植物化石碎片及少量菱铁矿结核

图 4-52　锦界矿 31407 工作面综合柱状图

(1)按"切落体"结构计算公式估算

按覆岩沿煤壁垂直切落的情况考虑，工作面"切落体"的水平作用力比例因

子取 0.3，支架支撑效率按 93%，则利用"切落体"计算公式估算支架载荷为

$$P = \frac{(\gamma_0 h_0 + \gamma h)L + \gamma_1 h_1 L_{控} - 2\xi L(\gamma_0 h_0 + \gamma h)\tan\varphi}{\eta}$$

$$= [(63.7 \times 18 + 24 \times 15.8) \times 13 + 24 \times 6.6 \times 6.1 - 2 \times 0.3 \times 13$$
$$\times (63.7 \times 18 + 24 \times 15.8) \times 0.8] / 0.93$$
$$= 12130\text{kN}$$

（2）按"砌体梁"结构计算公式估算

取顶板下沉量 $S_1 = 1/6 h_1$，岩块破断角 $\alpha = 0$，工作面基本顶（关键层）为 10.4m 厚的细砂和粉砂岩层，上方随动载荷层的厚度取 1.5m，则工作面基本顶悬露重量及其上方载荷取 $Q = 11.9 \times 20 \times 13 = 3619.2\text{kN/m}$，采用式（4-1）计算支架载荷为

$$P_1 = Bl_k \sum h_1 \gamma_z + \left[2 - \frac{L\tan(\varphi - \alpha)}{2(h_1 - S_1)}\right]QB$$

$$= 1.75 \times 6.1 \times 6.6 \times 24 + \left[2 - \frac{13 \times 0.8}{2 \times (10.4 - 1/6 \times 10.4)}\right] \times 13 \times 24 \times 11.9 \times 1.75$$

$$= 10787\text{kN}$$

将参数代入公式，计算得出工作面基本顶呈现"砌体梁"结构时支架载荷 $P = 10787\text{kN}$。

（3）按"悬臂梁+砌体梁"结构计算公式计算

根据 31407 工作面综合柱状图，当 6.1m 厚的粉砂岩直接顶不能及时垮落时，呈现悬臂梁结构，上位关键层为 10.4m 厚的细砂岩和粉砂岩，呈现"砌体梁"结构；上位关键层下方垮落带的总高度取 6.6m，"悬臂梁"结构下方为 0.5m 厚伪顶。依据"悬臂梁+砌体梁"结构理论计算，支架载荷主要由以下三部分组成：

① "悬臂梁"下方直接顶重量

$$Q_z = Bl_k \sum h_1 \gamma_z = 1.75 \times 6.1 \times 0.5 \times 24 = 128.1\text{kN}$$

② "悬臂梁"及其上部直至垮落带顶界面岩层的重量

$$Q_0 + Q_{r_1} = BL_1(h_{垮} - \sum h_1)\gamma_z = 1.75 \times 13 \times (6.6 - 0.5) \times 24 = 1793.4\text{kN}$$

③ 上位基本顶"砌体梁"结构所控制的顶板载荷

$$P_{H_1} = \left[2 - \frac{L_1\tan(\varphi - \alpha)}{2(h - S)}\right]QB = \left[2 - \frac{13 \times 0.8}{2 \times (1 - 1/6) \times 10.4}\right] \times 13 \times 24 \times 11.9 \times 1.75$$

$$= 9096.4\text{kN}$$

由此得出"悬臂梁+砌体梁"结构作用下,支架所受载荷为

$$P_2 = Q_z + Q_0 + Q_{r_1} + P_{H_1} = 128.1 + 1793.4 + 9096.4 = 11017.9 \text{kN}$$

锦界煤矿 31407 工作面支架额定工作阻力为 12000kN,工作面周期来压期间支架最大工作阻力实测值为 12565kN,现场使用效果良好,满足控顶要求。综合以上三种支架工作阻力计算结果可知,采用"切落体"结构理论得出的支架载荷值与支架实际工作阻力最为接近,因此判断锦界煤矿 31407 中厚煤层综采工作面顶板结构形式为"切落体"结构。

如表 4-10 所示,汇总上述 4 个案例支架工作阻力估算结果,判断上湾矿 8.8m 大采高工作面顶板呈"切落体"结构和"悬臂梁+砌体梁"结构相互转化形式,大柳塔矿 7.0m 大采高为"悬臂梁+砌体梁"结构,哈拉沟矿 5.2m 大采高为"砌体梁"结构,锦界煤矿 3.2m 中厚煤层综采工作面顶板结构呈"切落体"结构。

表 4-10 支架工作阻力验算结果汇总

工作面	埋深/m	按"砌体梁"计算/kN	按"悬臂梁"计算/kN	按"切落体"计算/kN	实测最大载荷/kN	支架额定工作阻力/kN	支架适应性
上湾矿 8.8m 大采高	88~246	20056	24651	24297	23790~26112	26000	良好
大柳塔矿 7.0m 大采高	139~184	8980.6	18905	23085	18669	18000	良好
哈拉沟矿 5.2m 大采高	150.5	11635	23602	16790	11800	12000	良好
锦界矿 3.2m 综采	85.7	11017.9	10788.5	12130	12565	12000	良好

同理,将神东公司各矿井主采煤层及其覆岩基本参数代入计算,并结合工作面矿压显现实测结果,对神东公司不同矿井主采煤层顶板破断形式进行了初步判断,如表 4-11 所示。针对某一特定煤层或工作面,当采高、埋藏深度以及基载比变化较大时,顶板结构将在以上多种结构间相互转化。

表 4-11 神东公司不同矿井主采煤层顶板破断形式初判

煤矿	工作面	采高/m	埋深/m	基岩厚度/m	松散层厚度/m	基载比	顶板结构分类
上湾矿	12401	8.8	124~244	52~246	0~25	0.67~9.8	"切落体"、"悬臂梁+砌体梁"
柳塔矿	12210	4.4	30~60	8.5~10.08	16.17~29.54	0.29~0.62	"切落体"
活鸡兔井	12205	3.5	35~107	21~80	25~60	0.35~3.2	"切落体"、"砌体梁"
活鸡兔井	12306	4.5	60~147	5~26	34~142	0.04~0.76	"切落体"
哈拉沟矿	22402	5.5	80~120	25~70	20~60	0.42~3.5	"切落体"、"砌体梁"

续表

煤矿	工作面	采高/m	埋深/m	基岩厚度/m	松散层厚度/m	基载比	顶板结构分类
大柳塔	22614	5	108～132	4～45	20～100	0.04～2.25	"切落体"、"砌体梁"
大柳塔	52304	6.5	139～184	102	65	1.57	"悬臂梁+砌体梁"
锦界矿	—	3.2	100～150	25～75	36～80	0.3～2.1	"砌体梁"、"切落体"
乌兰木伦	31402	4.4	135～185	103～171	15～35	2.94～11.4	"砌体梁"
补连塔矿	22301	6.8	200～280	29～32	5～20	1.45～6.4	"砌体梁"
补连塔矿	12512	7.4	266～281.3	233～271	0～27	8.6	"悬臂梁+砌体梁"
补连塔矿	12401	4.2	250～271	233～271	0～27	8.6～10	"砌体梁"
榆家梁矿	43101	1.6	58.6～152.6	43.15～49.6	9～94	0.46～5.5	"切落体"、"砌体梁"
石圪台矿	31304-1	2.5	140	85～123	3.7～50.5	1.7～33.2	"砌体梁"
石圪台矿	31201	4	120	34.5	83	0.4	"切落体"
保德矿	81106	5	350	270	12～117	2.3～22.5	"砌体梁"
布尔台矿	42102	4.5	350～420	376.9	15	25.1	"砌体梁"

第5章 浅埋煤层采场顶板控制

切落体结构理论是浅埋采场顶板控制技术的基础，本章根据神东公司各矿井煤岩层岩性对顶板进行分类，在此基础上研究了支架与"切落体"结构的相互作用关系，并基于微震监测和矿压监测方法论述了浅埋采场顶板来压预警技术。

5.1 浅埋煤层顶板分类

目前，国内外对顶板的分类大都采用经验或统计分析的方法，我国煤炭行业现行的顶板分类标准是基于普通埋深顶板性质及采场矿压显现规律统计制定，对于浅埋煤层来说，由于其覆岩破断和矿压显现特征与普通埋深有显著不同，因此并不完全适用，需要建立新的标准或指标、采用新的分类方法对神东矿区浅埋煤层顶板进行分类。

5.1.1 分类基础

神东矿区地处陕北黄土高原和毛乌素沙漠东南边缘接壤地带，该矿区内表土地层包括风积沙和冲积层、马兰组、萨拉乌苏组、离石组、三门组、保德组等 6 组，其岩性及分布特征见表 5-1。

表 5-1 神东矿区表土层岩性和分布特征

地层				岩性	厚度/m	分布
界	系	统	组			
新生界	第四系	全新统		以风积沙为主，在河谷及冲沟还有冲积层	0~60	基本全区分布，风积沙分布在塬茆上，冲积沙及砂砾层分布于河床沟谷中
		上更新统	马兰组	灰黄色、灰褐色亚砂土	0~45	主要分布在神北活鸡兔、朱盖塔塬上、榆神矿区零星分布、东部有出露
			萨拉乌苏组	上部为灰黄色、褐灰色粉细砂及亚砂土，下部为浅灰色、黑褐色亚砂土夹砂质亚黏土，底部有砾石	0~160	榆神矿区西北部广泛分布，主要分布在石圪台一带
		中更新统	离石组	浅棕黄、褐黄色亚黏土及亚砂土	0~165	基本全区分布，主要分布在神木以北的河谷及分水岭，榆神矿区东部及南部有出露

地层				岩性	厚度/m	分布
界	系	统	组			
新生界	第四系	下更新统	三门组	上部褐红色亚黏土夹钙质结核层,下部浅肉红色、灰褐色砂砾岩	0~50	大柳塔井田内分布
	新近系	上新统	保德组	棕红色黏土及亚黏土,夹钙质结核层,底部局部有浅红色、灰黄色半胶结砂砾岩层	0~175	基本全区分布,主要在神木市大柳塔、庙沟、朱盖塔、柠条塔以南,出露在河谷上游、分水岭、沟沿及小保当一带

表土层物理力学特征见表 5-2。表中主要给出了风积沙、黄土、红土主要物理力学参数,包括密度、弹性模量、泊松比、内摩擦角、黏聚力、单轴抗压强度等。

表 5-2　神东矿区表土层主要物理力学参数

名称	密度/(g/cm^3)	弹性模量/GPa	泊松比	黏聚力/MPa	内摩擦角/(°)	单轴抗压强度/MPa
风积沙	1.72	0.17	0.38	0.14	15.25	4.25
红土	1.95	5.65	0.36	0.36	22.97	7.03
黄土	2.03	0.02		0.07	18.75	1.47

埋深浅、基岩薄、上覆松散层厚是神东矿区煤层的典型赋存特征,侏罗纪中统延安组为本矿区的含煤地层,总厚度为 250~310m,含煤层数多达 18 层,一般为 5~10 层,可采煤层为 13 层,一般为 3~6 层,煤层可采总厚度约 27m,最大单层厚度为 12.8m。矿区主采煤层物理力学特征见表 5-3。表中主要给出了 1~6号煤层主要物理力学参数,包括煤层的密度、弹性模量、泊松比、内摩擦角、黏聚力、单轴抗压强度、单轴抗拉强度。

表 5-3　神东矿区主采煤层的物理力学参数

煤层名称	密度/(g/cm^3)	弹性模量/GPa	泊松比	黏聚力/MPa	内摩擦角/(°)	单轴矿压强度/MPa	抗拉强度/MPa
1 号煤层	1.33	7.12	0.29	1.86	35.44	19.61	0.91
2 号煤层	1.35	7.36	0.26	2.37	33.40	16.34	1.04
3 号煤层	1.40	4.08	0.31	1.13	25.00	21.15	0.82
4 号煤层	1.43	3.21	0.31	2.23	29.25	20.15	2.10
5 号煤层	1.32	4.62		4.21	26.10	28.80	0.55
6 号煤层	1.36	7.30	0.22	2.01	34.18	16.19	0.94

据勘探揭露的岩层从老到新为三叠系、侏罗系、白垩系,神东公司主采煤系地层埋深大部分在 300m 以内,松散层厚度为 0~30m,基岩厚度为 10~180m,其中直接顶厚度为 0~10m。主采煤层底板岩性多为细砂岩、粉砂岩、砂质泥岩,

少量有泥岩及中粗粒砂岩，地质构造简单，岩层裂隙不发育，绝大多数岩石矿压强度在自然状态下为 30～70MPa，饱和状态下为 10～40MPa，根据岩石物理力学性质、地层裂隙发育状况及地下水条件来评价，大部分区域直接顶属于二类一型—中等冒落顶板，局部区域泥岩发育，泥岩发育地区及埋藏浅、受地表水及风化作用影响大的地段，岩石强度降低，裂隙也发育，则存在一类—易冒落顶板。

神东公司主采煤层基本顶一般为Ⅱ级（来压明显），在直接顶厚度较小或缺失的区域基本顶为Ⅲ级（来压强烈）。例如，保德矿井田各煤层直接顶以泥岩、砂质泥岩为主，基本顶多为粗、中、细粒砂岩；目前开采的 8 号煤层平均抗压强度为7.0MPa，普氏系数平均 0.72，直接顶属于Ⅰ类不稳定顶板。

矿区煤层底板多为砂质泥岩或粉砂岩，属于Ⅳ类（中等坚硬）底板，少数地段为泥岩，遇水泥化，总体上矿区煤层底板较为稳定。神东公司主采煤层顶底板岩性及厚度分布见表 5-4。矿区主采煤层的顶板岩层物理力学特征见表 5-5。

表 5-4　神东公司主采煤层顶底板情况表

顶底板	岩石名称及特征	厚度/m
基本顶	粉、中、细粒砂岩	5.23～22.35
直接顶	粉、中、粗粒砂岩，部分地段为泥岩及砂质泥岩	0～12.4
伪顶	泥岩、砂质泥岩	0～0.1
	煤层	
直接底	以砂质泥岩为主，部分地段为泥岩	0～2.0
老底	粉砂岩	0～13.35

5.1.2　分类方法

1. 顶板分类思路

顶板分类系统是为解决地下工程支护问题而建立的，是经验设计法的一个组成部分，在许多地下结构及采矿设计中，岩体分类是重要的系统设计方法，取代了不可靠的"误差与验证"方法。神东公司顶板分类以《缓倾斜煤层采煤工作面顶板分类》为指导，将区域顶板岩体按相似变形特征分成若干组，构成不同的等级类型，识别并提供影响顶板强度及稳定性的最显著指标，对其进行细化、量化，并把顶板分类级别和各项采掘支护参数指标联系，使分类具有实用性和可操作性。

通过分类可为现场工程设计提供定量依据，增强不同区域岩体的对比度，进一步提高现场调查的可靠性，更好地服务于工程判断。

表 5-5　神东矿区覆岩物理力学参数

矿区	名称	岩性	厚度/m	密度/(kg/m³)	弹性模量/GPa	内聚力/MPa	内摩擦角/(°)	泊松比	抗压强度/MPa	抗拉强度/MPa
东胜矿区	煤层		4~6	1370	8.3~12	1.2~2.3	24~39	0.2~0.32	14~19	0.45~0.91
	直接顶	砂质泥岩	0.5~2.6	2400~2510	7.3~33.4	1.6~8.2	32~52	0.18~0.29	15~46	1.29~3.56
	第二层顶板	细、中、粗砂岩	8~43.2	2200~2600	8~38	2.16~4.78	31~38	0.123~0.29	20.11~35	0.8~1.3
	第三层顶板	泥岩、砂岩	2~16	2240~2510	5~16	1.6~2.36	32~35	0.12~0.3	9~46	0.59~4.1
	第四层顶板	砂岩	10~20	2230~2600	8.9~38	1.25~2.6	29~47.3	0.12~0.3	11.44~35	0.605~1.9
神府矿区	煤层		2~11	1300~1350	1~4.62	2.6~7.25	19.7~42	0.18~0.4	13.4~28.8	0.223~1.2
	第一层顶板	泥岩、砂岩	0.2~5	2400~2600	1.17~22	6.11~35.5	38.45~44	0.17~0.23	24.78~74.6	0.68~5.3
	第二层顶板	砂岩	1.5~9.5	2400~2600	2~18	8.305~41.9		0.14~0.31	32.3~87.6	1.53~6.87
	第三层顶板	砂岩	0.3~5	2360~2600	3.8~17.77			0.15~0.23	22.1~87.5	2.09~5.3
	第四层顶板	砂岩	1.67~8	2400~2500	1.76~17.07			0.18~0.2	35.46~69.3	2.12~5.04

2. 原顶板分类标准及分类方法

目前，国内外对顶板的分类大都采用经验或统计分析的方法，将影响顶板稳定性的各主要因素综合作用的结果作为分类指标的依据。从生产的角度来衡量，顶板的稳定性是指采煤后顶板允许悬露的面积和时间。根据中华人民共和国煤炭行业 MT 554—1996《缓倾斜煤层采煤工作面顶板分类》标准，直接顶分类主要依据基本指标、岩性和结构特征及主要力学参数。基本指标即平均直接顶初次垮落步距；主要力学参数有综合弱化常量 C_z、单轴抗压强度 R_c、分层厚度 h_0 及等效抗弯能力（R_{ch0}）四项指标。基本顶分级指标主要依据基本顶初次来压当量 P_e，单位 kN/m²。具体分类标准见表 5-6 和表 5-7。

表 5-6　直接顶分类标准及参考指标

类别		1 类		2 类	3 类	4 类
		1_a	1_b			
基本指标		$l_r \leq 4$	$4 < l_r \leq 8$	$8 < l_r \leq 18$	$18 < l_r \leq 28$	$28 < l_r \leq 50$
稳定程度		不稳定		中等稳定	稳定	非常稳定
岩性和结构特征		泥岩、泥页岩，节理裂隙发育或松软	泥岩、炭质泥岩，节理裂隙较发育	致密泥岩、粉砂岩、砂质泥岩，节理裂隙不发育	砂岩、石灰岩，节理裂隙很少	致密砂岩、石灰岩，节理裂隙极少
主要力学参数参考区间	C_z	0.163±0.064	0.273±0.09	0.30±0.12	0.43±0.157	0.48±0.11
	R_c	27.94±10.75	36±25.75	46.3±20	65.3±33.7	89.4±32.6
	h_0	0.26±0.125	0.285±0.13	0.51±0.355	0.675±0.34	0.72±0.34
	R_{ch0}	<7.52	2.9～11.4	7.8～29.1	33～104	45.5～139.4

注：参考指标中，C_z、R_c、h_0 均为该类顶板各煤层相应参数的平均值加减均方差。

表 5-7　基本顶分级指标

基本顶级别	I 级	II 级	III 级	IV级	
				IVa	IVb
来压程度	不明显	明显	强烈	非常强烈	
分级指标/kPa	$P_e \leq 895$	$895 < P_e \leq 975$	$975 < P_e \leq 1075$	$1075 < P_e \leq 1145$	$P_e > 1145$

1）直接顶初次垮落步距

当直接顶初次垮落步距按冒落高度超过 0.5m，沿工作面方向冒落长度超过工作面总长度的 1/2 时，工作面煤壁至开切眼煤帮之间的距离称为直接顶初次垮落步距。已采多个工作面的煤层，根据本煤层实测的直接顶初次垮落步距按公式计算出其平均值。

2) 基本顶初次来压步距 L_f

L_f 是指顶板初次来压时从开切眼到工作面煤壁的距离(包括切眼宽度)。它可以综合反映基本顶厚度、抗拉或抗压强度及顶板裂隙弱化程度。是通过现场矿压观测"三量"数据综合分析来确定的。

3) 岩石单轴抗压强度 R_c

在工作面巷道内取顶板岩心,经实验室进行岩石力学测定,对非标准试样的松软岩层用捣碎法或岩石强度计算法进行简易测定。

4) 直接顶厚度 h_1 与直接顶平均分层厚度 h_0

直接顶厚度参考综合柱状说明(综合柱状图)进行测算,当直接顶厚度小于 6 倍采高时,直接顶厚度 h_1 以实测为准;当直接顶厚度大于 6 倍采高时,取 $h_1=6h_m$。

分层厚度是指不同岩性的岩层之间和同一岩性内沿层理各离层面之间的垂直距离。可在工作面老窑悬顶、垮落区目测或钻孔岩心中量取。直接顶平均分层厚度指在直接顶下位岩层中,其厚度相当于煤层厚度的部分,按岩性的强度形成的各组岩层的分层厚度的平均值取值。在综放工作面,由于顶煤不能完全采出(采出率一般为 80%),直接顶厚度按照 0.2h(煤层厚度)+h_1 来计算。

5) 采高 h_m

一次采全高或单一分层开采的工作面,h_m 取工作面平均采高,综放工作面煤层采高除了割煤高度外,需加上放出顶煤厚度,一般取 $h_m=0.8h$(煤层总厚度)。

6) 直接顶充填系数 N

N 是直接顶厚度与采高的比值,可综合反映采空区基本顶下方垮落岩石的充填程度。

7) 等效抗弯能力

由已知直接顶单向抗压强度 R_c、直接顶平均分层厚度 h_0,按照经验公式 R_c*h_0 计算确定。

8) 综合弱化常量 C_z

C_z 是反映煤层顶板结构、分层厚度和裂隙分布对顶板稳定性综合影响的常量。可根据已知的平均直接顶初次垮落步距 l_r、单向抗压强度 R_c 和直接顶平均分层厚度 h_0 按经验公式(5-1)计算确定。

$$C_z=0.1186l_r/(R_c*h_0) \tag{5-1}$$

9) 基本顶初次来压当量 P_e

由已知基本顶初次来压步距 L_f、直接顶充填系数 N 和煤层采高 h_m 按照经验公式 (5-2) 计算确定。

$$P_e=241.3-15.5N+52.6h_m \tag{5-2}$$

由于浅埋煤层采场矿压显现规律与一般埋深条件下来压特征差异性较大，因此，原顶板分类标准和分类方法并不适用于神东矿区浅埋煤层开采，尤其是大采高综采和放顶煤开采。

根据 MT 554 综采工作面顶板分类标准附录 C 参考件 (表 5-8)，首先对工作面直接顶、基本顶进行分类分级，确定围岩的可控程度，然后参照"支护设备选型和围岩可控程度的关系表"选择液压支架。

表 5-8　综采工作面围岩可控程度分组表

围岩可控程度	难控围岩		较难控围岩	易控围岩
	G_{11}	G_{12}	G_2	G_3
直接顶级别	1	2、3、4	2a	2b、3
基本顶级别	Ⅰ、Ⅱ、Ⅲ	Ⅳ	Ⅲ	Ⅰ、Ⅱ

3. 神东矿区浅埋煤层顶板分类标准及方法

1) 分类标准

支架载荷由直接顶载荷和基本顶载荷两部分组成。直接顶载荷是一种相对恒定载荷，基本顶载荷是动态变化载荷，考虑这两种载荷的作用叠加，提出以直接顶初次垮落步距和顶板 (直接顶和基本顶) 来压强度作为直接顶稳定性分类和基本顶来压显现分级指标[99]，见表 5-9。

表 5-9　神东矿区浅埋煤层基本顶来压显现分级

基本顶级别	来压强度/(kN/m)	岩性描述及分层厚度	来压显现
Ⅰ	$P\leqslant1500$	页岩及砂质页岩互层	不明显
Ⅱ	$1500<P\leqslant2500$	裂隙发育的砂岩	较明显
Ⅲ	$2500<P\leqslant3500$	层状砂岩	明显
Ⅳ	$3500<P\leqslant4000$	厚状砂岩、石灰岩 $5m<H<15m$	强烈
Ⅴ	$P>4000$	整体砂岩、砾岩 $H>15m$	极强烈

2) 分类方法

① 掌握区域煤岩层的物理力学特性，包括抗拉、抗压、抗剪、内聚力、内摩

擦角、弹性模量、泊松比等指标，计算各类岩层的 RQD 指标。②利用 RMR(rock mass rating)系统进行岩石分级指标的测定。该系统以岩石材料单轴抗压强度、岩石质量指标(RQD)、不连续面间距、不连续面条件、地下水条件以及不连续面方向等 6 个指标构成，根据其相应的权值进行累加，得出岩体总体等级描述。把 RMR 系统分类法得到的权值、裂纹面粗糙系数 JRC 及裂纹壁有效单轴抗压强度 JCS，用于支护载荷、岩体抗剪切准摩擦角的计算，使分类精度进一步提高。③利用浅埋采场矿压理论，计算基本顶来压步距及强度，作为来压显现的分级参考指标，基本顶初次破断时的来压强度按式(5-3)计算。

$$P = V - Tf + P_1 \qquad\qquad (5\text{-}3)$$

其中，$f = \tan[\text{JRC} \cdot \ln\dfrac{\text{JCS}}{\sigma} + \varPhi_b]$

式中，V 为拱角竖向载荷，kN/m；T 为三铰拱总推力，kN/m；f 为岩体抗剪切准摩擦系数；P_1 为支架支护强度，kN/m；JRC 为裂缝面粗糙度系数；JCS 为裂纹壁有效单向抗压强度，MPa；σ 为水平挤压应力，MPa；$\varPhi_b$ 为基础摩擦角，(°)。

周期破断时顶板来压计算采用相似的力学模型及公式。

5.1.3　分类结果

针对神东公司主采煤层顶板岩性，在对已采工作面矿压观测资料综合分析的基础上，按照浅埋煤层顶板分类标准要求及分类指标的确定办法和计算公式，分别确定神东矿区主采煤层直接顶类别及基本顶级别，其分类结果见表 5-10，神东公司 1^{-2}、2^{-2}、3^{-1}、5^{-2} 煤层顶板稳定性类别如图 5-1 所示。

表 5-10　RMR 系统在神东矿区顶板分类应用统计表

顶板名称		RMR 值	顶板等级及数量			
			等级	数量	等级	数量
1 号煤层	直接顶	42.2～51	Ⅲ	5		
	基本顶	60.6～70	Ⅱ	5		
2 号煤层	直接顶	39.1～59.5	Ⅲ	7		
	基本顶	58.8～72	Ⅱ	6	Ⅲ	1
3 号煤层	直接顶	34～55.9	Ⅲ	6	Ⅳ	1
	基本顶	67.6～72.8	Ⅱ	7		
5 号煤层	直接顶	41.8～48.4	Ⅳ	2		
	基本顶	68～69.6	Ⅱ	2		

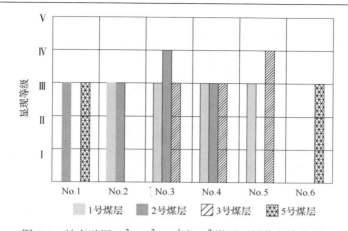

图 5-1　神东矿区 1^{-2}、2^{-2}、3^{-1} 和 5^{-2} 煤层顶板稳定性类别

No.1. 大柳塔井田；No.2. 活鸡兔井田；No.3. 补连塔井田；No.4. 上湾矿井田；No.5. 大海则井田；No.6. 尔林兔井田

5.2　液压支架与围岩相互作用机理

本节主要采用数值模拟方法分析支架与"切落体"结构的相互关系。

5.2.1　相互作用模型的建立

浅埋煤层采场"切落体"对液压支架的载荷主要通过直接顶的传力作用来体现，一般直接顶岩层强度低，在支架后方容易垮落充填采空区，支架控顶区内的直接顶破断后重量均匀施加于支架顶梁上。分析"切落体"结构与支架的相互作用关系，将支架与直接顶视为一体，采用楔形体模拟不同切落角条件下"切落体"与支架接触关系，并在楔形体上施加变化载荷 $q(x)$，建立"支架+直接顶+楔形体"联合体力学模型，表征"切落体"结构与支架的相互作用关系如图5-2所示。

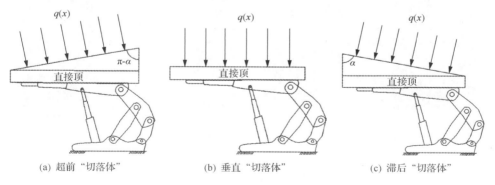

图 5-2　"支架-围岩"关系模型

5.2.2 支架对"切落体"结构的影响

通过 3DEC 数值模拟方法，分析支架工作阻力对"切落体"结构运动规律的影响。

1. 模型选取及参数确定

选取第 4 章数值模拟中建立的松散层厚度为 40m、基岩层厚度为 20m 的模型，模型尺寸及煤岩层物理力学参数也相同。

2. 方案设定

分别模拟液压支架支护强度分别为 0.2MPa、0.4MPa、0.6MPa、0.8MPa、1.0MPa、1.2MPa 时的顶板下沉及垮落特征。

3. 模拟结果分析

覆岩运动破坏规律的具体模拟结果如图 5-3 和图 5-4 所示，其中，Z-Displacement1 是监测直接顶的 Z 向位移，Z-Displacement2 是监测下位基岩层的 Z 向位移，Z-Displacement3 是监测上位基岩层（或地表）的 Z 向位移，竖直向上 Z 为正。

从图 5-3 可以看出，提高支护强度对于防止直接顶早期的离层、垮落起到良好的作用，从而保证直接顶与基岩层的整体性，提升支架对上覆岩层运动的控制能力，甚至改变覆岩的破断形式，并能有效地减小来压时的动载荷。

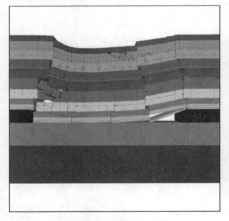
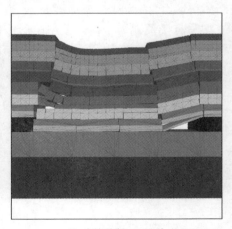

(a) 支护强度0.2MPa时　　　　　　　　　(b) 支护强度0.4MPa时

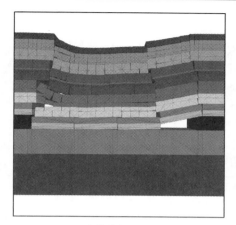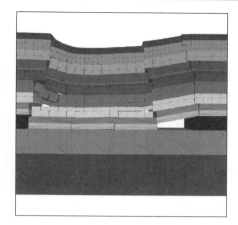

　　　　(c) 支护强度0.8MPa时　　　　　　　　　　　　　　(d) 支护强度1.0MPa时

图 5-3　不同支护强度下顶板垮落状态图

　　图 5-4 是开采过程中监测的直接顶、基岩层的位移曲线，每 2000 时步记录一个数据，其中红色虚线左侧曲线为移架前，右侧曲线为移架后。由图可知，无支护和支护阻力较弱时，顶板持续快速下沉，下沉量大，上、下位基岩层顶板下沉变化曲线重合，说明岩层间无离层，覆岩具有整体垮落、同步运动的特征，这符合前文论述的"切落体"的运动特点；当支护强度提高到 0.6MPa 以上，顶板下沉速度明显放缓，基岩层内部出现离层现象，移架后，基岩层又迅速同步下沉。可见，提高支护强度能够延缓顶板破断时间，使得顶板在架后发生切落，避免沿煤壁发生切顶压架事故，保障工作面人员和设备安全。

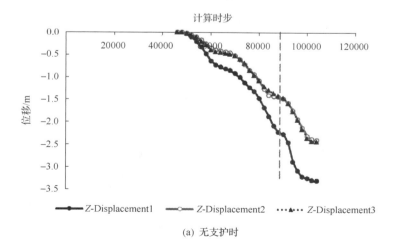

(a) 无支护时

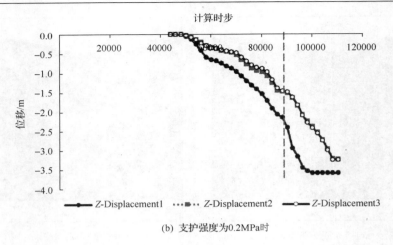

(b) 支护强度为0.2MPa时

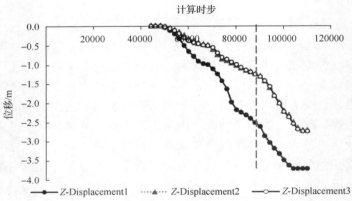

(c) 支护强度为0.4MPa时

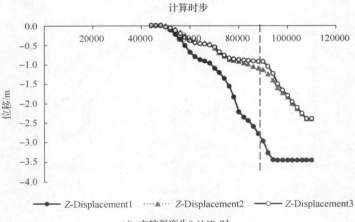

(d) 支护强度为0.6MPa时

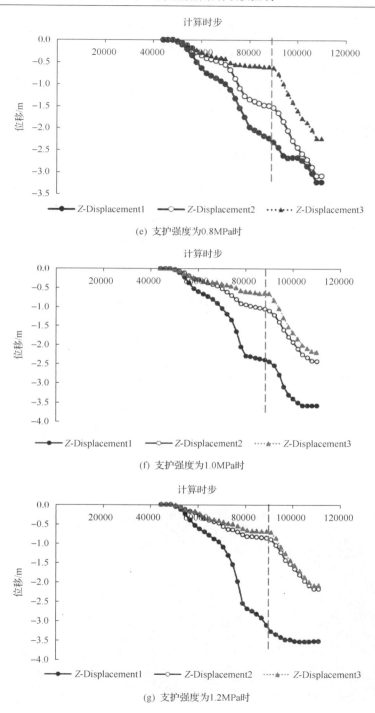

(e) 支护强度为0.8MPa时

(f) 支护强度为1.0MPa时

(g) 支护强度为1.2MPa时

图 5-4　不同支护强度下顶板下沉曲线图

图 5-5 为浅埋煤层支护强度 P 与顶板下沉量 ΔL 关系曲线。根据关系曲线可知，浅埋薄基岩煤层开采工作面支护强度与顶板下沉量不再成双曲线或类双曲线关系[100-105]，而具有明显分段性，可划分为两个阶段：①支护阻力较低时，对覆岩运动控制作用弱，不能有效抑制顶板下沉，易发生切顶事故，顶板下沉量较大，且随着支护强度的增加，顶板下沉值降低很小；②当支护阻力提高到一定程度后，对覆岩运动破断起到抑制作用，顶板下沉量显著减小，这一阶段总体呈类双曲线关系。

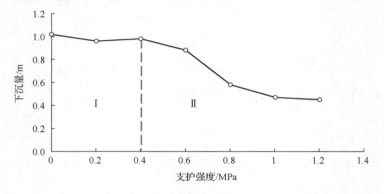

图 5-5　支护强度与顶板下沉量关系曲线

5.2.3　"切落体"结构对支架的影响

本节基于"支架+直接顶+楔形体"联合体力学模型，采用 LS-DYNA3D 仿真模拟和 LS-PREPOST 后置处理软件[106,107]，施加动载和静载，分析不同"切落体"及载荷条件下支架的受力特征。

以神东公司常用的两柱掩护式支架为模型，如图 5-6 所示，详细的支架参数如表 5-11 所示。

图 5-6　支架受力初始状态

表 5-11　综采支架参数表

项目	参数	项目	参数
架型	两柱掩护式	初撑力/kN	5066
型号	ZY6800/11-22	支护强度/MPa	0.702
架宽/m	1.43～1.6	底板比压	2.2
中心距/m	1.5	支架重量/t	15.5
支护面积/m²	8.25	适应煤层角度/(°)	≤25
底座面积/m²	1.82	额定工作压力/MPa	31.5

支架材质采用的是 Q345 低合金钢(C＜0.2%)，其屈服强度为 345MPa[108]。

根据图 5-2 所建立的三种"支架-围岩"关系模型，超前切落角度为 100°，滞后切落角度为 80°，按覆岩 30m、松散层 30m 整体作用在支架上，计算得出支架载荷约为 1.3MPa，模型加载方式如下：

①上覆岩层载荷的 30%均匀作用于支架，约 0.4MPa；

②上覆岩层载荷的 50%均匀作用于支架，约 0.7MPa；

③上覆岩层载荷全部均匀作用于支架，即 1.3MPa；

④作用动态变的载荷，变化规律如表 5-12 所示。

表 5-12　作用力动态变化表

时间/s	1	2	3	4	5	6	7	8	9	10
载荷/MPa	0.10	0.15	0.20	0.25	0.30	0.35	0.40	0.8	0.8	0.8

1. 垂直"切落体"

1) 施加 0.4MPa 均布载荷

垂直于支架顶梁施加载荷 0.4MPa，相当于覆岩约 30%的重量作用于支架上方，所得支架受力云图如图 5-7 所示。

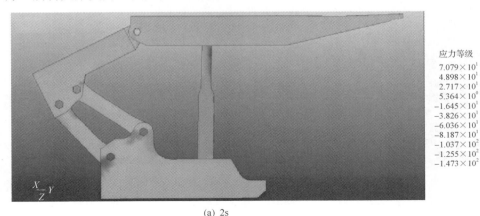

应力等级

7.079×10¹
4.898×10¹
2.717×10¹
5.364×10⁰
−1.645×10¹
−3.826×10¹
−6.036×10¹
−8.187×10¹
−1.037×10²
−1.255×10²
−1.473×10²

(a) 2s

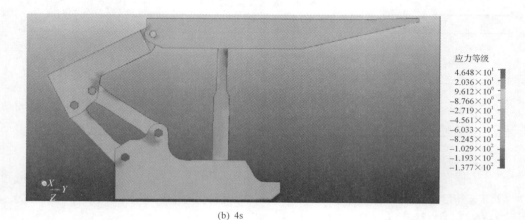

(b) 4s

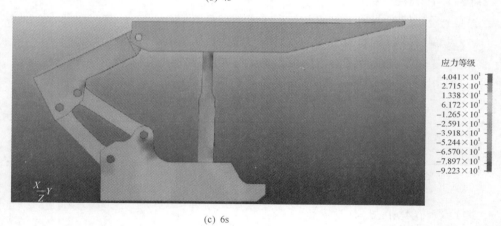

(c) 6s

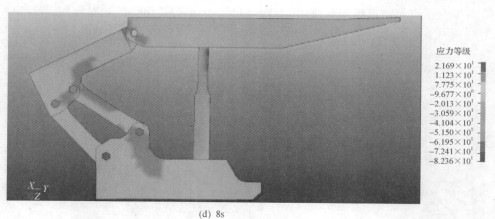

(d) 8s

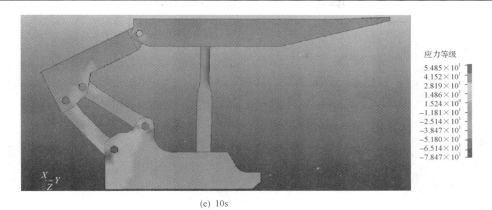

(e) 10s

图 5-7　垂直切落时不同时间支架各部位受力云图(0.4MPa 静载荷)

2)施加 0.7MPa 均布载荷

0.7MPa 的载荷相当于覆岩约 50%的重量作用于支架上方,所得支架受力云图如图 5-8 所示。

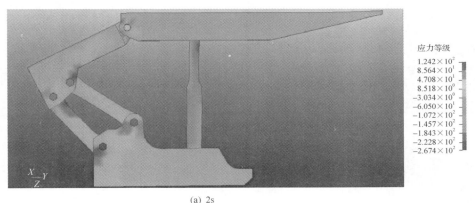

(a) 2s

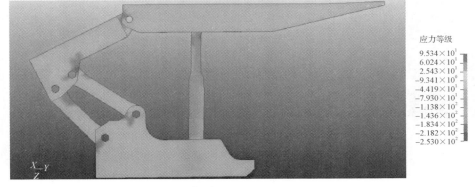

(b) 4s

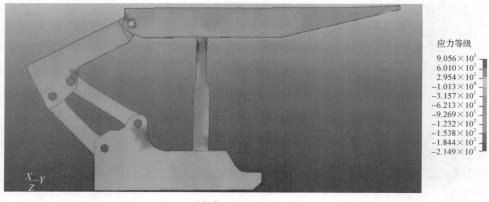

应力等级

9.056×10¹
6.010×10¹
2.954×10¹
−1.013×10⁰
−3.157×10¹
−6.213×10¹
−9.269×10¹
−1.232×10²
−1.538×10²
−1.844×10²
−2.149×10²

(c) 6s

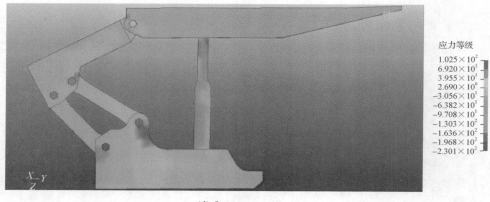

应力等级

1.025×10²
6.920×10¹
3.955×10¹
2.690×10⁰
−3.056×10¹
−6.382×10¹
−9.708×10¹
−1.303×10²
−1.636×10²
−1.968×10²
−2.301×10²

(d) 8s

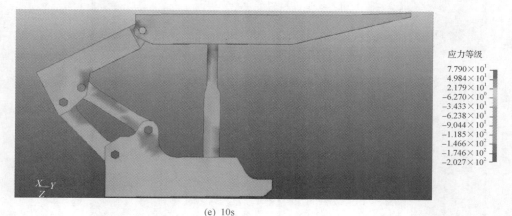

应力等级

7.790×10¹
4.984×10¹
2.179×10¹
−6.270×10⁰
−3.433×10¹
−6.238×10¹
−9.044×10¹
−1.185×10²
−1.466×10²
−1.746×10²
−2.027×10²

(e) 10s

图 5-8　垂直切落时不同时间支架各部位受力云图(0.7MPa 静载荷)

3）施加 1.3MPa 均布载荷

将覆岩全部重量作用于支架上方，所得支架受力云图如图 5-9 所示。

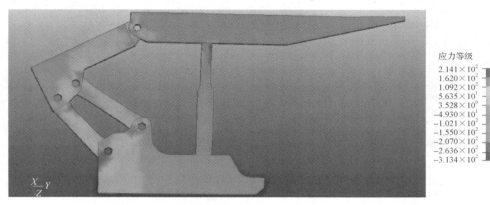

应力等级

2.141×10²
1.620×10²
1.092×10²
5.635×10¹
3.528×10⁰
−4.930×10¹
−1.021×10²
−1.550×10²
−2.070×10²
−2.636×10²
−3.134×10²

(a) 2s

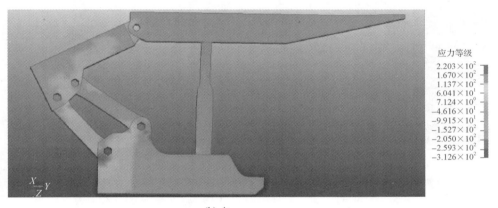

应力等级

2.203×10²
1.670×10²
1.137×10²
6.041×10¹
7.124×10⁰
−4.616×10¹
−9.915×10¹
−1.527×10²
−2.050×10²
−2.593×10²
−3.126×10²

(b) 4s

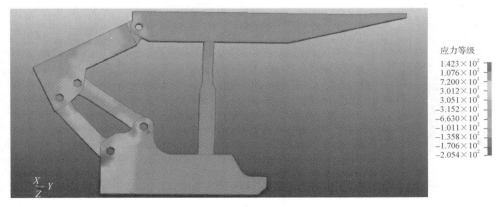

应力等级

1.423×10²
1.076×10²
7.200×10¹
3.012×10¹
3.051×10⁰
−3.152×10¹
−6.630×10¹
−1.011×10²
−1.358×10²
−1.706×10²
−2.054×10²

(c) 6s

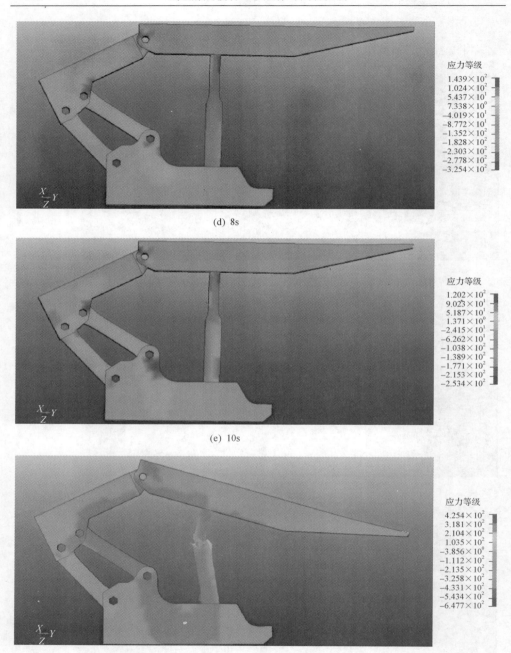

(d) 8s

应力等级

1.439×10^2
1.024×10^2
5.437×10^1
7.338×10^0
-4.019×10^1
-8.772×10^1
-1.352×10^2
-1.828×10^2
-2.303×10^2
-2.778×10^2
-3.254×10^2

(e) 10s

应力等级

1.202×10^2
9.023×10^1
5.187×10^1
1.371×10^0
-2.415×10^1
-6.262×10^1
-1.038×10^2
-1.389×10^2
-1.771×10^2
-2.153×10^2
-2.534×10^2

(f) 11s

应力等级

4.254×10^2
3.181×10^2
2.104×10^2
1.035×10^2
-3.856×10^0
-1.112×10^2
-2.135×10^2
-3.258×10^2
-4.331×10^2
-5.434×10^2
-6.477×10^2

图 5-9 垂直切落时不同时间支架各部位受力云图(1.3MPa 静载荷)

4) 动态变化载荷

为了能模拟整个周期来压过程中支架受力的情况，对支架施加动态载荷，即随时间增加，载荷逐步增大，并在特定时间使压力增幅突然提高，以模拟切顶时的情形。本次模拟在 7s 前，载荷从 0MPa 缓慢增加到 0.4MPa，处于低位状态；7～8s 时突然增加至 0.8MPa 高位值后保持不变，模拟结果如图 5-10 所示。

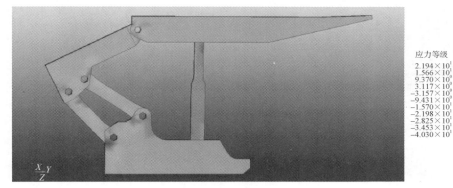

应力等级

2.194×10¹
1.566×10¹
9.370×10⁰
3.117×10⁰
-9.431×10⁰
-1.570×10¹
-2.198×10¹
-2.825×10¹
-3.453×10¹
-4.030×10¹

(a) 0.15MPa

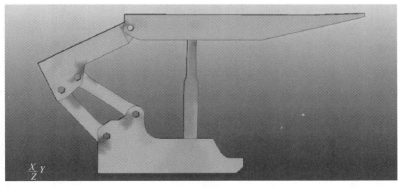

应力等级

2.016×10¹
1.312×10¹
6.032×10⁰
3.544×10⁰
-7.991×10⁰
-1.503×10¹
-2.206×10¹
-2.910×10¹
-3.614×10¹
-4.317×10¹
-5.021×10¹

(b) 0.25MPa

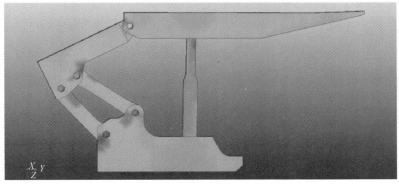

应力等级

2.322×10¹
1.532×10¹
7.420×10⁰
4.401×10⁰
-8.311×10⁰
-1.628×10¹
-2.418×10¹
-3.201×10¹
-3.938×10¹
-4.738×10¹
-5.578×10¹

(c) 0.35MPa

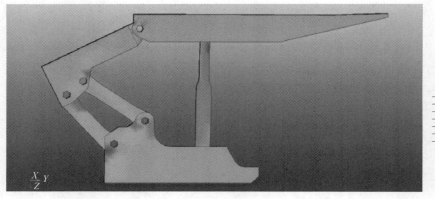

应力等级

4.423×10^1
3.096×10^1
1.768×10^1
4.435×10^0
-8.870×10^0
-2.215×10^1
-3.512×10^1
-4.870×10^1
-6.197×10^1
-7.525×10^1
-8.852×10^1

(d) 0.40MPa

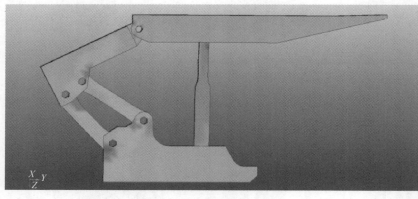

应力等级

7.061×10^1
4.852×10^1
2.644×10^1
4.451×10^0
-1.774×10^1
-3.982×10^1
-6.191×10^1
-8.399×10^1
-1.061×10^2
-1.282×10^2
-1.503×10^2

(e) 0.80MPa

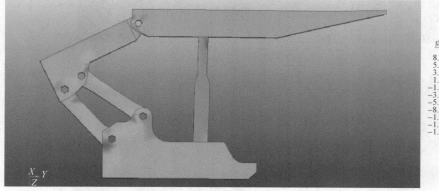

应力等级

8.191×10^1
5.853×10^1
3.511×10^1
1.718×10^1
-1.159×10^1
-3.497×10^1
-5.834×10^1
-8.172×10^1
-1.051×10^2
-1.285×10^2
-1.518×10^2

(f) 保持0.80MPa

图 5-10   垂直切落时支架各部位受力云图(文后附彩图)

分析垂直"切落体"的模拟结果认为，无论是施加动载还是静载，支架应力集中区域基本相同，主要分布在四连杆结构，顶梁及与掩护梁连接处，立柱及柱窝区域，但在顶梁上施加的载荷越大，支架各部位应力集中范围和程度也越高，当支架所受载荷达到 1.3MPa 时，超出支架承受能力，支架立柱首先被压坏。

2. 超前"切落体"

1）施加 0.4MPa 均布载荷

支架顶梁上方设置一无重量的刚性楔形体，模拟切落角度 100°，垂直于楔形面施加均布载荷 0.4MPa，所得支架受力云图如图 5-11 所示。

2）施加 0.7MPa 均布载荷

0.7MPa 的载荷相当于覆岩约 50%的重量作用于支架上方的楔形面，所得支架受力云图如图 5-12 所示。

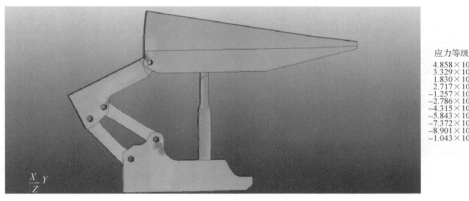

(a) 2s

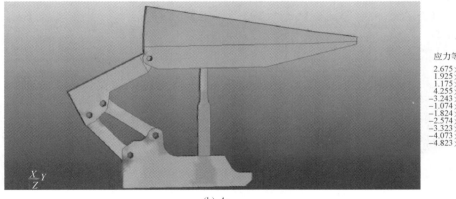

(b) 4s

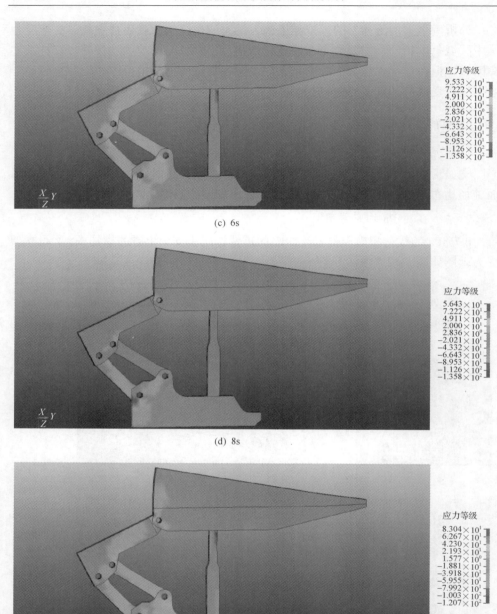

(c) 6s

(d) 8s

(e) 10s

图 5-11　超前切落时支架各部位受力云图(0.4MPa 静载荷)

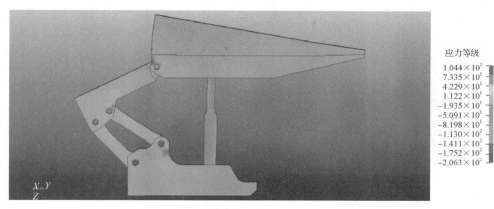

应力等级
1.044×10²
7.335×10¹
4.229×10¹
1.122×10¹
−1.935×10¹
−5.091×10¹
−8.198×10¹
−1.130×10²
−1.411×10²
−1.752×10²
−2.063×10²

(a) 2s

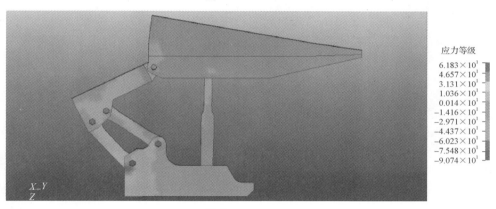

应力等级
6.183×10¹
4.657×10¹
3.131×10¹
1.036×10¹
0.014×10¹
−1.416×10¹
−2.971×10¹
−4.437×10¹
−6.023×10¹
−7.548×10¹
−9.074×10¹

(b) 4s

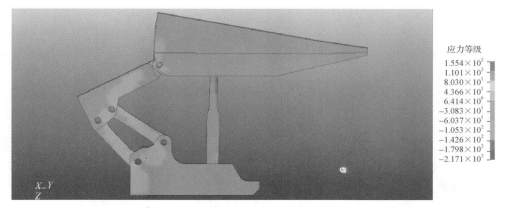

应力等级
1.554×10²
1.101×10²
8.030×10¹
4.366×10¹
6.414×10⁰
−3.083×10¹
−6.037×10¹
−1.053×10²
−1.426×10²
−1.798×10²
−2.171×10²

(c) 6s

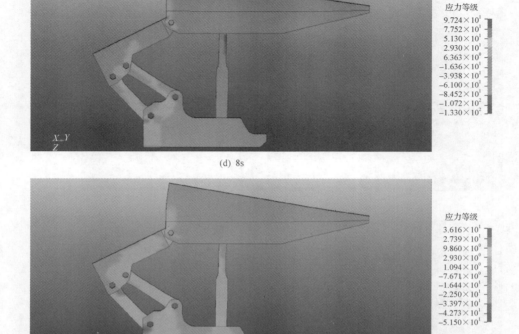

应力等级
9.724×10¹
7.752×10¹
5.130×10¹
2.930×10¹
6.363×10⁰
−1.636×10¹
−3.938×10¹
−6.100×10¹
−8.452×10¹
−1.072×10²
−1.330×10²

(d) 8s

应力等级
3.616×10¹
2.739×10¹
9.860×10⁰
2.930×10⁰
1.094×10⁰
−7.671×10⁰
−1.644×10¹
−2.250×10¹
−3.397×10¹
−4.273×10¹
−5.150×10¹

(e) 10s

图 5-12　超前切落时支架各部位受力云图(0.7MPa 静载荷)

3)施加 1.3MPa 均布载荷

将覆岩的全部重量作用于支架上方的楔形面,所得支架受力云图如图 5-13 所示。

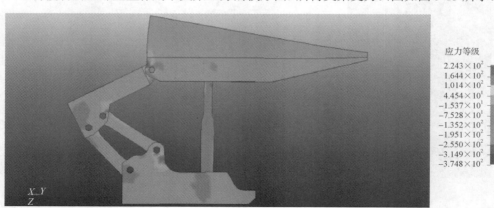

应力等级
2.243×10²
1.644×10²
1.014×10²
4.454×10¹
−1.537×10¹
−7.528×10¹
−1.352×10²
−1.951×10²
−2.550×10²
−3.149×10²
−3.748×10²

(a) 2s

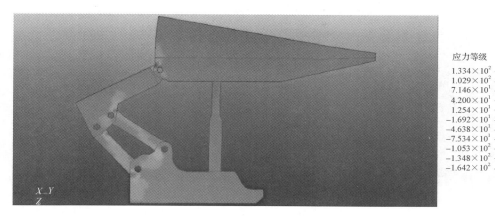

应力等级

1.334×10^2
1.029×10^2
7.146×10^1
4.200×10^1
1.254×10^1
-1.692×10^1
-4.638×10^1
-7.534×10^1
-1.053×10^2
-1.348×10^2
-1.642×10^2

(b) 4s

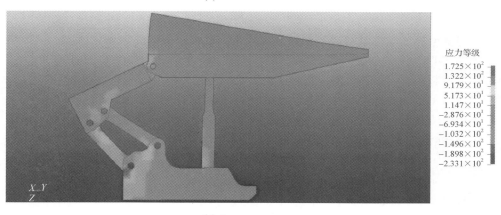

应力等级

1.725×10^2
1.322×10^2
9.179×10^1
5.173×10^1
1.147×10^1
-2.876×10^1
-6.934×10^1
-1.032×10^2
-1.496×10^2
-1.898×10^2
-2.331×10^2

(c) 6s

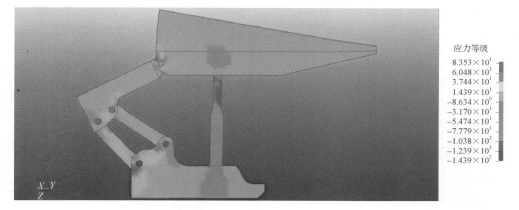

应力等级

8.353×10^1
6.048×10^1
3.744×10^1
1.439×10^0
-8.634×10^0
-3.170×10^1
-5.474×10^1
-7.779×10^1
-1.038×10^2
-1.239×10^2
-1.439×10^2

(d) 8s

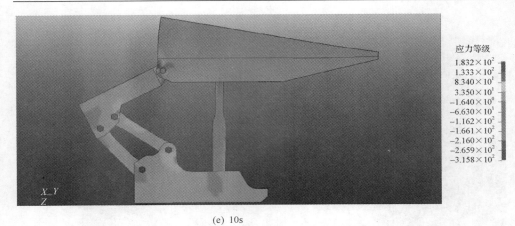

应力等级

1.832×10^2
1.333×10^2
8.340×10^1
3.350×10^1
-1.640×10^1
-6.630×10^1
-1.162×10^2
-1.661×10^2
-2.160×10^2
-2.659×10^2
-3.158×10^2

(e) 10s

图 5-13　超前切落时不同时间支架各部位受力云图（1.3MPa 静载荷）

4）动态变化载荷

对支架施加动态载荷以模拟整个周期来压过程中支架受力变化情况，模拟结果如图 5-14 所示。

分析超前"切落体"模拟结果认为，其应力集中程度较垂直"切落体"缓和，应力集中范围相对较小，主要应力集中区域有四连杆结构、顶梁前部及与掩护梁连接处、立柱等，同样，施加的载荷越大，支架各部位应力集中程度越高，但施加 1.3MPa 载荷时，支架立柱没有被压坏。

3. 滞后"切落体"

1）施加 0.4MPa 均布载荷

支架顶梁上方设置一无重量的刚性楔形体，模拟切落角度 80°，垂直于楔形面施加均布载荷 0.4MPa，所得支架受力云图如图 5-15 所示。

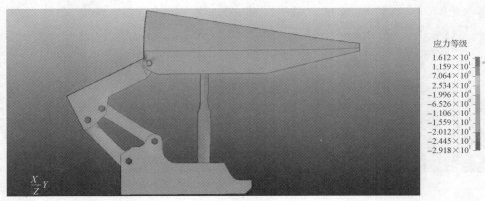

应力等级

1.612×10^1
1.159×10^1
7.064×10^0
2.534×10^0
-1.996×10^0
-6.526×10^0
-1.106×10^1
-1.559×10^1
-2.012×10^1
-2.445×10^1
-2.918×10^1

(a) 0.15MPa

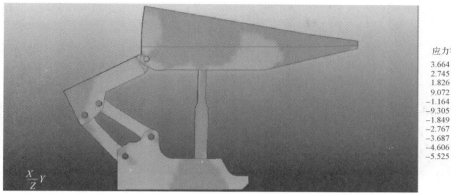

应力等级

3.664×10¹
2.745×10¹
1.826×10¹
9.072×10⁰
-1.164×10⁰
-9.305×10⁰
-1.849×10¹
-2.767×10¹
-3.687×10¹
-4.606×10¹
-5.525×10¹

(b) 0.25MPa

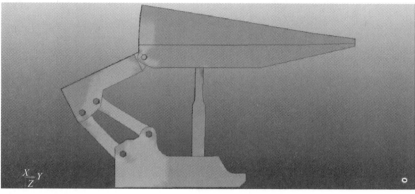

应力等级

4.676×10¹
3.526×10¹
2.363×10¹
1.207×10¹
4.997×10⁰
-1.107×10¹
-2.263×10¹
-3.425×10¹
-4.576×10¹
-5.733×10¹
-6.835×10¹

(c) 0.35MPa

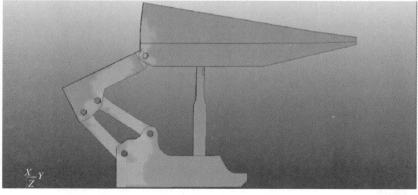

应力等级

9.738×10¹
7.367×10¹
4.995×10¹
2.624×10¹
2.528×10⁰
-2.118×10¹
-4.496×10¹
-6.061×10¹
-9.232×10¹
-1.166×10²
-1.387×10²

(d) 0.40MPa

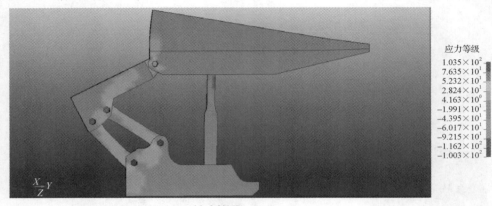

(e) 0.80MPa

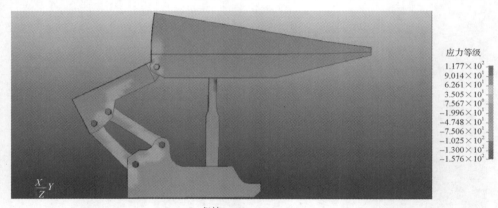

(f) 保持0.80MPa

图 5-14　滞后切落时支架各部位受力云图(文后附彩图)

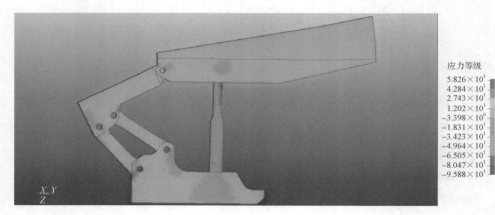

(a) 2s

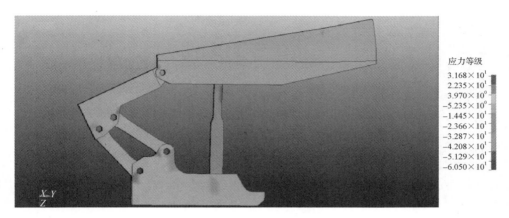

应力等级

3.168×10¹
2.235×10¹
3.970×10⁰
−5.235×10⁰
−1.445×10¹
−2.366×10¹
−3.287×10¹
−4.208×10¹
−5.129×10¹
−6.050×10¹

(b) 4s

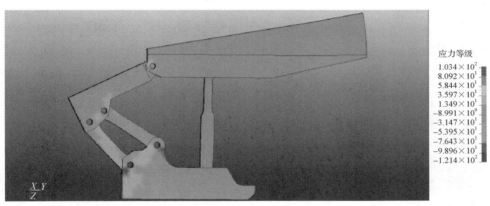

应力等级

1.034×10²
8.092×10¹
5.844×10¹
3.597×10¹
1.349×10¹
−8.991×10⁰
−3.147×10¹
−5.395×10¹
−7.643×10¹
−9.896×10¹
−1.214×10²

(c) 6s

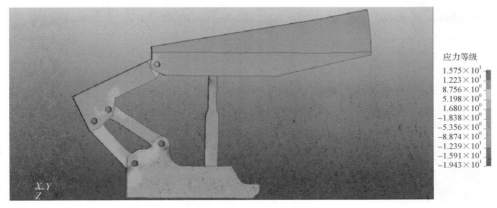

应力等级

1.575×10¹
1.223×10¹
8.756×10⁰
5.198×10⁰
1.680×10⁰
−1.838×10⁰
−5.356×10⁰
−8.874×10⁰
−1.239×10¹
−1.591×10¹
−1.943×10¹

(d) 8s

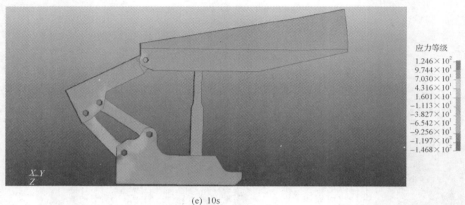

应力等级

1.246×10²
9.744×10¹
7.030×10¹
4.316×10¹
1.601×10¹
−1.113×10¹
−3.827×10¹
−6.542×10¹
−9.256×10¹
−1.197×10²
−1.468×10²

(e) 10s

图 5-15　滞后切落时不同时间支架各部位受力云图(0.4MPa 静载荷)

2) 施加 0.7MPa 均布载荷

0.7MPa 的载荷相当于覆岩约 50%的重量作用于支架上方的楔形面,所得支架受力云图如图 5-16 所示。

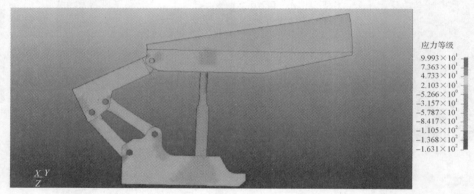

应力等级

9.993×10¹
7.363×10¹
4.733×10¹
2.103×10¹
−5.266×10⁰
−3.157×10¹
−5.787×10¹
−8.417×10¹
−1.105×10²
−1.368×10²
−1.631×10²

(a) 2s

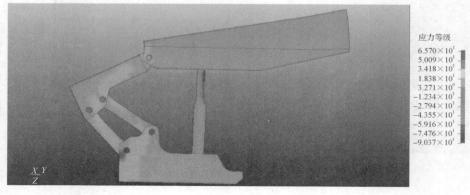

应力等级

6.570×10¹
5.009×10¹
3.418×10¹
1.838×10¹
3.271×10⁰
−1.234×10¹
−2.794×10²
−4.355×10¹
−5.916×10¹
−7.476×10¹
−9.037×10¹

(b) 4s

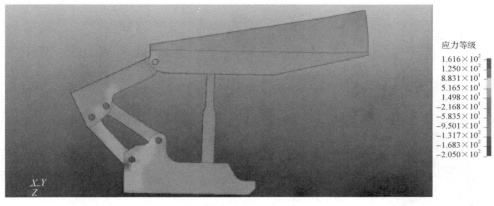

(c) 6s

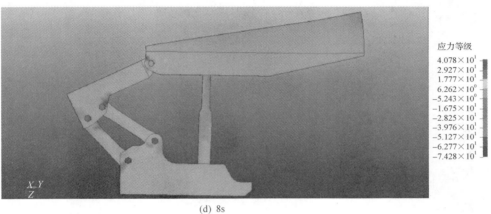

(d) 8s

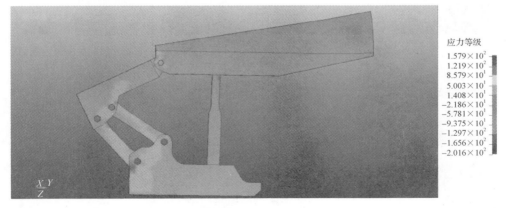

(e) 10s

图 5-16　滞后切落时不同时间支架各部位受力云图（0.7MPa 静载荷）

3）施加 1.3MPa 均布载荷

　　将覆岩的全部重量作用于支架上方的楔形面，所得支架受力云图如图 5-17 所示。

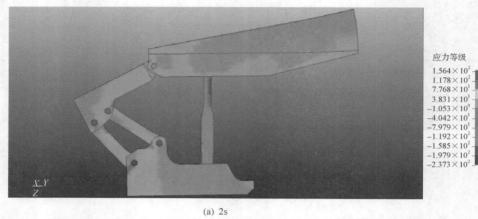

应力等级

1.564×10^2
1.178×10^2
7.768×10^1
3.831×10^1
-1.053×10^0
-4.042×10^1
-7.979×10^1
-1.192×10^2
-1.585×10^2
-1.979×10^2
-2.373×10^2

(a) 2s

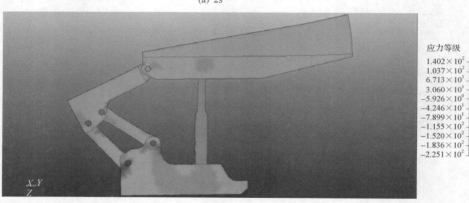

应力等级

1.402×10^2
1.037×10^2
6.713×10^1
3.060×10^1
-5.926×10^0
-4.246×10^1
-7.899×10^1
-1.155×10^2
-1.520×10^2
-1.836×10^2
-2.251×10^2

(b) 4s

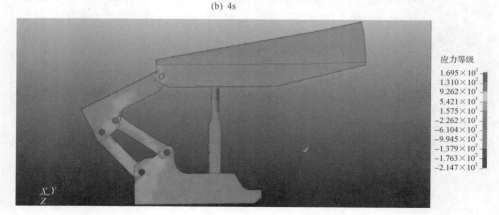

应力等级

1.695×10^2
1.310×10^2
9.262×10^1
5.421×10^1
1.575×10^1
-2.262×10^1
-6.104×10^1
-9.945×10^1
-1.379×10^2
-1.763×10^2
-2.147×10^2

(c) 6s

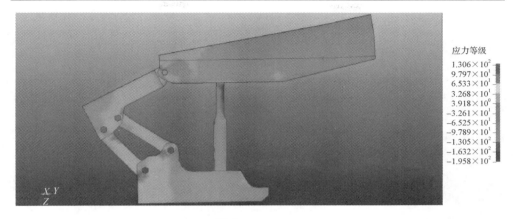

(d) 8s

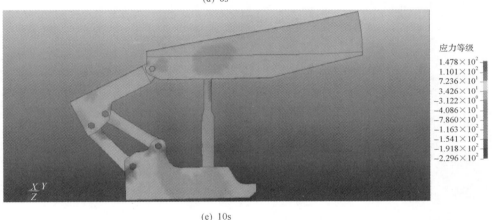

(e) 10s

图 5-17　滞后切落时不同时间支架各部位受力云图（1.3MPa 静载荷）

4）动态变化载荷

对支架施加动态载荷以模拟整个周期来压过程中支架受力的情况，模拟结果如图 5-18 所示。

滞后"切落体"对支架各部位受力的影响与超前"切落体"相类似，应力集中区域和集中程度比垂直"切落体"小。

基于上文模拟，针对施加均布载荷和变化载荷两种情形，对比分析不同加载方式下支架各关键部位受力和位移变化规律。

图 5-19 表示各支架关键部位的测点位置，其中 A：立柱；B：顶梁前端；C：顶梁后端；D：掩护梁；E、F：四连杆结构。

图 5-20～图 5-22 分别表示在垂直"切落体"、超前"切落体"和滞后"切落体"形式下支架各关键部件测点的应力曲线和位移曲线，支架上方施加的动态

变化载荷满足表 5-13。

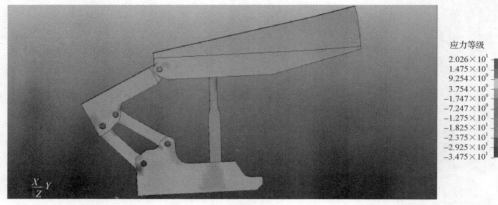

应力等级

2.026×10¹

应力等级
2.026×10^1
1.475×10^1
9.254×10^0
3.754×10^0
-1.747×10^0
-7.247×10^0
-1.275×10^1
-1.825×10^1
-2.375×10^1
-2.925×10^1
-3.475×10^1

(a) 0.15MPa

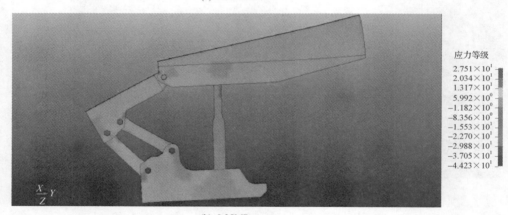

应力等级
2.751×10^1
2.034×10^1
1.317×10^1
5.992×10^0
-1.182×10^0
-8.356×10^0
-1.553×10^1
-2.270×10^1
-2.988×10^1
-3.705×10^1
-4.423×10^1

(b) 0.25MPa

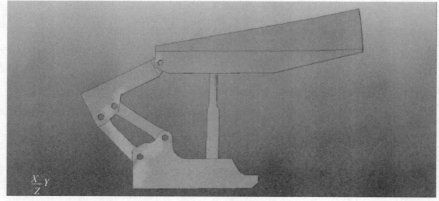

应力等级
5.701×10^1
4.461×10^1
3.221×10^1
1.981×10^1
7.417×10^0
-4.980×10^0
-1.738×10^1
-2.977×10^1
-4.217×10^1
-5.457×10^1
-6.697×10^1

(c) 0.35MPa

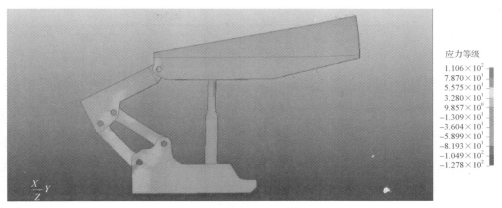

(d) 0.40MPa

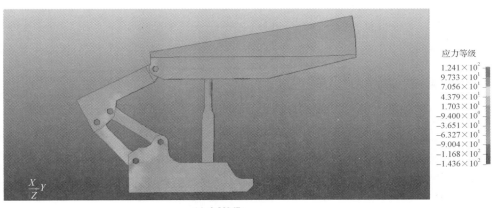

(e) 0.80MPa

图 5-18　支架各部位受力云图(文后附彩图)

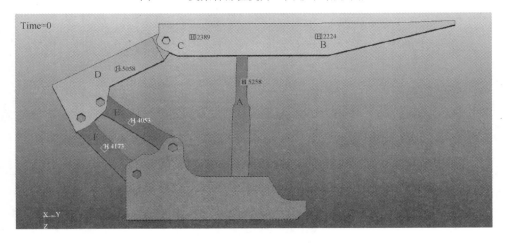

图 5-19　支架各部位的测点位置

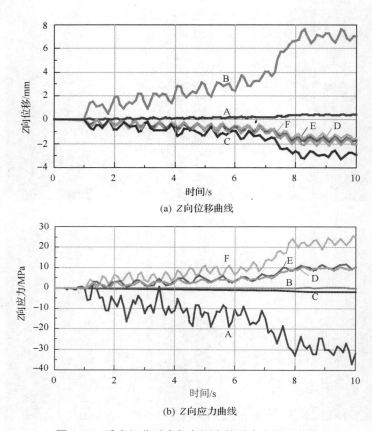

(a) Z向位移曲线

(b) Z向应力曲线

图 5-20　垂直切落时支架各测点的受力和位移曲线

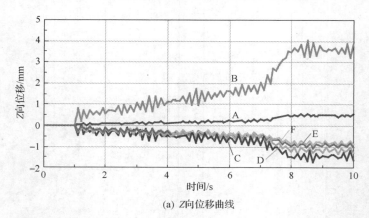

(a) Z向位移曲线

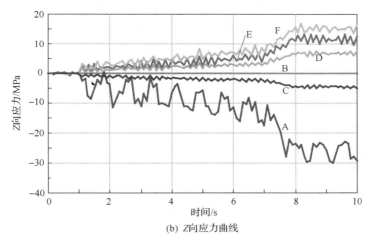

(b) Z向应力曲线

图 5-21　超前切落时支架各测点的应力和位移曲线

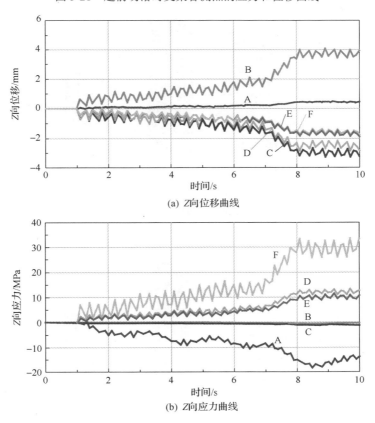

(a) Z向位移曲线

(b) Z向应力曲线

图 5-22　滞后切落时支架各测点的应力和位移曲线

施加连续变化载荷，当载荷由 0MPa 逐步增加到 0.4MPa 时，支架受力和位移曲线缓慢上升；当载荷由 0.4MPa 快速增加到 0.8MPa 时，支架各部位的应力和位移相应大幅度增加，可见，顶板切落对支架产生的动载荷大；之后保持载荷 0.8MPa 不变，支架的受力和位移同样达到稳定状态，因此，支架受力、位移与顶梁所受到的载荷成正相关关系。此时支架立柱受力和顶梁前端位移量最大，图 5-23 和图 5-24 分别为三种切落形式下支架相同部位的最大受力和最大位移对比图，由图可知，垂直切落时支架受力和位移均比超前和滞后切落时大。

在上文中，垂直"切落体"在 1.3MPa 的恒压状态下将支架立柱压坏，而滞后"切落体"和超前"切落体"应力集中严重但没有压架，说明垂直切落时更危险，支架承受的载荷大，与"切落体"结构理论分析的结论相吻合。而在实际浅埋煤层开采实践中，也出现过顶板切落时，支架受压过载，立柱油缸和柱窝被压裂的情形，如神东榆家梁煤矿 44305 综采工作面于 2005 年 5 月的压架事故，图 5-25 为现场支架被压坏的照片。

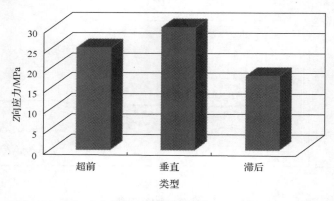

图 5-23　支架动态受载时不同顶板切落形式立柱受力对比图

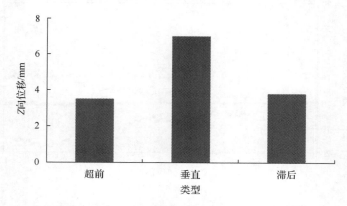

图 5-24　支架动态受载时不同顶板切落形式顶梁前端位移对比图

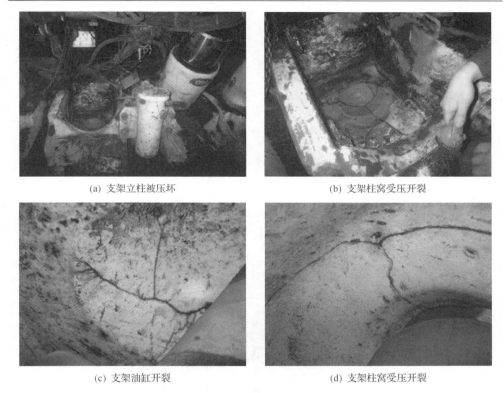

(a) 支架立柱被压坏　　　　　　　　　　(b) 支架柱窝受压开裂

(c) 支架油缸开裂　　　　　　　　　　　(d) 支架柱窝受压开裂

图 5-25　榆家梁煤矿 44305 工作面支架受压损坏图

5.3　采场顶板来压预测预报

顶板来压预测预报是浅埋采场顶板灾害防治的重要手段。本节主要结合神东矿区常用的矿压监测及微震监测方法，通过对关键指标的分析，提出了微震与矿压相结合的顶板来压分析预测方法。

5.3.1　关键指标分析

微震事件是煤岩体损伤破坏的外在表征，根据微震事件的定位结果可以判断煤层和顶底板破坏程度和破坏范围[109,110]。图 5-26 为综采工作面微震事件三维空间分布图，该图揭示了工作面采动后上覆岩层的破裂高度和破坏范围。图 5-27 为微震事件沿工作面倾向分布的剖面图，工作面回采后，上覆岩层活动范围已经波及至地表，属于典型浅埋深工作面开采特征。

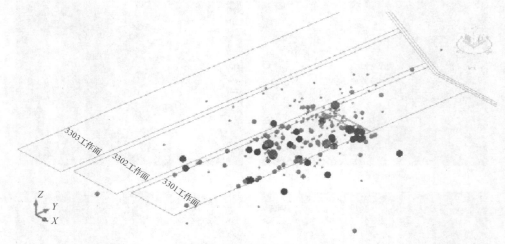

图 5-26　微震事件三维空间分布

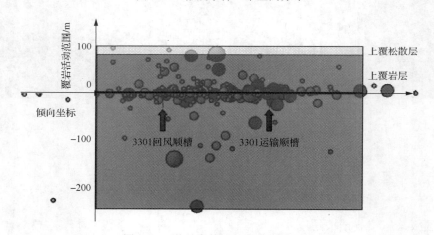

图 5-27　微震事件沿工作面倾向分布

1. 微震事件能量

图 5-28 为某个工作面微震事件每天总能量曲线，岩体破裂过程中释放的能量分布具有明显规律性，其中 10 月 22 日当天能量 4×10^5J，对应工作面推进度为 69m，结合工作面矿压观测，工作面基本顶初次来压发生在 10 月 20 日，初次来压步距为 42m。基本顶初次来压 2 天后(10 月 23 日)，工作面正上方地表发生塌陷，可见，10 月 22 日微震事件大能量的原因是基岩层发生全部破断，岩层破坏加剧。基岩层破断过程中释放了较大的能量，且随着工作面推进表现出很强的规律性。

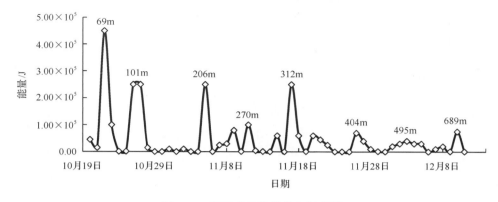

图 5-28　微震事件能量分布示意图

2. 微震事件频次

图 5-29 为工作面微震发生次数与微震总能量的对比曲线，图 5-30 为工作面微震发生次数与工作面推进度之间的关系。微震事件发生次数与微震事件能量总体呈正相关关系，即微震事件发生次数越多，能量越大，与工作面推进速度基本成逆相关，即工作面推进速度越快，微震事件发生次数越少，微震事件能量越少。

3. 微震事件能量、频次与矿压的关系

图 5-31、图 5-32 分别为某个工作面支架循环末阻力日平均值、微震事件能量和发生次数之间的关系图。微震事件与围岩破坏、矿山压力均存在必然联系，微震事件发生次数和释放能量均直接与支架受力相关。当微震事件发生次数增多，释放能量增大，支架受力也明显增大；反之亦然。微震事件发生次数及能量的变化往往先于支架受力的变化，这表明岩层破坏和结构失稳造成的载荷传递至采场支架具有一定的时间效应。

顶板破坏与顶板来压之间存在时间关系。表 5-13 为某个工作面在观测时间段内各支架监测到的顶板来压时段分类，表 5-14 为某个工作面在观测时间段内微震事件发生时刻统计。

岩石在矿山压力作用下发生破坏，最终导致岩石断裂，此过程伴随着大量的微震事件。断裂的岩块在采场周围形成暂时性的平衡保护结构，开采活动使该平衡结构失稳，诱发顶板岩层的进一步运动，此过程也伴随着大量的微震事件。表 5-13 和表 5-14 统计分析发现，微震事件频繁发生至顶板来压有一个时间过程，这个过程为顶板来压预测预警提供了可能。

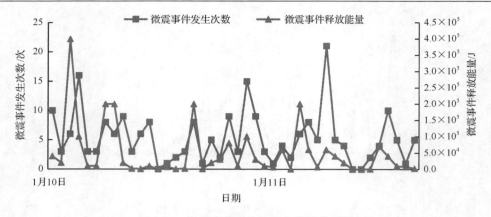

图 5-29　微震事件发生次数与能量关系图

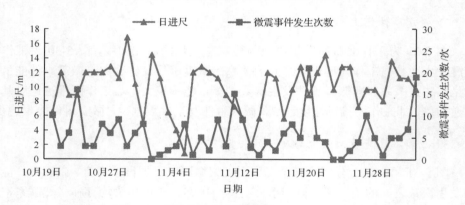

图 5-30　微震事件发生次数与推进速度关系图

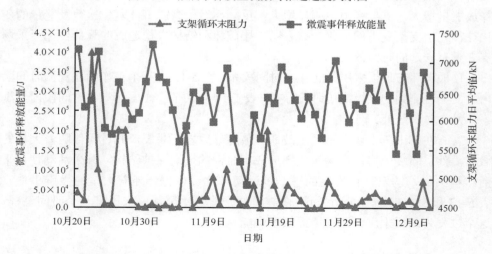

图 5-31　支架循环末阻力日平均值与微震事件释放能量关系

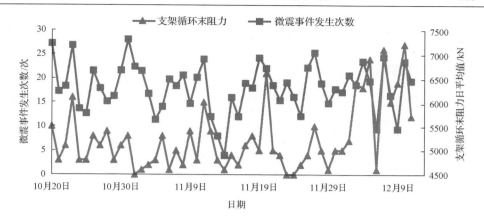

图 5-32　支架循环末阻力日平均值与微震事件发生次数关系

表 5-13　基本顶来压时刻统计

支架号	0:00～8:00 来压次数	8:00～16:00 来压次数	16:00～24:00 来压次数
20	17	11	6
21	18	11	5
38	20	10	4
39	19	12	3
56	21	9	4
57	21	9	4
73	21	9	4
74	21	9	4
90	20	10	4
91	20	10	4
108	19	11	4
109	19	11	4
统计占比	57.8%	30%	12.2%

表 5-14　微震事件发生时间统计

时间段	0:00～8:00	8:00～16:00	16:00～24:00
发生次数	43	131	236
所占比例/%	10.5	31.9	57.6

5.3.2　顶板来压预测预报方法

顶板来压预测预报基本思路：首先分析微震事件分布规律及能量产生规律，当微震事件发生频率或能量产生异常波动时，辅以顶板来压步距及支架载荷分布进行验证，实现顶板来压的预测预报。

上湾煤矿 8.8m 大采高工作面采用 ARAMIS M/E 微震监测系统与矿压监测系统结合进行来压预测预报。图 5-33 和图 5-34 是由微震监测反映出初次来压(A 区域)和关键层垮断(B 区域),均与矿压监测分析结果吻合。

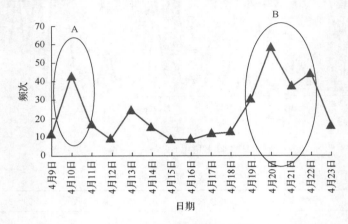

图 5-33　微震事件频次统计

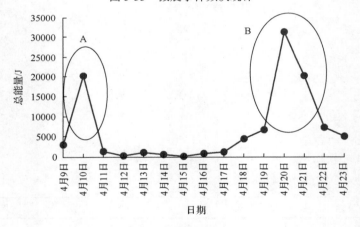

图 5-34　微震事件能量统计

第6章 浅埋采场顶板灾害防治技术

神东矿区浅埋煤层采场顶板灾害类型多样，防治难度大。基于"砌体梁""悬臂梁+砌体梁"，以及"切落体"理论，开发了不同条件下的顶板灾害防治技术，主要包括：工作面过上覆集中煤柱压架防治技术、大采高工作面过空巷切顶压架防治技术、大采高工作面过沟谷顶板灾害防治技术、工作面坚硬顶板控制技术、浅埋深大采高工作面柔模混凝土沿空留巷技术等。

6.1 工作面过上覆集中煤柱压架防治技术

随着神东矿区各矿井陆续进入第二层主采煤层开采（与上部已采煤层间距0.5～42m），受矿区开发初期装备水平、回采工艺、小窑开采及地质构造影响，部分矿井第一层主采煤层回采后遗留的集中煤柱或房式采空区，导致下层煤综采工作面通过此类特殊阶段时发生了多起大范围切顶压架事故，如大柳塔矿22103工作面过上覆小窑采空区、活鸡兔井12305工作面过上覆 $1^{-2\text{上}}$ 煤采空区隔离煤柱、石圪台矿12102工作面过上覆 $1^{-2\text{上}}$ 煤采空区集中煤柱等时期，均出现了较大范围切顶、支架立柱瞬间大幅下缩（下缩量达 500～1500mm）、大部分支架被压死、损坏等剧烈的动载矿压现象，给矿井的安全高效生产造成了严重的影响。

在浅埋房柱式采空区下进行长壁开采时，主要存在以下安全隐患[111-125]：①由于房柱式采空区和下层煤形成的累计采高大，顶板不易形成稳定的结构，工作面存在动载矿压现象，易出现覆岩台阶下沉、顶板架前切落。②上方煤柱应力与下煤层工作面及回采巷道采动应力叠加，残留煤柱与工作面顶板同步失稳垮落，易导致局部顶板整体切落，造成压架事故。③工作面上覆大范围煤柱承受的高集中应力，易诱发残留煤柱群大面积突变失稳，工作面和回采顺槽短时间内剧烈来压，产生有毒有害气体涌出、冲击地压、飓风等动力灾害，甚至造成人员伤亡。④采动覆岩裂隙直接波及地表，与地表水和空气导通，易引发涌水、采空区自燃等灾害。

以石圪台煤矿31201工作面过上覆集中煤柱为例，论述工作面过上覆集中煤柱时顶板控制及压架防治技术。

6.1.1　石圪台矿地质开采条件

　　石圪台煤矿位于神东矿区北部，该井田东西长约 10km，南北宽约 8km，面积约 65.283km²，地质储量为 732Mt，可采储量 319Mt。井田含煤岩系为下侏罗纪，可采煤层有 8 层，其中主采煤层为 $1^{-2\text{上}}$、1^{-2}、$2^{-2\text{上}}$、2^{-2}、3^{-1} 煤。井田内断层稀少，构造简单，矿区地层总体为西倾的单斜，倾角 1° 左右，矿井充水水源主要来自萨拉乌苏组潜水、地表水、大气降水和基岩地下水。矿井正常涌水量为 1700m³/h，最大涌水量为 2000m³/h，水文地质类型属于复杂型。31201 工作面回采 3^{-1} 煤，倾向长度为 311.4m，走向长度为 1865m；煤层厚度 3.0～4.4m，平均 4.0m。回采面积 58.1 万 m²，回采煤量 269.7 万 t。煤层倾角 1°～3°，工作面基岩厚度 55.5～130m，埋深 109.2～132.2m，与 2^{-2} 煤层间距 34.5～39m。工作面上覆有 2^{-2} 煤房柱式采空区，采空区以 3 组平行于工作面的集中煤柱进行隔离，工作面设备参数见表 6-1。

表 6-1　工作面设备参数

设备名称	型号	主要参数	数值
液压支架	ZY18000/14/44DI 两柱掩护式	支架数量/台	156
		支撑高度/mm	2500～4500
		支架中心距/m	2.05
		工作阻力/kN	18000
		支护强度/MPa	1.52
采煤机	JOY7LS6C	采高范围/m	2.2～4.3
		总装机功率/kW	2125
		机身高度/mm	2208
刮板印书机	SGZ1000/3600	槽内宽/mm	1300
		中部槽(长×宽×高)/mm	2050×1000×370
		驱动功率/kW	3×1200
转载机	SZZ1350/500	整机长度/m	29.15
		电机功率/kW	500
		运输能力/(t/h)	4000
		圆环链规格/mm	36×126-D
破碎机	天明	最大输入粒度/mm	300
		破碎能力/(t/h)	5000
		电机功率/kW	400

　　31201 工作面初次来压步距 40.8m，来压峰值 45.8MPa，来压持续 8m，支架

安全阀开启率约 10%，立柱无明显下沉。工作面周期来压步距平均 13.6m，来压持续长度 6.2m，来压峰值达 46.5MPa。来压时有炸帮、片帮（片帮深度 0.2～0.5m）和顶板漏矸现象，安全阀开启率 5%～15%，立柱下沉量 200mm 以内。工作面两端头及顺槽来压不明显。在工作面推进至 773m 期间发生的 3 次强烈矿压显现，均位于工作面上覆 2⁻² 煤房柱式采空区遗留煤柱影响区域，见表 6-2。

表 6-2　31201 工作面推进过程中矿压显现情况

工作面推进位置/m	矿压显现情况
360.4	40～120 号支架大面积来压，平均压力达 45.8MPa，立柱在 0.5h 内下降 0.4～1.3m，造成 5 部支架被压死
664.4	65～110 号支架大面积来压，压力最大 51.3MPa；65～110 号支架立柱下沉 0.3～1.2m
771.6	23～135 号支架大面积来压，活柱行程由 1.3～1.5m 收缩至 0～0.2m，压死支架 121 部

6.1.2　切顶压架防治技术

工作面过上覆集中煤柱切顶压架防治技术主要包括：煤柱稳定性判定、工作面布置方式优化、采前与采中主动防治技术等。

1. 上覆集中煤柱稳定性判定

上覆房柱式采空区集中煤柱的稳定性与下煤层工作面的矿压显现强度密切相关，根据房柱式采空区对下方工作面的影响程度，将其划分为以下 3 种情况[126,127]：①房柱式采空区煤柱提前发生失稳。下层煤工作面开采之前，上覆房柱式采空区煤柱超前失稳，开采过程中动载较小。②上覆房柱式采空区煤柱保持稳定。下层煤开采时，上覆煤柱完整性较好，顶板覆岩结构完整，开采过程中顶板与上覆煤柱逐层垮落。③顶板和上覆房柱式采空区煤柱群同步失稳。下煤层开采过程中，工作面顶板和上覆房柱式采空区煤柱群发生"多米诺骨牌"效应而同步失稳，产生灾害事故。

上覆集中煤柱稳定性判定方法有两种：煤柱破坏极限强度理论[128]和煤柱破坏应力分析法。

（1）煤柱破坏极限强度理论，即

$$B \leqslant 2x_0 \tag{6-1}$$

式中，B 为煤柱宽度，m；x_0 为煤柱塑性区宽度，m。

$$x_0 = \frac{M}{2\xi f} \ln \frac{k\gamma H + C \cot \varphi}{\xi(P_i + C \cot \varphi)}$$

式中，M 为煤层开采厚度，m；f 为煤柱与顶底板的摩擦系数；ξ 为三向应力系数，$\xi = \dfrac{1+\sin\varphi}{1-\sin\varphi}$；$\varphi$ 为煤的内摩擦角，(°)；C 为煤的黏结力，MPa；H 为开采深度，m；γ 为岩石平均容重，kN/m³；k 为应力集中系数；P_i 为支架对煤壁的阻力，MPa。

$$n\sigma \geqslant \sigma_p \tag{6-2}$$

式中，σ 为煤柱平均应力；

$$\sigma = \eta^{-1}H\gamma \tag{6-3}$$

式中，η 为煤柱面积比率，即煤柱面积与采空区总面积之比；n 为安全系数，$n=2$；σ_p 为煤柱的极限强度，MPa；

$$\sigma_p = \sigma_c\left(0.778+0.222B/M\right)$$

式中，σ_c 为立方体煤试件的单轴抗压强度。

采用煤柱破坏极限强度理论对石圪台煤矿煤柱稳定性进行判定，取煤层内摩擦角为 30°，黏结力 1.3MPa，采深 72m，岩石容重平均 24kN/m³，应力集中系数为 4，支架对煤壁的阻力为 0MPa，煤柱高 3m，煤柱与顶底板的摩擦系数为 0.3，代入公式，演算结果表明：对于多数宽度超过 6m 的煤柱，其稳定性较好；煤柱尺寸为 4m 时，接近临界值，可能发生破坏、失稳。

(2) 煤柱破坏应力分析法

先计算煤柱平均应力，按照煤柱应力的面积分摊原则，计算煤柱的平均应力为

$$\sigma = \frac{S_f}{S_m}\gamma H \tag{6-4}$$

取煤的单轴抗压强度为 14.7MPa，则煤柱的极限强度为

$$\sigma_p = \sigma_c\left(0.778+0.222B/M\right)$$

取安全系数 $n=2$，若 $n\sigma < \sigma_p$ 时，则煤柱未破坏。

2. 工作面布置方式优化

1) 避免工作面推进方向与集中煤柱走向垂直布置

工作面布置设计时首先应明确上覆煤柱的分布情况，其次根据这些煤柱的分布情况优化下煤层工作面的布置设计，避免整体同步出煤柱的开采情形。主要有以下两种布置方式：①优化工作面推进方向，将工作面推进方向与煤柱走向平行

或呈一定夹角，如图 6-1(a)所示；②优化工作面切眼与停采线的布置，使得出煤柱边界处于工作面开采范围之外，如图 6-1(b)所示。

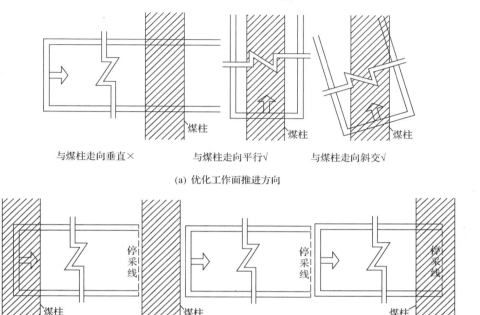

图 6-1　煤柱与工作面位置关系优化设计示意图

2) 缩短工作面宽度

依据工作面来压强度与工作面宽度呈负相关的规律，缩短工作面长度，以减小覆岩运动破坏范围和影响程度。

3. 采前与采中主动防治

若工作面的布置设计无法避免出煤柱的开采情形时，而工作面出煤柱时又存在动载矿压的危险，则应在工作面开采前采取相关措施进行预先防治。即对处于下煤层工作面出煤柱一侧边界实施人工预爆破，以减弱煤柱边界的承载能力，并促使其在工作面临近出煤柱时发生超前失稳，从而达到防治动载矿压灾害的目的。

1) 地面爆破技术

在地面向集中煤柱施工钻孔实施爆破，根据埋深、顶板岩性、煤柱分布等确定炸药单耗、最小抵抗线、爆破孔深度及数量等参数。地面打钻爆破具有影响因素少、工作面不停产、可提前治理等优点，施工示意如图 6-2 所示。

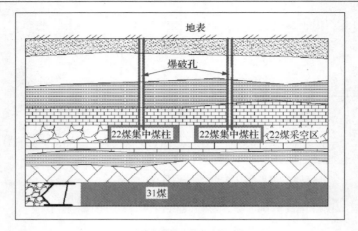

图 6-2　井上爆破施工示意图

石圪台矿 31203 工作面对上覆 2^{-2} 煤采空区集中煤柱提前实施地面深孔松动爆破，通过破坏集中煤柱促使 2^{-2} 煤上覆基岩提前垮落，以减弱顶板垮落的冲击强度。具体爆破参数如下：

(1)炸药单耗。根据顶板为中粒砂岩、粉砂岩，属于中硬岩，结合其他矿区的强制放顶实践，岩石爆破炸药单耗 k 取为 $0.3\mathrm{kg/m}^3$。

(2)最小抵抗线。2^{-2} 煤顶板岩性主要为中粒砂岩和粉砂岩，根据爆破经验并结合集中煤柱几何参数，最小抵抗线 w 取 10m。

(3)单孔装药量。药量计算公式为

$$Q = kw^3(0.5 + 0.5n^2) \qquad (6\text{-}5)$$

式中，Q 为单孔装药量；k 为炸药单耗；n 为爆破作用指数，计算公式 $n=r/w$，r 为爆破漏斗半径，w 为最小抵抗线，本次计算中 $n=1$。

根据计算可得单孔装药量 Q=300kg，考虑 10%的富裕系数，单孔装药量 330kg（若炮孔布置在煤层顶板，则装药量 312kg）。

(4)孔网参数选择。按孔深及工程地质条件，钻孔选用直径为 190mm 的风钻钻孔，炸药采用水胶炸药，装药线密度 28.34kg/m，采用人工连续耦合装药，炮孔装药长度煤柱内为 11.6m，顶板为 10m，黄土充填高度不小于 6m，总充填高度不小于 14m。

2)井下爆破技术

工作面推进至上覆集中煤柱一定距离时，从井下巷道向集中煤柱施工钻孔，通过爆破提前破坏集中煤柱，使集中煤柱及上覆基岩提前垮落，减弱顶板垮落对工作面产生的动载，防止发生动力灾害。石圪台矿 31201 工作面对上覆采空区集中煤柱提前实施井下爆破示意如图 6-3 所示。

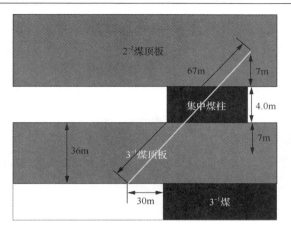

图 6-3　井下爆破示意图

施工方案：工作面在距集中煤柱 30m 处，垂直工作面以 36°仰角施工炮孔。炮孔参数：成孔直径 98mm，孔长 76m，封孔长度 52m，装药长度 24m，最小抵抗线 7m，孔间距取 14m。

4. 其他防治技术

1）微震监测

通过微震技术监测采空区煤柱及上覆基岩的破坏情况，通过震源定位和能量计算，分析上覆基岩及采空区煤柱的破坏规律，实现预测预警。石圪台矿 31201 工作面微震监测布置方案如图 6-4 所示。

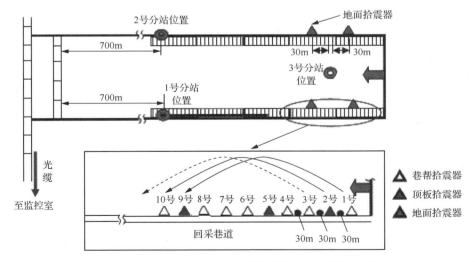

图 6-4　石圪台矿 31201 工作面微震监测布置平面示意图

2) 地面钻孔多点位移计观测

在上煤层上覆基岩布设多点位移传感器,建立岩层内部观测站,监测下煤层工作面采动影响下上覆岩层的破坏和运移规律。石圪台矿 31201 工作面多点位移计观测布置方案如图 6-5 所示。

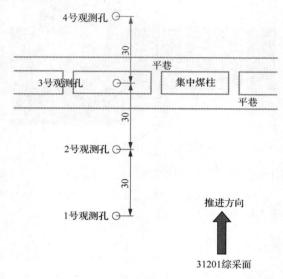

图 6-5 石圪台矿 31201 工作面地面钻孔多点位移观测孔布置示意图

3) 地表沉降观测

在隔离煤柱前后上方地表沿工作面倾向布置多条岩移观测线,每条测线布置若干个观测点,通过地表裂隙及沉降情况分析,判断下煤层工作面推进过程中上煤层集中煤柱及顶板破断下沉情况。

4) 加快推进速度

充分利用上覆岩层结构运动的时间效应,加快推进速度,缓解工作面矿压显现。

5) 工作面大角度调斜

在满足设备及上下端头安全出口的条件下,采用加刀、甩刀、单向推溜等措施,使工作面倾向与上覆煤柱走向产生夹角,减小工作面处于集中煤柱正下方的范围。

6) 合理确定采高

合理调整采高以保证支架立柱有足够的伸缩量,防止顶板下沉量大而导致采煤机无法通过。

7) 提高工作面支护强度

提高液压支架工作阻力和安全阀开启值，避免顶板来压时立柱下沉量大、支架被压死。

6.1.3　防治效果

1. 缩短工作面的防治效果

由于石圪台煤矿宽度为 311.4m 的 31201 工作面曾发生多次切顶压架事故，为防止压架事故再次发生，将设计宽度为 367m 的 31202 工作面划分为 2 个宽度分别为 180m、162.2m 的 31202-1 工作面和 312202-2 工作面，并配备相同型号的液压支架。该工作面在通过上覆房柱式采空区和 4 组平行集中煤柱时，矿压显现显著降低，压力最大值 46～53.7MPa，片帮深度 400～1000mm，安全阀最大开启率 33%，微震监测事件的频次、能量均明显减小，回采期间未发生切顶动压事故。

2. 井上、下爆破效果

由于石圪台矿 31201 工作面经过上覆采空区前 2 组煤柱时均发生了切顶压架事故，为防止类似事故再次发生，采用井下爆破方式预裂 31201 工作面第 3 组集中煤柱，采用地面爆破方式预裂 31203 工作面上覆 2^{-2} 煤采空区集中煤柱。

通过安装的钻孔多点位移计，实时监测集中煤柱及其顶板井下爆破效果，监测结果如图 6-6 所示。所有钻孔测点均在 29 日爆破施工后有较大幅度下沉，下沉量最大达 3.175m，表明集中煤柱及其上覆岩层已经超前失稳。

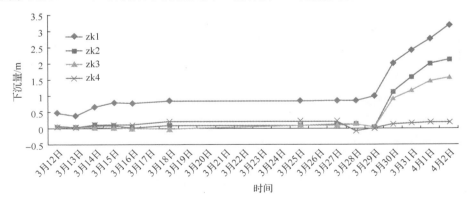

图 6-6　多点位移计钻孔观测结果

通过在地表布置岩移测点，观测浅埋集中煤柱井下爆破处理后顶板岩层运移特征，结果如图 6-7 所示。29 日晚爆破施工后，集中煤柱上方超前工作面约 200m 范围内地表出现明显的下沉，最大下沉量达 2.43m。

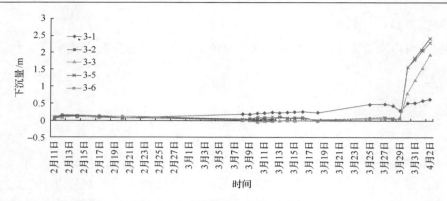

图 6-7　集中煤柱上方地表沉降结果

　　从爆破后微震事件分布的层位和范围看，2^{-2} 煤顶板微震事件 15 个，3^{-1} 煤顶板微震事件 27 个，总能量 1.2×10^6J；岩层能量集中释放区为工作面走向约 160m、倾向约 110m。结合微震事件结果分析，此次爆破诱发了 3^{-1} 煤顶板和 2^{-2} 煤采空区煤柱的破坏，进而导致 2^{-2} 煤基本顶的破坏，促使工作面前方煤体顶板、2^{-2} 煤采空区顶板提前破坏。3 月 28 日提前对上覆集中煤柱采取了爆破措施，工作面过上覆集中煤柱期间未发生动压事故；而 4 月 22 日再次过上覆房柱式采空区集中煤柱时未采取爆破措施，诱发了 2^{-2} 煤、3^{-1} 煤顶板基岩突然切断，58～68 号、95～113 号支架立柱下缩量超过 1000mm，剩余行程不足 300mm，支架压力超过 49MPa，微震事件数超过 85 个，超过预警值的 2 倍；总能量达 3.7×10^6J，超过预警值的 3 倍，如图 6-8 所示。

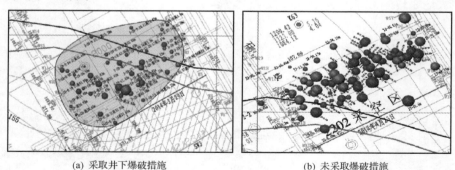

(a) 采取井下爆破措施　　　　　　　　　　(b) 未采取爆破措施

图 6-8　工作面过上覆集中煤柱采取不同措施时微震事件对比

6.2　大采高工作面过空巷防治切顶压架技术

　　综采工作面在过空巷的过程中，由于超前支承压力和空巷围岩应力叠加作用，空巷围岩变形量大；工作面与空巷贯通期间，易发生冒顶、切顶、甚至压架事故，影响安全生产。神东公司发生了多起过空巷切顶压架事故。

哈拉沟煤矿 02210 综采工作面过一条宽 5.4m、高 3.95m、长 192m 的平行空巷，当工作面距空巷 3m 时，工作面大面积来压，煤炮声频繁，80%液压支架立柱压力达 46MPa 以上；空巷内锚杆锚索绷断，顶板下沉量大。当工作面与空巷贯通时，工作面发生切顶现象，支架立柱行程仅 100mm。此次过空巷影响生产 4 天，损坏了 500 多根单体及采煤机链轮、滑靴，造成经济损失 200 多万元。现场情况如图 6-9 所示。

图 6-9　02210 工作面过空巷期间顶板下沉

大柳塔煤矿 52304 综采工作面采高 6.94m，上覆基岩厚度 110～210m，基本顶为中粒砂岩，厚度 5.2～28.3m；直接顶为粉砂岩，厚度 0～1.85m；采用 ZY18000/32/70 液压支架。工作面距离回撤通道 17.5m 时顶板来压，造成 39～108 号支架活柱下缩严重，86～88 号支架处煤机无法通过。现场情况如图 6-10 所示。

图 6-10　大柳塔煤矿 52304 综采工作面末采切顶冒顶现场图

榆家梁矿 42213 综采工作面距离回撤通道 9.3m 时，压力显现强烈，片帮深度 1.2～2m，52～102 号支架发生漏矸冒顶，冒落高度 2～5m，影响生产 12 天。

通过分析神东矿区浅埋煤层过空巷期间发生的冒顶、切顶事故发现，当综采工作面与空巷或回撤通道接近贯通时，是造成架前切顶、漏矸、冒顶事故的多发期。近年来，神东矿区通过总结过空巷矿压显现规律，并研究应用了多种过空巷技术，成功解决了工作面过空巷期间围岩控制难题。以哈拉沟煤矿和上湾煤矿为例介绍大采高工作面过空巷顶板灾害防治技术。

6.2.1　工作面地质开采条件

哈拉沟煤矿 02209 工作面前方共有 2 条平行空巷，如图 6-11 所示，空巷 1 和空巷 2 煤柱间距 25m。空巷 1 距 02209 工作面切眼 1779.6m，空巷全长 320m、巷宽 5.4m、巷高 3.7m，松散层厚度 0～5m，部分基岩出露空巷上覆基岩厚度为 60～95m，由机头向机尾逐渐增厚；直接顶为粉砂岩，厚度 1～5m；基本顶为中-粗粒砂岩（在沟谷段有基岩露头）；直接底为粉砂岩，厚度 3～4m。空巷 2 距 02209 工作面切眼 1810m，空巷全长 320m、巷宽 5.0m、巷高 3.6m，松散层厚度 0～5m，部分基岩出露空巷上覆基岩厚度为 60～95m，由机头向机尾逐渐增厚。直接顶为粉砂岩，厚度 1～5m，基本顶为中-粗粒砂岩（在沟谷段有基岩露头）；直接底为粉砂岩，厚度 3～4m。

上湾煤矿 22311 工作面设计采高 4.1m，煤层倾角 1°～3°，地面标高 1261～1325m，煤层底板标高 1203.5～1215.8m。采用走向长壁一次采全高全部垮落综合机械化采煤法。该工作面采煤机为 JOY 7LS6C/LWS658 型，配备 JOY 3×1000kW 刮板运输机、1140V/375kW 转载机、3300V/375kW 破碎机、126 部 ZY12000/25/50D 液压支架。22311 工作面回采过程中，受空巷影响支架数量最大为 41 架。工作面空巷包括平行空巷、风桥、与工作面斜交的机头硐室、Y 形交叉口、T 形交叉口、斜交叉口，如图 6-12 所示。其中，169 联巷位于 22311 工作面扩面位置，扩面后工作面宽度达 300m。

6.2.2　过空巷时压架防治技术

1. 空巷加强支护

空巷采取"锚杆+锚索+全断面金属网+W 钢带"联合支护。四根锚索（型号为 $\Phi15.24×8000$mm，托盘为长×宽×厚：300mm×300mm×15mm）吊挂一根 W 形钢带（型号为厚×宽×长：2mm×230mm×4200mm），端头锚索距巷帮 400mm，与顶板呈 75°角，中间锚索间距 1400mm，钢带的排距为 875mm。此外，在巷道中心线补打一排锚索，间距为 2000mm，为防止托盘等铁器进入主运系统，在 W 钢带或工字钢下面铺一层塑料网，塑料网用 14# 铅丝捆绑在顶层金属网上。为了防止片帮，在空巷及联巷的两帮挂网，塑料网的规格是宽×长：2500mm×10000mm，玻璃钢锚杆规格为 $\Phi18×2000$mm，间排距 1.05×1.5m，每排三根，矩形布置。

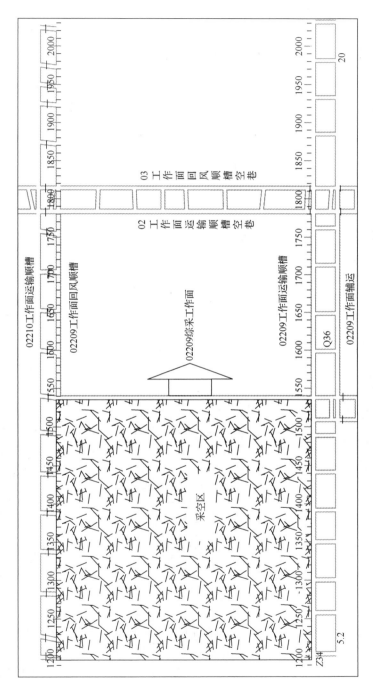

图6-11　02运输顺槽和03回风顺槽空巷位置平面图

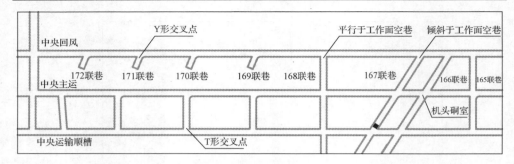

图 6-12　22311 综采面局部平面图及空巷泵送支柱使用位置示意图

2. 等压开采

为避免工作面过空巷与周期来压叠加，在超前空巷一定距离时通过调整采高、推进速度、回采工艺等技术措施调整顶板来压规律，使工作面距空巷或回撤通道 3～5m 时刚好处在最后一次周期来压位置，此时工作面停止推进 8～16h，待基本顶活动趋于稳定后，工作面过空巷时将处于基本顶"悬臂梁"下方，降低工作面过空巷期间的矿山压力，此项技术称为等压开采[129,130]，其原理如图 6-13 所示。

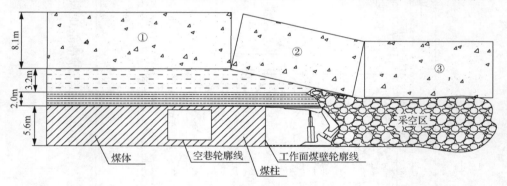

图 6-13　采取等压过空巷时工作面顶板破断特征

合理的等压距离对等压开采效果影响较大，综采工作面过空巷时，要提前在空巷顶板安设顶底板移近量观测仪，观测顶板下沉情况，确定合理的等压距离。

3. 泵送支柱

泵送支柱是将多种控制不同性能（如强度、反应凝固时间、稠度等）的无机材料按一定配比混合后再与水按比例搅拌，通过注浆泵输送到一定距离的柔模袋里，凝固后形成柱式辅助支护，其主要组成是圆筒式的 PVC 涂覆布，其主要成分是尼龙，具有防火、抗拉强度大、延伸率大等特点[131]。泵送支柱具体性能参数见表 6-3。

表 6-3　泵送支柱性能参数

典型参数	性能
主要材料成分	碳酸锂、碳酸钠、石灰、硫酸铝、硫酸钙铝水泥等 15 种粉料
水灰比	1.5～1.0
初凝时间	3～7min
输送距离	螺旋杆泵送系统：200m 气泵双路系统：>2km
单方材料用量	520～750kg
支柱一次成型否	一次
让压变形机理	通过泵送无机材料本身
材料破坏采煤机截齿否	否，硬度和煤接近

泵送混凝土支柱关键参数确定以 22311 工作面 160 联巷（图 6-14）为例说明。160 联巷设计泵送支柱支护长度 45m、巷宽 5.6m、高度 3.8m，补强锚索一排 3 根，直径 28.6mm，破断载荷 100t，排距 1m。

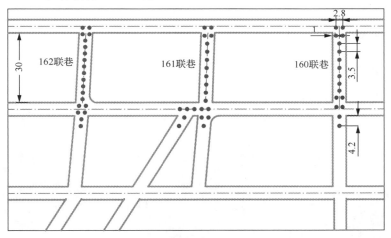

图 6-14　160 联巷泵送支柱布置图

（1）单个泵送支柱工作支撑力计算。选用泵送支柱直径为 800mm、高度 3.8m，其提供的工作支撑力 P_b：

$$P_b = \frac{\pi r^2 \times \sigma}{1000 \times 10} \times \left(\frac{w}{h}\right)^{f_s} = 166.2\text{t}$$

式中，r 为泵送支柱半径，0.4m；σ 为支柱材料实验室强度，$15 \times 10^6\text{N/m}^2$；$f_s$ 为支柱结构性强度古氏系数，0.9～1.0；w 为泵送支柱直径，0.8m；h 为泵送支柱（平均）高度，3.8m。

（2）空巷所需支撑岩石载荷计算。长度 45m 联巷需要支撑的岩石静载荷 P：

$$P = \gamma \times h \times A = 2.6 \times 6.5 \times 252 = 4259t$$

式中，h 为泵送支柱需要支撑岩层厚度，6.5m（8m 锚索长–1.5m 锚固段长）；γ 为岩石平均比重，取 2.6t/m³；A 为需要支护面积，$45 \times 5.6 = 252m^2$。

（3）泵送支柱数量确定。泵送支柱所需要支撑的顶板压力为岩石静载荷减去有效锚索锚固力，即

$$\gamma \times h \times A \times f_1 - m \times CB \times d = 2.6 \times 6.5 \times 252 \times 1.5 - 135 \times 45 \times 0.6 = 2743.5t$$

式中，m 为交叉点锚索数量，$3 \times 45 = 135$ 根；CB 为锚索锚固力，45t；d 为锚固力弱化系数，取 0.6（一般 0.4～0.7）；f_1 为动载系数，1.5。

考虑锚索加强支护后，联巷需要支护范围内的泵送支柱数量 n：

$$n = \frac{P}{P_b} \times f_2 = \frac{2743.5}{166.2} \times 1.0 = 17根$$

式中，f_2 为安全系数，1.0～2.0。

6.2.3　应用效果

1. 等压开采技术应用效果

哈拉沟煤矿 02209 综采工作面距离空巷 200m 范围加强矿压观测，分析来压步距、压力变化规律和来压强度等关键指标，支架压力曲面如图 6-15 所示。

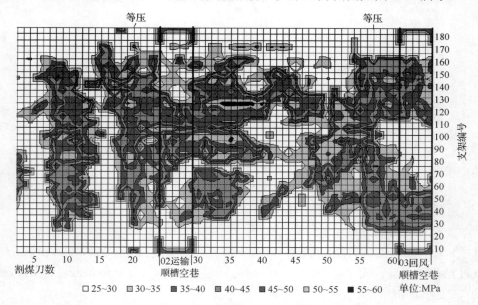

图 6-15　工作面过两条空巷期间周期来压曲面图

空巷对工作面矿压规律影响显著。正常开采期间,周期来压持续长度 5.2m,周期来压步距 14.7m;过空巷前,工作面周期来压存在三个压力中心(压力超过 55MPa),分别位于 50 号、90～100 号、125 号支架,压力由中心向四周递减;过空巷期间,周期来压步距加大,周期来压持续长度变长,周期来压步距 19.89m,持续长度 6.92m(8 刀煤),来压强度增大,压力中心区达到 58MPa 以上。

工作面过空巷时,提前在空巷内与工作面对应的 50 号、90 号、135 号支架位置安设了顶底板移近量观测仪,空巷顶板下沉量与工作面推进度的关系如图 6-16 所示。当工作面距离空巷约 20m 时,空巷中部顶板出现下沉;当工作面距离空巷 5m 时,空巷顶板下沉速度加快;工作面距空巷 3～5m 范围是空巷顶板下沉速度最大的区域,在此范围内进行等压,可以减缓空巷顶板的下沉速度。工作面等压结束后,距空巷 3m 继续推进,空巷的顶板下沉趋于稳定。因此,综采工作面选择距空巷 3～5m 范围开始等压。

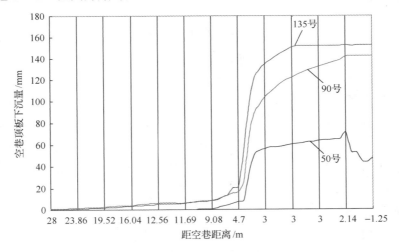

图 6-16 空巷顶板下沉量与推进度的关系

哈拉沟煤矿 02209 综采工作面距空巷 3m 时顶板大面积来压,液压支架立柱压力快速上升,达到 46MPa 以上,工作面和空巷煤壁片帮,顶板煤炮,空巷支护的锚杆和锚索局部发生绷断、脱开等现象,此时综采工作面停机等压,让顶板压力充分释放,等压 16h,综采工作面上覆顶板活动、煤壁片帮、液压支架压力等均趋于稳定,压力值比等压前升高了 3～5MPa。等压结束后,综采工作面开始推进,采煤机割完一刀煤后,工作面支架压力普遍降低到正常压力 30MPa 左右,在工作面与空巷贯通过程中,顶板压力趋于正常,没有出现冒顶、压死支架等事故,等压效果良好。工作面等压前后支架压力变化如图 6-17 所示。

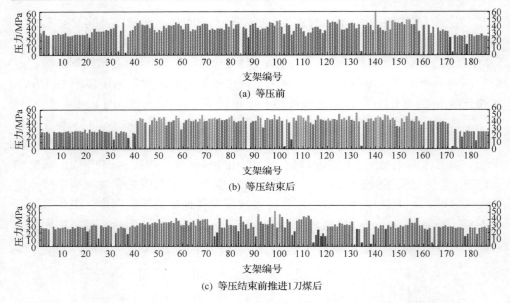

(a) 等压前

(b) 等压结束后

(c) 等压结束前推进1刀煤后

图 6-17　工作面等压前后支架压力变化柱状图（文后附彩图）

2. 泵送支柱技术应用效果

22311 工作面泵送支柱试验段为推进 0～400m 段，泵送支柱直径 800mm，高度 3.6～4m，试验段平行空巷 1 个、风桥 1 个、机头硐室 1 个、Y 形交叉口 6 个、T 形交叉口 3 个、斜交叉口 1 个，其中超高段采用圆台支柱（上底直径 0.8m，下底直径 1.2m）。通过监测顶底板收缩量和支柱压力评价支柱应用效果。

1) 顶底板收缩量测点

采用 GUD2000 矿用本安型无线位移传感器进行空巷顶底板收缩量监测，在 170 联巷、169 联巷和 168 联巷共布置 7 个测点，其中 170 联巷与 169 联巷各布置 2 个测点，如图 6-18 所示，顶底板收缩量监测系统如图 6-19 所示。

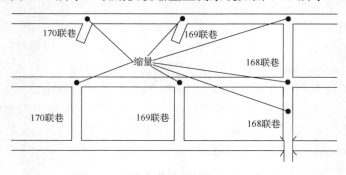

图 6-18　顶底板收缩量测点布置示意图

图 6-19　顶底板收缩量监测系统

2）支柱压力测点

采用液压枕进行泵送支柱受力监测，液压枕（直径×厚度：$\Phi 0.8m \times 0.02m$）布置 168 联巷、166 联巷和 165 联巷，共 3 个测点，如图 6-20 所示。

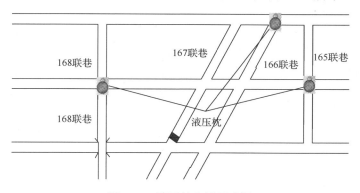

图 6-20　液压枕布置示意图

3）监测数据分析

①170 联巷与 169 联巷顶底板收缩量分析

22311 工作面推过 170 联巷与 169 联巷后，联巷各测点顶底板变形量变化情况如图 6-21 和表 6-4 所示。

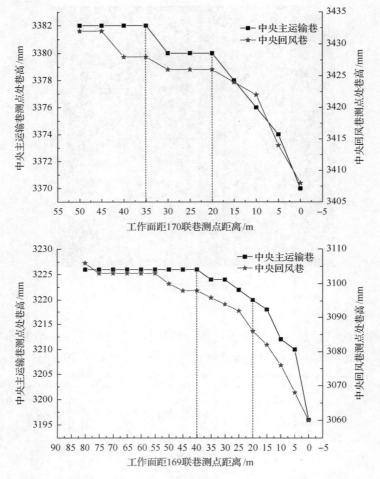

图 6-21　170 联巷与 169 联巷测点处巷高变化曲线

表 6-4　169 联巷与 170 联巷顶底板变形量数据

	170 联巷		169 联巷	
初始值/mm	3382（主运输巷）	3432（回风巷）	3226（主运输巷）	3106（回风巷）
终值/mm	3370	3408	3196	3060
顶底板变形量/mm	12	24	30	46

　　工作面过 170 联巷与 169 联巷时，空巷顶底板变形量 20～40mm，工作面扩面后，空巷顶底板变形量增大。距空巷 35m 时，工作面超前支承压力开始对空巷产生作用，顶底板开始出现缓慢变形；与空巷相距 20m 时，空巷顶底板变形速度加快。由于支柱具有大变形特性，顶底板变形压力被支柱吸收，以过 170 联巷为例，工作面推采过程中，支柱无破坏、倾倒现象，空巷顶板状态良好，如图 6-22 所示。

(a) 中央主运输巷　　　　　　　　　　(b) 中央回风巷

图 6-22　170 联巷空巷支柱及顶板状态

②168 联巷支柱压力及顶底板变形分析

工作面过 168 联巷过程中液压枕数据见表 6-5，压力曲线如图 6-23 所示。

表 6-5　测点压力液压枕数据

日期	距空巷距离/m	读数	差值	系数	相对应力/MPa
初始安装值	/	−73	/		/
12 月 4 日	48	−64	12		0.9
12 月 6 日	26	−64	9	10	0.9
12 月 8 日	18	−63	10		1.0
12 月 11 日早班	10	−61	12		1.2
12 月 11 日夜班	3	−58	15		1.5

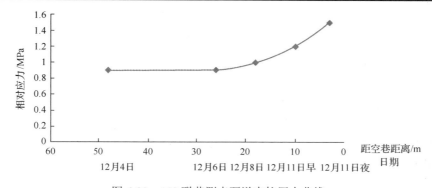

图 6-23　168 联巷测点泵送支柱压力曲线

工作面距空巷 26m 时支柱压力开始增大，距空巷约 18m 时支柱压力增加速度加快。当距离空巷 10m 时，支柱相对压力增加到 1.2MPa，168 联巷空巷巷帮局部出现"脱皮"现象，如图 6-24 所示，空巷距 168 联巷约 3m 时，测点支柱相对压力为 1.5MPa，168 联巷巷帮局部出现片帮。

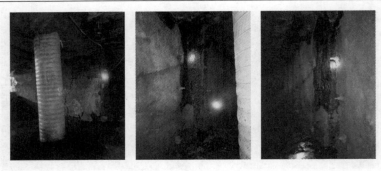

图 6-24　距离空巷 10m 时 168 联巷巷帮及泵送支柱状态

168 联巷 3 个测点顶底板变形量曲线及变化量如图 6-25 和表 6-6 所示。

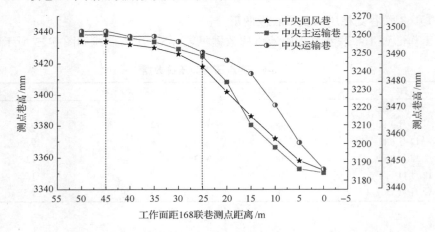

图 6-25　168 联巷测点处巷高变化曲线（文后附彩图）

表 6-6　168 联巷顶底板变形量数据

初始值/mm	3434（回风巷）	3260（主运输巷）	3500（辅巷）
终值/mm	3352	3184	3448
顶底板变形量/mm	82	76	52

由图表可知，工作面推进过程中，168 联巷回风空巷顶底板变形量约 80mm，靠近皮带巷附近顶底板变形约 50mm，满足安全生产要求，泵送支柱过空巷时控顶效果良好。

6.3　大采高工作面过沟谷顶板灾害防治技术

神东矿区地处陕蒙交界处的黄土高原，由于黄土堆积前的地形起伏和黄土堆积后的流水侵蚀作用，导致地表呈典型的沟谷地形，部分沟坡的峰谷落差达到

30～70m，在沟谷处松散层表土和部分基岩皆因冲蚀而缺失，如图 6-26 所示。

图 6-26　神东矿区沟谷地形

　　浅埋煤层开采过沟谷地形期间易发生切顶、动载矿压事故，表 6-7 为神东矿区部分矿井工作面过沟谷期间矿压显现统计。以哈拉沟煤矿 22404-2 工作面安全通过哈拉沟为背景，论述综采工作面过沟谷期间顶板灾害防治技术。

表 6-7　神东矿区部分矿井过沟谷矿压情况统计

矿井	工作面	沟深/m	是否发生动载矿压	矿压显现情况	备注
大柳塔矿活鸡兔井	21304	63	是	片帮达 1～2m，漏顶 1.5～2m；地表台阶下沉量最大 1m	上坡段
	21304	55	是	30～78 号支架台阶下沉，地表台阶下沉 1～2m	上坡段
	21305	71	是	40～130 号支架漏顶达 1.2m	上坡段
	21305	70	是	70～120 号支架立柱下缩 1m	上坡段
大柳塔井	52304	137	否	最大片帮 500～800mm，漏顶高度 0.5m 之内	
哈拉沟矿	22206	41	否	来压强度不强烈，片帮严重，对生产影响有限	提前疏放水、井下腰巷注浆、地面导流
补连塔矿	22303	36	否	60～97 号支架区域片帮 300～400mm	
石圪台矿	31201	31	是	发生压架	
三道沟矿	85201	103	否	来压强度不强烈，片帮严重，未出现影响生产现象	井下注浆、地面导流

6.3.1　哈拉沟煤矿地质开采条件

　　22404-2 工作面推进长度 2357.35m，工作面宽度 258.3m，平均煤厚 5.41m，设计采高 5.2m，倾角 1°～3°，煤层结构简单，属稳定型煤层。工作面从 53 联巷开始过沟至 50 联巷结束，总体呈俯采趋势。工作面在哈拉沟水源地下方，松散层厚度 25～40m，上覆基岩厚度 20～95m，含水层厚度 20～40m，工作面基岩厚度 23.8～41.0m，呈两边厚、中间薄的分布特征。沟谷情况如图 6-27 所示。

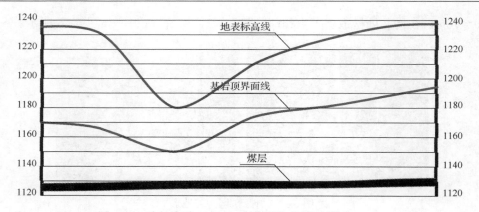

图 6-27　哈拉沟矿 22404-2 工作面沟谷情况（单位：m）

哈拉沟与 22404-2 工作面呈约 23º 夹角贯穿工作面，哈拉沟地表沟谷落差较大，下坡段落差为 18m，坡角为 14º，上坡段落差为 41m，坡角为 21º。分析平直段和沟底段覆岩柱状图得到，平直段基岩顶部 15m 厚的粉砂岩为主关键层，而沟谷段基岩顶部为 6m 厚的细砂岩，其上部主关键层已经被侵蚀，开采过程中易发生动载矿压。

6.3.2　工作面过沟谷顶板灾害防治技术

1）危险区域预测

根据实际开采地质条件，对 22404-2 工作面过沟期间可能发生动载矿压的危险区域进行预测，即图 6-28 中虚线框中区域。危险区域对应工作面上坡阶段，对应着坡角最大的区域（平均 20°），且主关键层被侵蚀。

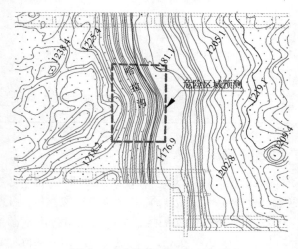

图 6-28　动载矿压危险区域预测

2）保障工作面工程质量

加强支架初撑力管理，确保支架初撑力满足要求，以提高液压支架对顶板的主动支撑能力，减小顶板下沉量。及时跟机移架，减小端面距和空顶距，防止顶板局部冒落。

3）控制工作面采高

工作面采高控制在 4.2m。若采高过小，难以保证来压期间采煤机顺利通过支架，可能导致压架事故；若采高过大，来压期间矿压显现剧烈，漏顶严重时，难以保证支架接顶良好。

4）加快工作面推进速度

加快工作面推进速度，使工作面快速推过危险区域，减小单位循环内顶板下沉量和压力作用时间。

6.3.3　防治效果

22404-2 工作面过沟谷下坡段开采期间，受客观条件影响，工作面推进速度较慢（5.66m/d），工作面来压强烈，立柱压力平均 46～47MPa，中部支架采高控制较低，来压时顶板下沉量大，采煤机通过困难。上坡段开采期间，通过提高工作面工程质量，采高控制在 4.2m 左右，且设备维护良好，工作面推进速度加快至10.3m/d，工作面顺利回采。

6.4　工作面坚硬顶板控制技术

神东公司在工作面初采期间或坚硬顶板条件下，容易发生动载矿压、压架、飓风等顶板灾害，主要采取深孔预裂爆破初采强制放顶技术、水力压裂初采强制放顶技术以及井下定向长钻孔顶板分段水力压裂技术进行坚硬顶板控制[132-141]。

6.4.1　深孔预裂爆破初采强制放顶技术

1. 工作面地质开采条件

活鸡兔井 1^{-2} 煤二盘区煤层结构简单，一般不含夹矸，厚度 9.63～10.04m，倾角 0～5°；由于煤层厚度较大，对该盘区煤层进行了分层开采设计，21204 综采面为其中的一个上分层开采工作面，设计采高 3.8m。工作面宽度 231.8m，走向推进长度 1285m。工作面对应地表平坦，大部为第四系风积沙覆盖，上覆松散层厚 1.9～9.7m，基岩厚度 62～72m，平均 67m，基岩顶部发育厚度不等的风化层；基岩以粉砂岩、细砂岩及粗砂岩等硬岩为主，部分粉砂岩为极坚硬钙质及硅质胶结。工作面覆岩柱状如图 6-29 所示，1^{-2} 煤顶板以砂岩赋存为主，岩性较硬。

层号	厚度/m	埋深/m	岩 性	柱 状
1	7.81	7.81	黄土	
2	3.86	11.67	细粒砂岩	
3	4.27	15.94	中粒砂岩	
4	2.15	18.09	粉砂岩	
5	1.30	19.39	粗粒砂岩	
6	4.03	23.42	细粒砂岩	
7	10.10	33.52	中粒砂岩	
8	8.52	42.04	粗粒砂岩	
9	5.41	47.45	中粒砂岩	
10	3.75	51.20	粗粒砂岩	
11	1.96	53.16	粉砂岩	
12	1.27	54.43	1^{-1}煤	
13	2.30	56.73	中粒砂岩	
14	2.65	59.38	粉砂岩	
15	0.65	60.03	中粒砂岩	
16	6.22	66.25	粉砂岩	
17	9.97	76.22	1^{-2}煤	

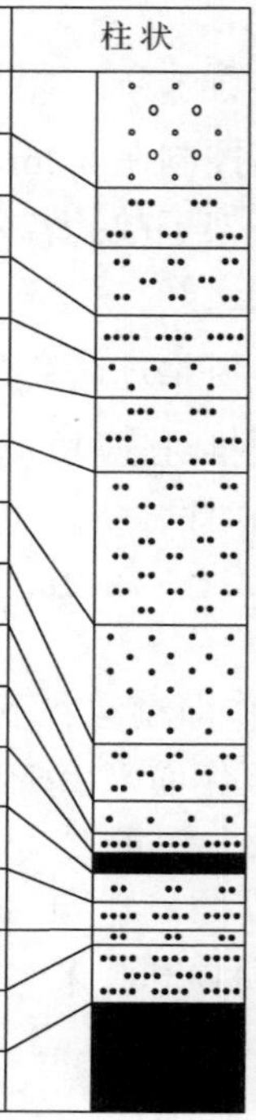

图 6-29　21204 工作面覆岩柱状图

2. 爆破方案设计

1)炮眼布置

爆破炮眼设计时，将顶板爆破的最大垂深设计为 25m，炮眼仰角 30°，采用长短炮眼搭配分组"一"字形的布置方式，并对端部进行双向"八"字形的掏槽眼布置，如图 6-30 所示。炮眼中心线距切眼高度中心线 1m，如图 6-30(c)所示。每个分组内设 3 个炮眼，中部 3 组炮眼长度分别为 50m、40m、30m；两端炮眼长度分别为 30m、24m、16m，共计 9 组 27 个炮眼，炮眼间距 8m，成孔直径 90mm，各炮眼的布置参数见表 6-8。炮眼采用 MYZ-150 型全液压坑道钻机施工，钻头采用 Φ85mm 合金钢钻头，成孔直径为 90mm。

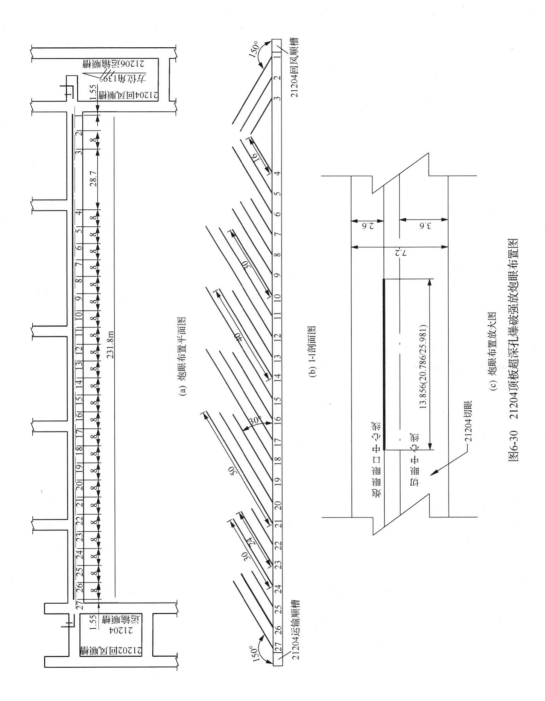

图6-30　21204顶板超深孔爆破强强放炮眼布置图

表 6-8　　爆破技术参数表

炮眼编号	炮眼垂深/m	炮眼水平投影长度/m	炮眼长度/m	炮眼仰角/(°)	装药量/kg	封泥长度/m	导爆索长度/m	炮眼雷管数/个
3/4/7/22/25 号	8	13.856	16	30	38.4	6.4	30	2
2/5/8/23/26 号	12	20.786	24	30	57.6	9.6	42	2
1/6/9/10/13/16/19/24/27 号	15	25.981	30	30	72.0	12.0	50	2
11/14/17/20 号	20	34.641	40	30	96.0	16.0	64	2
12/15/18/21 号	25	43.301	50	30	120.0	20.0	78	2
合计	—	—	830		1992	332	1378	54

2) 装药工艺

顶板强放炮眼的装药工艺是直接关系到强放效果的重要方面，也是超深孔爆破强放技术创新的关键。由于炮眼的长度较长，采用传统的整卷炸药直接装孔工艺已无法满足装药的要求，为此，采用 PVC 管为装药载体，大大提高了炮眼的装药量，可装药的炮眼深度也相应增加。具体装药工艺如图 6-31 所示。

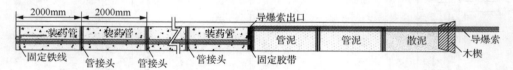

图 6-31　强放炮眼的 PVC 管装药示意图

(1) 首先将 Φ75mm 的 PVC 管截成 2m 长，并在管子的一头用 PVC 胶粘上管接头。

(2) 将每孔装药所需的所有 PVC 管摆成一排，然后向 PVC 管内穿导爆索，并将导爆索外露长度预留充足；为了提高引爆的可靠性，孔内装入的导爆索需 2～3 根。同时为防止装药过程中导爆索滑落，在每组装药管的两头和中间对导爆索采取固定措施。固定方法是在以上三处位置的 PVC 管接头处管壁上钻眼并穿上 16# 铁丝固定。

(3) 将已穿好导爆索的每组管子顺序折叠并捆扎，然后将每组管子的一头所有管口用封口纸卷堵塞。

(4) 将每组已装好导爆索并已捆好的 PVC 管竖立，把有封口纸卷堵住的一头朝下，然后站在工作平台上向管内装药，装药系数为 0.6，采用乳化炸药，药包规格为 Φ70×500mm；剩余部分采用黄泥装填，装填完毕后再用封口纸卷堵住管子的另一头。

(5)炮泥管制作：在长 1～2m 的 PVC 管内装入黄泥，装满装实，然后在每根管子的一头套上内壁粘有 PVC 胶的管接头，PVC 管炮泥的数量根据炮眼总量制作足够并有一定富余。

(6)待工作面推进 6m 左右后，将已制作好的炮泥管和炸药管用工程车运入井下放炮地点，然后人工依次将其一节一节地按顺序对接装入炮眼内，最后进行封孔。

该项装药工艺也对传统的封口技术进行了改进，传统方法是用炮泥直接封口，而大柳塔矿在 21204 综采面强制放顶中则是采用炮泥外加一刻有小槽的木楔进行封口，如图 6-32 所示。其中，封口木楔的长度为 500mm，大头一端直径 100mm，小头一端直径 70mm；表面加工的小槽则是用于引导导爆索，小槽断面 25mm×25mm。采用此封口技术大大提高了炮眼的封口质量，保证了顶板强制放顶的效果。

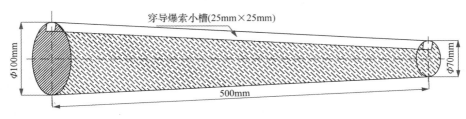

图 6-32　强放炮眼封口木楔示意图

3)炮眼连线与引爆

雷管采用煤矿许用毫秒延期电雷管，连线方式为并联，起爆方式采用延期雷管导爆索起爆，起爆器型号为 QL2000 型。采用双雷管、双导爆索引爆，其中一根导爆索延伸至炮眼底部，另一根导爆索与炮眼外侧第一个药包连接，每一根导爆索均采用雷管起爆，两个雷管在孔口采用并联连接，并用木塞固定，放炮母线必须绝缘良好，采用串并联回路，与雷管的连接处必须符合要求并用绝缘胶布裹好，放炮母线悬空吊挂。在工作面推进 6m 时停产进行装药连线，待回风系统撤完人员并设好警戒后实施引爆。

3. 实施效果

大柳塔矿活鸡兔井 21204 综采面初采强制放顶总装药量达 2t，爆破岩石体积达 3.8 万 m³，爆破后采空区充填严实，初次来压时矿压显现明显缓和，没有发生切顶压架现象，顶板爆破效果良好。

6.4.2　水力压裂初次放顶技术

定向水力压裂是利用特殊的开槽钻头在普通顶板钻孔中形成预制横向切槽，然后对横向切槽段封孔，注入高压水，利用高压水在切缝端部产生的集中拉应力使裂隙在顶板岩层中扩展，从而将完整而坚硬的顶板岩层分割成多层，由整层的一次性垮落转化为分层逐步垮落，保证回采安全。定向水力压裂作为一项经济有效的坚硬、难垮顶板控制技术，在神东矿区广泛应用，取得了良好的应用效果。以锦界煤矿 31405 工作面为例论述初采水力压裂放顶技术。

1. 工作面地质开采条件

锦界煤矿 31405 工作面位于四盘区 3^{-1} 煤辅运大巷东侧，呈北偏东 71.5°方位布置，北邻已经形成的 31406 工作面，南为正在回采的 31404 工作面，东邻凉水井煤矿，西为 31 煤辅运大巷。工作面宽度 266m，煤层厚度稳定，平均厚 3.23m。煤层倾向北西，倾角 1°，整体呈宽缓的单斜构造，局部出现波状起伏。巷道底板最高处位于切眼 1 联巷附近（1165.41m），最低处位于回撤通道附近 31405 回风顺槽（1099.41m），总体东高西低，南高北低。工作面总体构造简单。切眼基岩总厚度 25m 左右，其中正常基岩厚度 15.5m，属于薄基岩地段。煤层伪顶是厚度 0.5m 的泥岩，含水平层理；直接顶为厚度 5.45m 的粉砂岩，含小型交错层理，裂隙发育，压裂过程中尽量避免压裂给顶板管理带来困难；基本顶为厚度 9.89m 的中砂岩或粉细砂岩，块状层理。工作面风化基岩厚度 9.63～50m，切眼附近最薄为 9.63m，基岩厚度约 15.5～60m，切眼处最薄约 15.5m。

在 31405 工作面两端头及切眼中部进行顶板岩层结构窥视，窥视范围为顶板 12m 范围，顶板岩层岩性为粉细砂岩，致密完整，含层理，夹层较薄，压裂时该岩层有利于水力裂缝大范围扩展。其中一个钻孔的窥视结果如图 6-33 所示。

2. 定向水力压裂技术

水力压裂技术采用的设备主要包括：KZ54 型预制横向切槽钻头、跨式膨胀型封隔器、高压注水压裂设备、矿用电子钻孔窥视仪、手动泵、储能器及水压监测仪器。

1）预制横向切槽钻头

根据坚硬顶板岩层特性，采用 KZ54 型切槽钻头在岩层坚硬段预制横向切槽，钻头结构如图 6-34 所示。

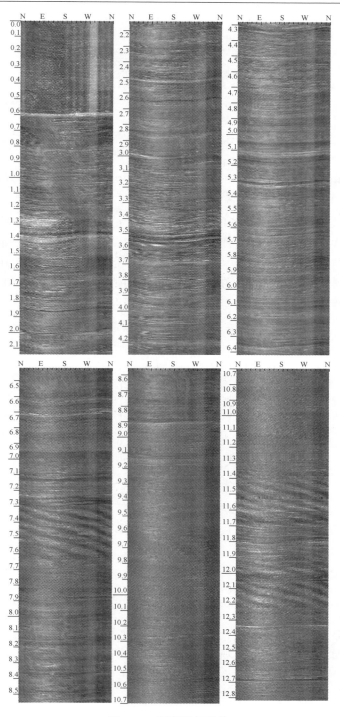

图 6-33　顶板岩层柱状

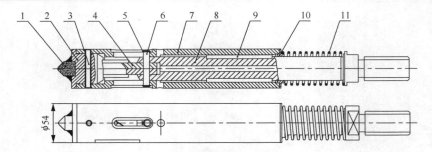

图 6-34　KZ54 型切槽钻头

1. 钻头顶尖；2. 钻头顶尖座；3. 弹性圆柱销；4. 切刀组；5. 轴用弹性挡圈；
6. 销轴；7. 外套；8. 主轴；9. 平键；10. 弹簧座；11. 压缩弹簧

KZ54 型切槽钻头外径为 54mm，钻孔直径为 56mm，小于传统水力压裂及深孔预裂爆破钻孔直径，从而提升了在坚硬岩层中钻孔的速度。采用 KZ54 型切槽钻头预制的横向切槽形状如图 6-35 所示。具体指标如下：①水力压裂钻孔直径 56mm，切槽半径约为钻孔半径的 2 倍；②能够在单轴抗压强度为 50～150MPa 的坚硬岩石中形成横向切槽；③切槽尖端能够形成有效拉应力集中。

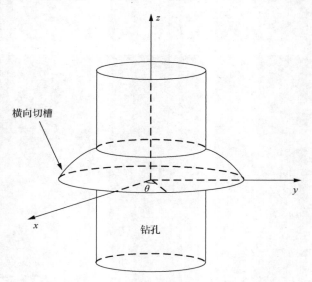

图 6-35　横向切槽形状示意图

利用 CXK6 智能型钻孔窥视仪对切槽位置进行定位，使其位于坚硬稳定岩层段，预制切槽后进行开槽效果观察。仪器实物如图 6-36 所示。

图 6-36　CXK6 智能型钻孔窥视仪

2) 跨式膨胀型封隔器

跨式膨胀型封隔器能够保持较高的压力,并且能够选择钻孔目的段(如岩层坚硬段)进行封孔,可实现在同一钻孔中进行分段逐次压裂,从而达到弱化顶板岩层的目的。

跨式膨胀型封隔系统主要由以下几部分组成:①跨式膨胀型封隔器;②蓄存压裂介质水和油的储能器;③高压手动泵站;④快速连接的高压供水管路。

根据井下试验条件及试验要求,以水为膨胀介质,采用纤维加强的橡胶材料为弹性膜的跨式膨胀型封隔器进行压裂段封孔,如图 6-37 所示。

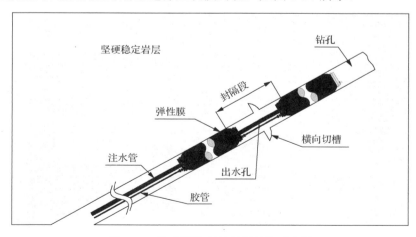

图 6-37　跨式膨胀型封隔器封孔示意图

3) 高压注水压裂设备

压裂使用三柱塞型高压水泵，如图 6-38 所示，具体参数见表 6-9。

图 6-38　三柱塞型高压水泵

表 6-9　三柱塞型高压水泵参数

序号	产品名称	规格型号	单位	数量
1	三柱塞泵	3ZSB80/62-90	台	1
2	安全阀	JCSF1500	台	1
3	调压阀	JCTF1500	台	1
4	压力表	0～80MPa	台	1
5	电机	90kW　660/1140V　50Hz	台	1
6	固定式底盘	载重汽车轮胎直径 600mm	套	1
7	随机工具		套	1
8	高压胶管	66MPa	米	300

4) 定向水力压裂工艺

利用 KZ54 型切槽钻头在压裂孔坚硬段预制横向切槽 (图 6-39 (a))，退出钻杆，利用智能钻孔电视成像仪观察开槽效果。利用注水管将跨式膨胀型封隔器推入

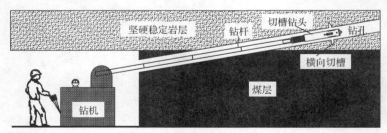

(a) 预制横向切槽

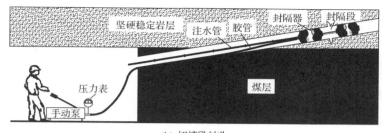

(b) 切槽段封孔

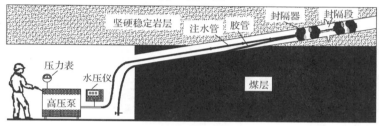

(c) 注水压裂

图 6-39　水力压裂弱化顶板岩层工艺流程

钻孔切槽处,连接手动泵和胶管,对封隔器加压,从而达到对横向切槽段封孔的目的(图 6-39(b))。连接高压注水泵、水压仪和注水管,对封隔段进行注水压裂。压裂过程中,利用水压仪监测泵压的变化(图 6-39(c))。

3. 水力压裂方案

1) 切眼水力压裂钻孔布置

工作面切眼水力压裂钻孔布置如图 6-40 所示。根据钻孔位置的不同,钻孔布置为:在切眼布置压裂钻孔 L($L_1 \sim L_{11}$,共 11 个)和压裂钻孔 S($S_1 \sim S_{13}$,共 13 个),钻孔垂直煤壁布置,见图 6-40(a);顺槽布置压裂钻孔 S($S_{14} \sim S_{17}$,共 4 个),与煤壁夹角 45°,布置见图 6-40(a);在顺槽端头煤柱上方分别布置 1 个 B 孔,与巷道轴向夹角 10°,布置见图 6-40(a)。钻孔进尺总计:425m(17 个 S 孔)+374m(11 个 L 孔)+60m(2 个 B 孔)=859m。

钻孔参数为:

(1)压裂钻孔-S,钻孔长度 25m,倾角为 40°,见图 6-40(b);

(2)压裂钻孔-L,钻孔长度 34m,倾角为 15°,见图 6-40(c);

(3)压裂钻孔-B,钻孔长度 30m,倾角为 30°,见图 6-40(d)。

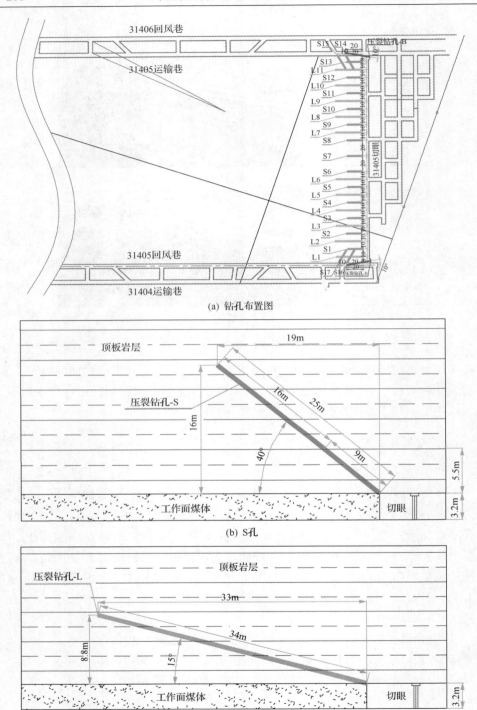

(a) 钻孔布置图

(b) S孔

(c) L孔

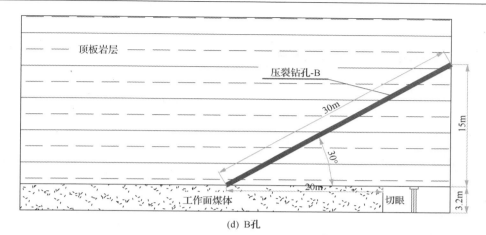

(d) B孔

图 6-40　水力压裂钻孔参数

2) 钻孔注水压裂

连接安装封孔器，然后接静压水对封孔器进行封孔，高压泵进水口接静压水，出水口连接高压胶管，高压胶管的另一端连接注水钢管，连接无误后给高压水泵先通水再通电，实施注水压裂。

4. 应用效果

锦界煤矿 31405 切眼水力压裂初次放顶施工自 2015 年 6 月 12 日四点班开始，至 2015 年 6 月 27 日四点班结束，工期共 15 天，共施工长孔(L 孔)11 个，短孔(S 孔)17 个，B 孔 2 个；钻孔共计 859m，压裂次数共计 261 次。31405 切眼压裂施工自 6 月 16 日开始至 6 月 27 日结束，压裂次数共计 261 次。部分钻孔压裂压力如图 6-41 所示。压裂压力最大约 23MPa，最小约 8MPa，平均保持在约 15MPa。

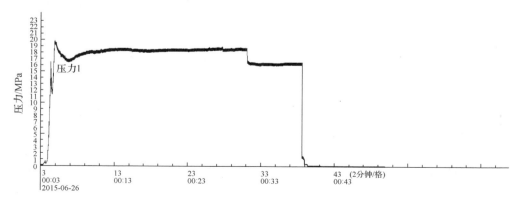

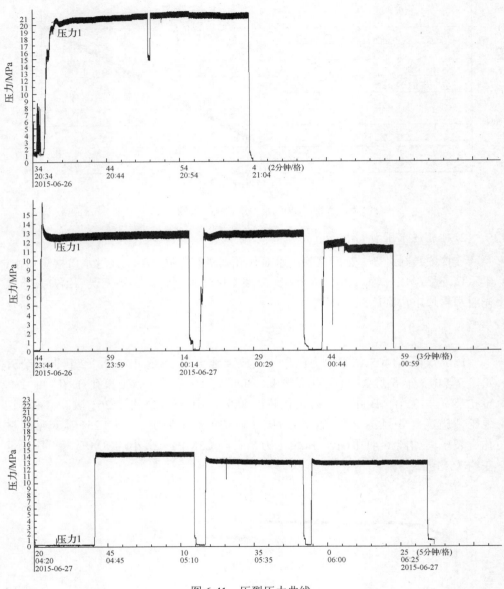

图 6-41　压裂压力曲线

　　31405 工作面于 2015 年 7 月 24 日开始试采,7 月 26 日工作面推进约 10m 时,直接顶首先从工作面中部开始垮落,随后缓慢向两侧扩展,垮落特点为分层分次逐步垮落,未形成冲击,未对工作面产生影响,直接顶垮落效果如图 6-42 所示。

7 月 28 日工作面推进至 40m 时基本顶初次来压,支架工作阻力缓慢升高,基本顶来压未对工作面产生冲击和影响。因此,采用水力压裂弱化工作面顶板岩层后,随着工作面回采,顶板能够及时、分层分次逐步垮落,垮落效果良好,显著降低了工作面初次来压强度。

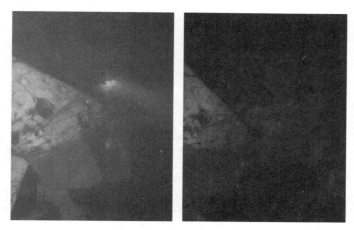

图 6-42　直接顶垮落效果

6.4.3　井下定向长钻孔顶板分段水力压裂技术

1. 工作面地质开采条件

布尔台煤矿井田位于华北地层区鄂尔多斯分区东胜煤田的南部,主采煤层为侏罗系延安组 4^{-2} 煤。煤层厚度 3.8～7.32m,平均 6.05m,煤层倾角 3°～9°。矿井正在进行 42107 工作面回采,现已回采长度 915m,工作面布置情况如图 6-43 所示。

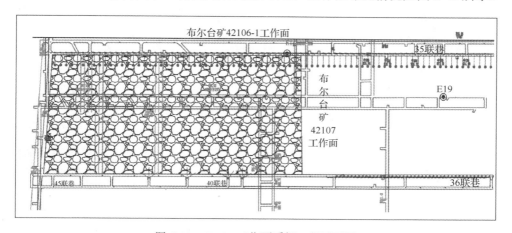

图 6-43　42107 工作面采掘工程平面图

4^{-2}煤层顶板坚硬岩层发育，基本顶为 6～39m 的细砂岩，强度高、节理裂隙不发育、厚度大、整体性强。岩层综合柱状图如图 6-44 所示。由于顶板无法及时垮落，造成悬顶面积过大，工作面矿压显现强烈，巷道煤帮变形和底鼓较大，超前支架拉架和工作面推溜、拉架困难，严重制约矿井安全高效生产。

柱状	煤层	累深/m	层厚/m	岩石名称及岩性描述
		337.7	$\dfrac{8\sim18}{11}$	砂质泥岩：灰色，水平层理及波状层理，断口平坦，含植物化石碎片及煤屑，半坚硬
		356.7	$\dfrac{6\sim39}{19}$	细粒砂岩：灰白色，厚层状，成分以石英为主，长石次之，含云母积暗色矿物，半坚硬，粉砂填隙，分选中等，细粒砂状结构，均匀层理
		370.7	$\dfrac{2\sim29}{14}$	砂质泥岩：灰色，厚层状，半坚硬，泥质结构，参差状断口，含不完整植物化石
	31	374.6	$\dfrac{3.8\sim4.06}{3.90}$	煤：黑色，条带状结构，参差状断口，暗煤为主，半暗型煤
		385.6	$\dfrac{1\sim21}{11}$	砂质泥岩：灰色，泥质结构，水平纹理，断口平坦，含粉砂质，硬度中，含植物化石，与煤层过渡接触
	42	391.96	$\dfrac{4.65\sim7.3}{6.36}$	煤：黑色，条带状结构，参差状断口，暗煤为主，半暗型煤
		394.96	$\dfrac{1\sim5}{3}$	砂质泥岩：灰色，泥质结构，层状构造，水纹层理，断口平坦，含粉砂质及植物化石，硬度中

图 6-44　42107 工作面综合柱状图

2. 定向长钻孔分段水力压裂技术

采用顶板定向长钻孔分段水力压裂强制放顶技术预裂 4^{-2} 煤层厚硬顶板。

1) 水力压裂工艺

井下定向长钻孔水力压裂方式分两种：不动管柱顶板分段水力压裂和双封单卡拖动管柱分段水力压裂。

(1) 不动管柱顶板分段水力压裂工艺。完成定向长钻孔施工后，压裂工具串送入指定位置，注入高压水流，实现各个封隔器的一次性坐封；封隔器实现完全坐封，继续增压，压差滑套打开，实现压裂段的压裂施工；投球，球与滑套圆锥面的密封作用，隔离前一段，实现第二段压裂，如此循环。

利用钻机上提管柱，封隔器保持原位坐封，钻机起拔力增大，解封销钉剪断，上、下中心管脱离，实现封隔器"逐级解封"。

压裂工具输送包括引鞋、单流阀、压差滑套、封隔器投球滑套、低密度球、高压油管、投球器等。不动管柱顶板分段水力压裂工艺及设备如图 6-45 所示。

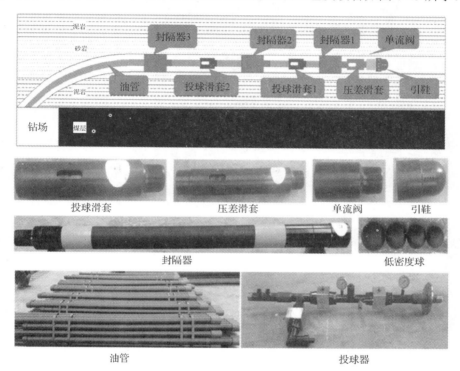

图 6-45　不动管柱顶板分段水力压裂工艺及设备

(2) 双封单卡拖动管柱分段水力压裂工艺。完成定向长钻孔施工后，压裂工具串送入指定位置，通过双封隔器单卡压裂层位段，通过高压注水促使工具内压裂液与封隔器压力的平衡传递，保证"即压即封、卸压解封"；封隔器实现完全坐封，继续增压，限流器打开，实现压裂段的压裂施工。

拖动管柱至第二段压裂位置，封隔器坐封，注水压裂，如此循环。

压裂工具输送包括引鞋、单流阀、限流器、高压油管、封隔器、丢手、反洗装置等。双封单卡拖动管柱分段水力压裂工艺及设备如图 6-46 所示。

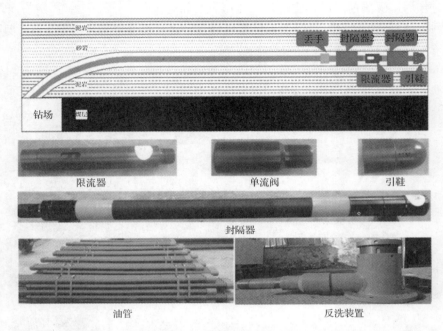

图 6-46　双封单卡拖动管柱分段水力压裂工艺及设备

2) 压裂方案设计

设计压裂的层位为基本顶粉砂岩,设计孔径:Φ 120mm,钻孔长度 360~500m,设计工艺:2 类 4 孔,不动管柱和双封单卡多点拖动式顶板分段压裂。压裂参数设计见表 6-10,41207 工作面压裂钻孔布置如图 6-47 所示。

表 6-10　定向长钻孔压裂钻孔参数

钻孔编号	倾角/(°)	孔径/mm	孔深/m	水平长/m	水平段岩性
SF1	8	120	410	160	粉砂
SF2	10	120	393	163	粉砂
SF3	10	120	432	182	粉砂
SF4	10	120	486	236	粉砂

3) 压裂设备

BZW200/56 泵组由压裂泵、水箱、高压管路、远程操作、远程视频监控、孔口保压装置等组成,泵组额定压力达 56MPa,单泵流量 12m³/h,采用"双泵并联"压裂方式,高压管路为德系 DN19 型高压胶管,耐压 63MPa。

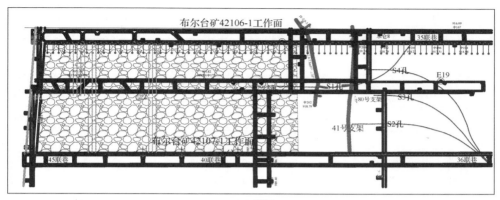

(a) 平面

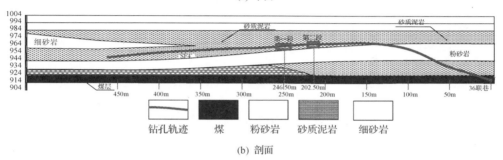

(b) 剖面

图 6-47　42107 工作面压裂钻孔布置图

3. 应用效果

本次共压裂了 4 个长钻孔, 其中, SF1 钻孔采用了不动管柱分段水力压裂技术, SF2 钻孔、SF3 钻孔、SF4 钻孔采用多点拖动式分段水力压裂技术。压裂效果如下:

1) SF1 钻孔压裂效果

SF1 钻孔施工 8 天, 实际施工钻孔长度 408m, 水平段长 160m。具体压裂参数见表 6-11, SF1 钻孔不动管柱分段水力压裂如图 6-48 所示。

表 6-11　SF1 钻孔不动管柱顶板分段水力压裂参数

压裂段	压裂段位置 /m	压裂段长度 /m	累计压裂长度 /m	滑套打开压力 /MPa	最大压力 /MPa	稳定压力 /MPa	压裂时间 /min	注水量 /m³
第 1 段	408～350	58	58	20	12.2	8.0	33	11.75
第 2 段	350～330	20	78	16.3	9.6	7.7	54	21.30

续表

压裂段	压裂段位置 /m	压裂段长度 /m	累计压裂长度 /m	滑套打开压力 /MPa	最大压力 /MPa	稳定压力 /MPa	压裂时间 /min	注水量 /m³
第3段	330～300	30	108	17	9.2	7.1	27	11.38
第4段	300～260	40	148	20	9.2	7.8	27	10.76
第5段	260～210	50	198	12.2	11.0	8.8	75	30.06
合计							216	85.25

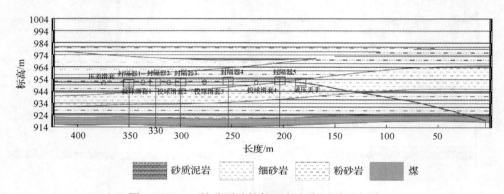

图 6-48　SF1 钻孔不动管柱分段水力压裂示意图

SF1 钻孔井下水力注水压裂共进行 5 段压裂，总计开泵注水时间 216min，累计共注水 85.25m³，注入最大压力为 14.20MPa，泵注排量 24.0m³/h。

SF1 钻孔对应工作面 90 号支架，根据进入压裂段前后支架压力数据分析，如图 6-49 所示，工作面回采至 SF1 不动管柱分段压裂钻孔前 1 个多月，支架压力最

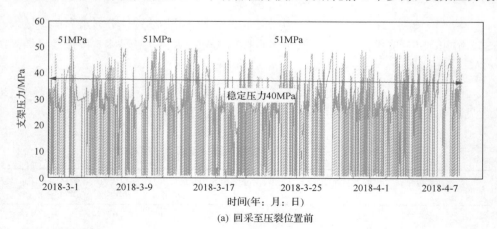

(a) 回采至压裂位置前

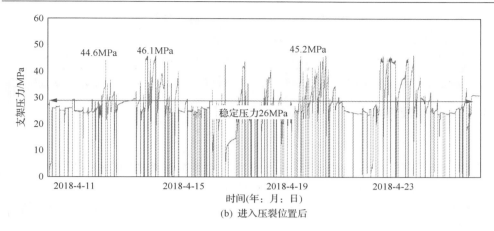

(b) 进入压裂位置后

图 6-49　压裂前后支架压力变化曲线

高 51MPa，稳定压力 40MPa，来压强度高，出现压架。进入压裂钻孔段后，支架压力最高 46.1MPa，稳定压力为 26～30MPa，有效缓解了顶板来压强度。

2）SF2 钻孔压裂效果

SF2 钻孔施工 7 天，实际施工钻孔长度 393m，水平段长 180m。具体压裂参数见表 6-12，SF2 钻孔多点拖动式顶板分段水力压裂如图 6-50 所示。

表 6-12　SF2 钻孔多点拖动式顶板分段水力压裂参数

压裂段	压裂段位置/m	段长/m	单次拖动/m	最大压力/MPa	最小压力/MPa	明显降压次数	加压时间/min	注水量/m³
第 1 段	364～354.6	6.4	0	23.6	14.7	3	100	39
第 2 段	346～336.6	6.4	18	22.1	15.7	2	90	36
第 3 段	328～318.6	6.4	18	25.7	16.0	2	105	40
第 4 段	310～300.6	6.4	18	21.9	11.1	3	142	57
第 5 段	292～282.6	6.4	18	19.2	9.3	4	117	44
第 6 段	268～258.6	6.4	24	18.8	12.7	2	142	56
第 7 段	229～219.6	6.4	39	19.6	13.0	2	90	30
第 8 段	190～180.6	6.4	39	17.0	9.80	15	132	52
第 9 段	151～141.6	6.4	39	21.3	12.4	7	150	60
	合计					40	1068	414

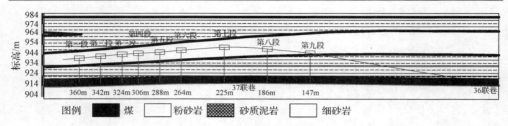

图 6-50 SF2 钻孔多点拖动式分段水力压裂示意图(文后附彩图)

SF2 钻孔井下水力注水压裂共完成 9 段水力压裂施工,单个压裂段长度 6.4m,持续注水压裂 1068min,累计注水量 414.0m³,最高压力 25.7MPa,最低压力 9.3MPa,累计出现 2.8MPa 以上压力降 40 余次,压裂效果明显,SF2 孔第 8 段水力压裂压力变化曲线如图 6-51 所示。

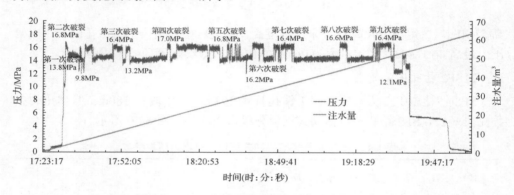

图 6-51 SF2 孔第 8 段水力压裂压力变化曲线

3)SF3 钻孔压裂效果

SF3 钻孔施工 6 天,实际施工钻孔长度 378m,水平段长 158m。具体压裂参数见表 6-13,SF3 钻孔多点拖动式顶板分段水力压裂如图 6-52 所示。

表 6-13 SF3 钻孔多点拖动式顶板分段水力压裂参数

压裂段	压裂段位置/m	段长/m	单次拖动长/m	累计拖动长/m	最大压力/MPa	最小压力/MPa	稳定压力/MPa	加压时间/min	注水量/m³
第 1 段	358.5~354	4.5	第一段不拖动		22.7	12.1	18.0	63	24.06
第 2 段	328.5~324	4.5	30	30	25.8	11.9	16.0	64	25.6
第 3 段	298.6~294	4.5	30	60	21.6	12.9	15.0	72	27.04
第 4 段	262.5~258	4.5	36	96	20.0	9.9	13.0	63	25.20
第 5 段	226.5~222	4.5	36	132	24.0	14.0	16.0	87	34.8
合计								349	136.7

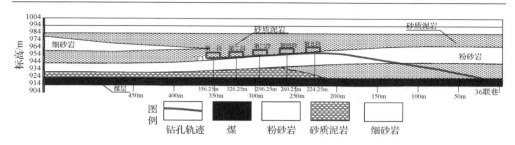

图 6-52　SF3 钻孔多点拖动式分段水力压裂示意图

SF3 钻孔井下水力注水压裂共完成 5 段压裂施工，单个压裂段长度 4.5m，持续注水压裂 349min，累计注水量 136.7m³，最高压力 25.8MPa，最低压力 9.9MPa，累计出现 2.8MPa 以上压力降 12 次，压裂效果明显。

4）SF4 钻孔钻孔压裂效果

SF4 钻孔施工 8 天，实际施工钻孔长度 468m，水平段长 218m。具体压裂参数见表 6-14，SF4 钻孔多点拖动式顶板分段水力压裂如图 6-53 所示。

表 6-14　SF4 钻孔多点拖动式顶板分段水力压裂参数

压裂段	压裂段位置/m	段长/m	单次拖动长/m	累计拖动长/m	最大压力/MPa	最小压力/MPa	稳定压力/MPa	明显降压次数	加压时间/min	注水量/m³
第 1 段	252.5～240.5	12	第一段不拖动		20.8	10.4	13	4	88	30
第 2 段	210.5～198.5	12	42	42	22.3	13.9	16.1	4	57	23.5
第 3 段	174.3～167.9	6.4	36	78	25.6	16.7	18.4	7	77	29
合计								15	222	82.5

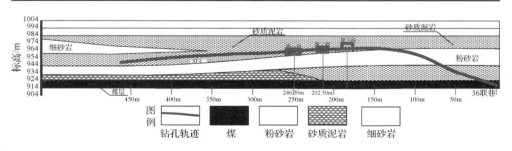

图 6-53　SF4 钻孔多点拖动式分段水力压裂示意图

SF4 钻孔井下水力注水压裂共完成 3 段压裂施工，持续注水压裂 222min，累计注水量 82.5m³，最高压力 25.6MPa，最低压力 10.4MPa，累计出现 2.8MPa 以上压力降 15 次，压裂效果明显，SF4 孔第 3 段水力压裂压力变化曲线如图 6-54 所示。

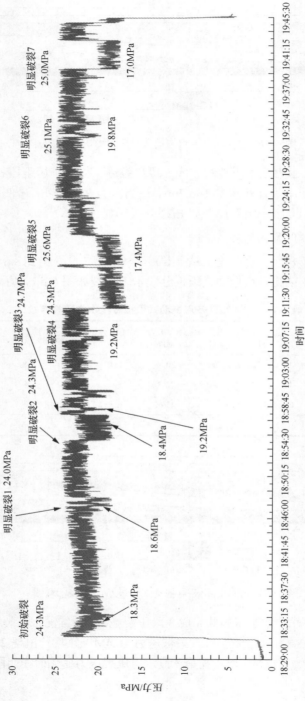

图 6-54 SF4孔第3段水力压裂压力变化曲线

6.5　浅埋大采高工作面柔模混凝土沿空留巷技术

沿空留巷技术能明显提高煤炭资源采出率，增加矿井服务年限，减少巷道掘进量，节约掘进费用，缓解接续紧张[142]。柔模混凝土沿空留巷适应性广，承载力高，安全性好，能够形成足够的切顶强度，因此，柔模混凝土沿空留巷技术在煤矿得到了较为广泛的应用。但是常规的沿空留巷工艺受留巷速度的制约（一般不超过 6m/d），难以满足工作面高产高效的要求。上湾煤矿从 2015 年 1 月至 2017 年 2 月，先后在 12 上 307、12 上 308 及 12 上 309 共 3 个工作面应用柔模混凝土沿空留巷技术，通过对沿空留巷工艺、设备、支护参数等进行优化，使面长 300.1m、采高 3.8m 的综采工作面最高推进速度达到 15m/d，形成了厚煤层柔模快速沿空留巷技术体系[143-146]，实现了工作面安全、高效、绿色回采。

以神东公司上湾煤矿 $1^{-2\,上}$ 煤层综采工作面为例介绍浅埋工作面柔模混凝土沿空留巷控顶技术。

6.5.1　工作面地质开采条件

上湾煤矿采用沿空留巷工艺的 3 个综采工作面位于 $1^{-2\,上}$ 煤层，该煤层为近水平煤层，煤层厚度 3.6～4.1m，平均 3.8m，埋深 200～270m，工作面宽度 300.1m。煤层直接顶为砂质泥岩，厚 0.8～6.0m；基本顶为粗粒砂岩，厚 1.3～8.6m；直接底为粉砂岩，厚 0.3～3.5m。工作面胶运顺槽留巷前巷道宽×高为 5.4m×3.6m（净高），留巷后巷道宽×高为 3.5m×3.6m。工作面采用 Y 形通风方式，注模材料通过备用工作面巷道运送，工作面运煤、通风及注模材料运送路线如图 6-55 所示。

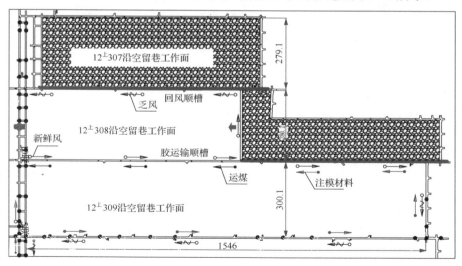

图 6-55　上湾煤矿沿空留巷工作面布置及运输、通风线路图

6.5.2　柔模混凝土沿空留巷技术与工艺

上湾煤矿柔模混凝土快速沿空留巷采用柔模混凝土墙作为巷旁支护，与原胶运顺槽副帮和顶板一起构成新的备用巷道。沿空留巷技术主要由沿空留巷支护技术和注浆工艺两部分组成。

1. 浅埋沿空留巷支护技术

1）采空区侧支护技术

采空区侧顶板采用 ZRL79200/25/40D 型挡矸支架进行支护，支架长度 16.5m，工作阻力 39600kN，如图 6-56 所示支架分为左右两组，通过油缸连接，互为支撑，迈步前移。端头支架为 5 部四柱支撑式液压支架，工作阻力 18000kN。端头支架与挡矸支架互相配合，及时支护工作面沿空留巷区域顶板，保证留巷区域人员留巷作业的安全。

图 6-56　挡矸支架

2）留巷区巷道支护技术

留巷区巷道支护主要是为了维护留巷巷道顶板的完整性，通过巷旁支护、巷道支护、煤帮支护共同作用，保证工作面在推进过程中所留巷道的变形量控制在允许范围内。留巷区巷道支护如图 6-57 所示。

（1）巷旁支护。巷旁支护采用柔模混凝土，考虑到施工误差以及柔模的接顶富余量，确定柔模长×厚×高=3m×1.2m×3.7m。每个柔模的顶端（翼缘）及中部穿有圆钢作为支撑，挂模时用单体顶端卡爪将柔模翼缘固定在顶板指定位置；柔模中部穿有圆钢肋筋，防止注模时爆模。在柔模周边单体和柔模肋筋共同作用下，保证柔模接顶严实，成型标准。每个柔模使用 8 根螺纹钢锚栓，增加混凝土墙抗压强度。柔模尺寸及现场注模效果如图 6-58 所示。

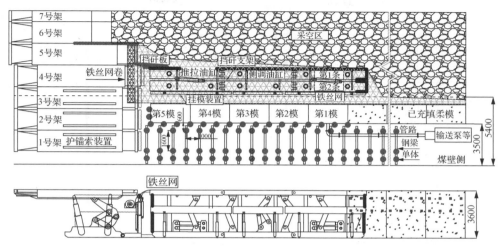

图 6-57　留巷区巷道支护平剖面图

图 6-58　柔模尺寸及挂设效果(单位：mm)

（2）留巷巷道支护。在沿空留巷过程中，工作面端头架后三角区及滞后段受到强烈采动影响，为防止回采过程中矿压对预留巷道的破坏，留巷巷道采用"一梁三柱"方式进行支护。采用 DW3.8 型外注式单体液压支柱配金属钢梁，排距 1000mm；每排单体间距从副帮到采空侧分别为 500mm、600mm、1600mm、600mm，如图 6-59 所示。混凝土墙初凝(约 48h)后，将挂模单体重新打在附近单体的钢梁上，与原单体间距为 300mm，形成"一梁四柱"支护形式。

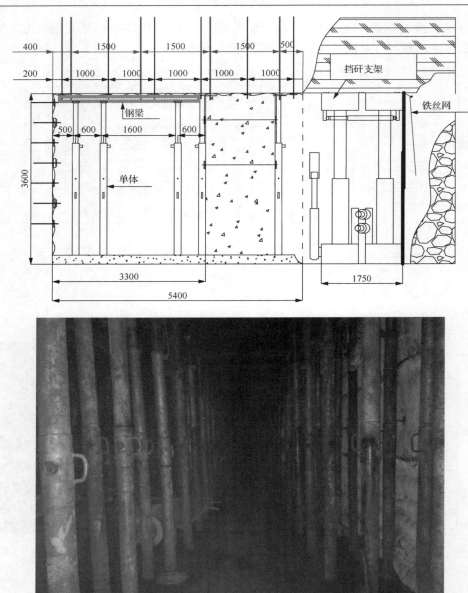

图 6-59　留巷巷道单体支护参数及支护效果(单位：mm)

（3）煤帮支护。工作面胶运顺槽煤帮支护采用分段支护。在备用工作面初采50～300m 推进范围内或工作面煤层埋深大于 260m 时，煤帮采用 $\Phi 27 \times 2400mm$ 玻璃钢配合 $\Phi 17.8 \times 5000mm$ 锚索+W 钢带进行补强支护。支护断面及胶运顺槽副帮支护参数如图 6-60 所示。

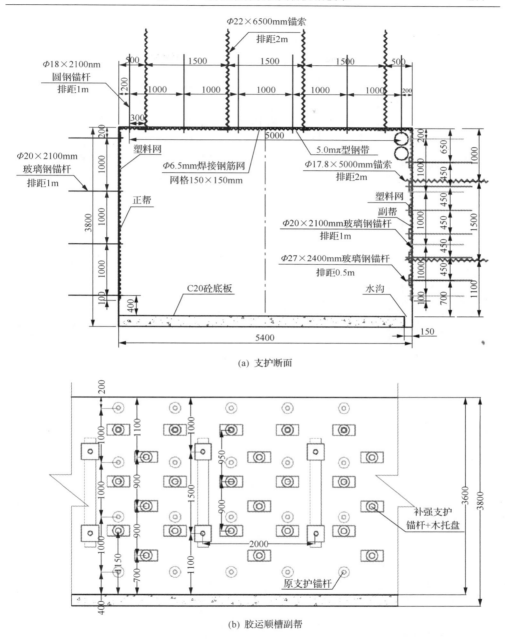

(a) 支护断面

(b) 胶运顺槽副帮

图 6-60　备用面 50～300m 范围、埋深大于 260m 胶运顺槽槽支护图(单位：mm)

　　在工作面正常推进区域，胶运顺槽槽副帮采用 Φ27mm×2400mm 玻璃钢锚杆加木托盘支护，必要时进行锚索补强支护。巷道正常区域留巷支护及顺槽副帮支护如图 6-61 所示。

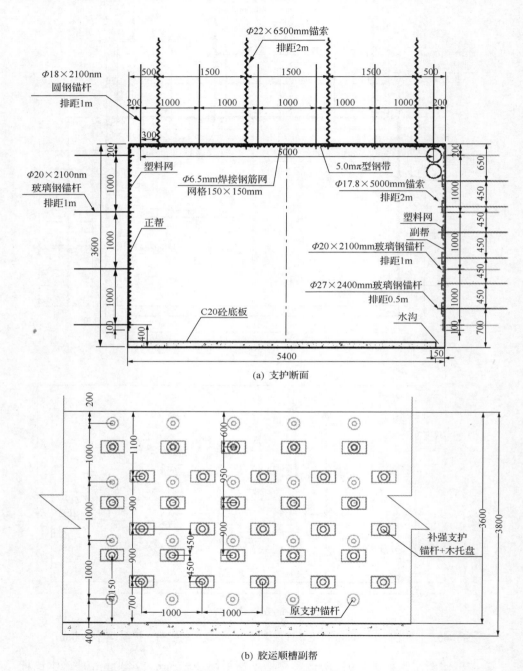

(a) 支护断面

(b) 胶运顺槽副帮

图 6-61　备用工作面正常回采段巷道支护图(单位：mm)

2. 沿空留巷注浆工艺

1）运料工艺

工艺流程：输料孔地面搅拌站搅拌→输料孔下混凝土→井下混凝土罐车运料→现场添加外加剂→混凝土泵→柔模。

2）半模注浆工艺

为了防止注浆时柔模撑爆，采用半模注浆工艺。实施步骤：①首先在注模处和注浆泵处用喊话器联络；②先将所挂柔模依次注半模，每模间隔约半小时，再依次注半模，使其初凝；③即将注满时改为点注方式；④为了保证注模压力，防止堵管事故发生，工作面每推进 300m 移一次注浆设备。

3）循环作业

综采工作面正规循环采用"三八"制作业，两个生产班生产，早班检修，每天割煤 18 刀，推进约 15m。沿空留巷每天两个生产班进行沿空留巷支护，夜班兼挂模，早班检修和浇注混凝土，每天注 5 个模。沿空留巷工作面正规循环作业图表见表 6-15。

表 6-15　沿空留巷正规循环作业图表

工序	作业内容	夜班								早班								中班							
		0	1	2	3	4	5	6	7	8	9	10	11	12	13	14	15	16	17	18	19	20	21	22	23
工作面	工作面检修									■	■	■	■	■	■	■	■								
	正常生产	■	■	■	■	■	■	■	■									■	■	■	■	■	■	■	■
	机头铺网	■	■	■	■	■	■	■	■									■	■	■	■	■	■	■	■
	移动挡矸支架	■	■	■	■	■	■	■	■									■	■	■	■	■	■	■	■
巷内支护	架后留巷内的单体支护	■	■	■	■	■	■	■	■									■	■	■	■	■	■	■	■
柔模挂设	内外侧柔模挂设	■	■	■	■	■	■	■	■																
泵注混凝土	接管、洗管、倒管、上料、泵注及观察、巡查维护，泵注						■	■	■	■	■	■	■	■	■	■	■								
沿空留巷设备检修	沿空留巷设备检修														■										

3. 沿空留巷配套支架安装与回撤工艺

1) 配套支架安装工艺

巷道掘进时在机头架窝处扩帮掘进 20m×2.6m 挡矸支架窝，高度 3.6m。当工作面安装时先安装挡矸支架，然后再安装工作支架及端头架，如图 6-62 所示。

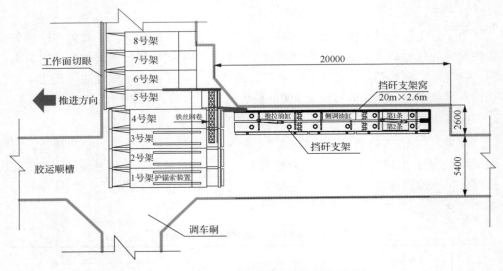

图 6-62　沿空留巷配套支架安装布置

2) 配套支架回撤工艺

沿空留巷工作面端头支架和挡矸支架的回撤不同于正常的留煤柱回采，其主要工序为：

(1) 挂网之前正常进行生产和沿空留巷施工，停机挂网时，开始注模。

(2) 工作面贯通前，必须保证留巷支护和挂模作业正常进行，工作面贯通后再注模。

(3) 待注完模并回撤完运输机机头后，撤出 5 号架，在 5 号和 4 号之间打一排锚索后，安设一台垛式支架（5 号垛架）。

(4) 撤出 3 号、4 号架，然后挡矸支架前移，移至末端不超出柔模墙为止。

(5) 挡矸支架移动完毕后，再撤 2 号架，前移 1 号架，然后挂模注浆，打单体。

(6) 注模完毕，混凝土初凝后，再按顺序逐段回撤挡矸支架、5 号垛架、1 号架。

(7) 所有回撤工作完毕后，及时按变更后的支护方式进行巷内单体支护，支护距离超出主回撤通道口 5m，并及时用柔模混凝土封闭主回撤通道。末采段留巷区域单体支护至少保留 15 天以上。

配套支架回撤工艺主要工序如图 6-63 所示。

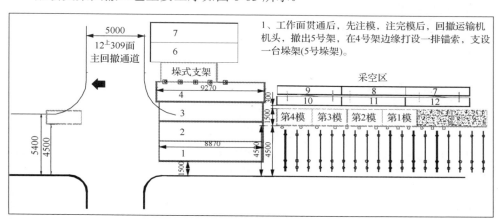

1、工作面贯通后，先注模，注完模后，回撤运输机机头，撤出5号架，在4号架边缘打设一排锚索，支设一台垛架(5号垛架)。

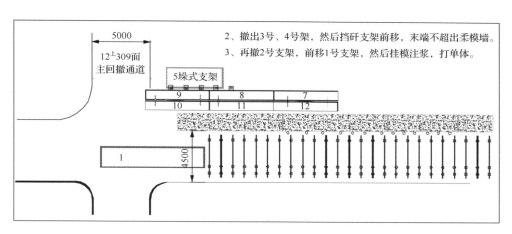

2、撤出3号、4号架，然后挡矸支架前移，末端不超出柔模墙。

3、再撤2号支架，前移1号支架，然后挂模注浆，打单体。

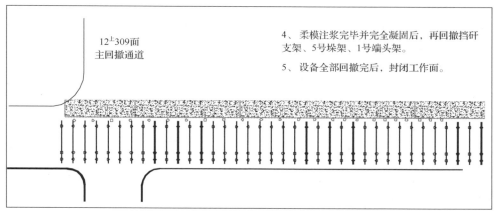

4、柔模注浆完毕并完全凝固后，再回撤挡矸支架、5号垛架、1号端头架。

5、设备全部回撤完后，封闭工作面。

图 6-63　沿空留巷工作面端头架及挡矸支架回撤工序

6.5.3 应用效果

上湾煤矿先后在 $12^{上}307$、$12^{上}308$ 及 $12^{上}309$ 共 3 个工作面开展了柔模混凝土沿空留巷实践，通过矿压观测结果表明，应用效果良好。

1. 一次采动后效果

沿空留巷后巷道锚索受力监测曲线如图 6-64 所示。滞后工作面 160m 时，留巷单体支护拆除，锚索拉力出现增长，其中墙体侧锚索拉力增长较快，由 31.2kN 增加至 91.7kN，巷中锚索拉力由 38kN 增加至 61.5kN，煤壁侧锚索拉力由 24.4kN 增加至 40kN。滞后工作面 210m 时，顶锚索拉力趋于平稳。

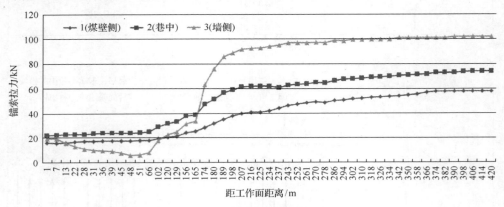

图 6-64 沿空留巷区域顶锚索受力分析图

沿空留巷顶锚索规格为 $\Phi 21.6 \times 6500$mm，抗拔力 32t（320kN），留巷过程中顶锚索最大受力 115kN，满足留巷要求。

沿空留巷后墙体应力监测曲线如图 6-65 所示。滞后工作面支架 80m 范围内，混凝土墙体所受垂直应力逐渐升高；80m 后墙体应力逐渐降低。最大垂直应力在

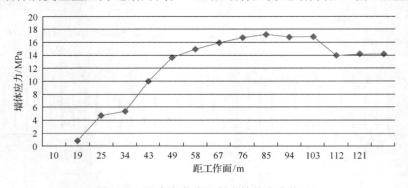

图 6-65 沿空留巷内混凝土墙体应力统计

滞后工作面 80m 处，为 17.2MPa。滞后工作面 100m 后，墙体垂直应力有所降低，最终稳定在 14.2MPa。

2. 二次采动后效果

由于 12^{上}307 工作面留巷时煤帮补强支护偏弱，12^{上}308 工作面回采受二次采动影响时，回风顺槽(沿空留巷)副帮混凝土墙鼓帮、顶部掉渣较严重。因此，对 12^{上}308 和 12^{上}309 留巷煤帮进行补强支护(支护参数见图 6-60、图 6-61)。补强支护后，滞后工作面 150m 范围内帮鼓变形 100~200mm，锚杆托盘无损坏；滞后工作面 200m，拆除留巷支护单体后仍有一定的压力显现，最大帮鼓变形量约 300mm；留巷顶板稳定，巷道局部底鼓变形，最大底鼓量 150mm，如图 6-66、图 6-67 所示。

图 6-66　煤帮补强后留巷效果　　　　　　图 6-67　煤帮补强支护后帮鼓变形

沿空留巷作为回风顺槽受二次采动时，采用密集单体进行超前支护，每排布置 5 根单体，从副帮开始间距分别为 400mm、500mm、1200mm、500mm、500mm、40mm，支护排距为 800mm，超前支护长度不小于 30m，如图 6-68 所示。

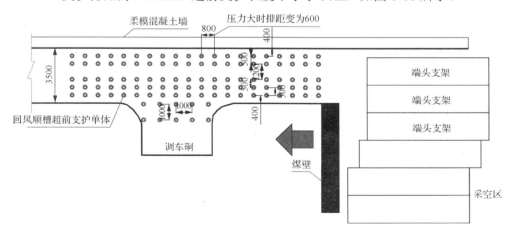

图 6-68　留巷受二次采动时回风顺槽超前支护(单位：mm)

在 12$^\text{上}$308 和 12$^\text{上}$309 工作面对留巷煤帮补强支护后，沿空留巷作为回风顺槽经历二次采动时仍出现了柔模墙鼓帮破坏、顶板下沉的情况，但巷道变形、破坏严重区域主要集中在距切眼 100～300m 范围，如图 6-69 所示。工作面正常推进时沿空留巷巷道变形处于可控范围内，顶板下沉量在 50～150mm，满足工作面正常生产需求，如图 6-70 所示。

图 6-69　距切眼 100～300m 留巷变形较严重　　　图 6-70　工作面正常推进时巷道变形可控

3. 经济社会效益分析

通过沿空留巷，不仅多回收了煤柱，降低了万吨掘进率，而且减少了下煤层开采的局部应力集中程度，有利于下层煤开采顶板灾害防治，经济社会效益显著。

参 考 文 献

[1] 赵森林, 赵宏珠, 孟亚平, 等. 浅埋深薄基岩煤层井工开采技术[M]. 徐州: 中国矿业大学出版社, 2003.

[2] Henson H Jr, Sexton J L. Premine study of shallow coal seams using high-resolution seimic reflection methods[J]. Geophysics, 1991, 56(9): 1494-1503.

[3] Holla L, Buizen M. Stata movement due to shallow longwall mining and the effect on ground permeability[J]. Aus. IMM Bullefin and Proceedings, 1990, 295(1): 11-18.

[4] Singh R P, Yadav R N. Prediction of subsidence due to coal minining in Raniganj coalfield, West Bengal, India[J]. Engineering Geology, 1995, 39(1-2): 103-111.

[5] Singh R, Singh T N, Dhar B B. Coal pillar loading in shallow conditions[J]. International Journal of Rock Mechanics and Mining Sciences and Geomechanics Abstracts, 1996, 33(8): 757-768.

[6] 赵宏珠. 印度浅埋深难跨顶板煤层地面爆破综采研究[J]. 矿山压力与顶板管理, 1999, 3(E1): 57-60.

[7] 赵宏珠. 浅埋深整体性强的软岩条件下的长壁综合机械化开采[J]. 中国煤炭, 1999, 25(6): 57-60.

[8] 赵宏珠. 印度综采长壁工作面浅部开采实践[J]. 中国煤炭, 1998, 24(12): 49-51.

[9] 叶青. 神东现代化矿区建设与生产技术[M]. 北京: 中国矿业大学出版社, 2002.

[10] Syd S. Peng, 李化敏, 周英, 等. 神东和准格尔矿区岩层控制研究[M]. 北京: 科学出版社, 2015.

[11] 华能精煤神府公司大柳塔煤矿, 西安矿业学院矿山压力研究所. 大柳塔煤矿 1203 工作面矿压观测研究报告[J]. 陕西煤炭技术, 1994(3, 4): 33-39.

[12] 侯忠杰, 黄庆享. 松散层下浅埋薄基岩煤层开采的模拟[J]. 陕西煤炭技术, 1994, (2): 38-41, 65.

[13] 石平五, 侯忠杰. 神府浅埋煤层顶板破断运动规律[J]. 西安矿业学院学报, 1996, 16(3): 205-215.

[14] 黄庆享. 浅埋煤层长壁开采顶板结构理论与支护阻力确定[J]. 矿山压力与顶板管理, 2002, 1003-5923(1): 70-73.

[15] 黄庆享, 周金龙. 浅埋煤层大采高工作而矿压规律及顶板结构研究[J]. 煤炭学报, 2016, 41(S2): 279-286.

[16] 侯忠杰, 谢胜华, 张杰. 地表厚土层浅埋煤层开采模拟实验研究[J]. 西安科学学院学报, 2003, 23(4): 67-69, 72.

[17] 张杰, 侯忠杰. 厚土层浅埋煤层覆岩运动破坏规律研究[J]. 采矿与安全工程学报, 2007, 24(1): 56-59.

[18] 侯忠杰. 厚砂下煤层覆岩破坏机理探讨[J]. 矿山压力与顶板管理, 1995, 37(1): 37-40.

[19] 侯忠杰. 浅埋煤层关键层研究[J]. 煤炭学报, 1999, 24(4): 359-363.

[20] 李凤仪. 浅埋煤层长壁开采矿压特点及其安全开采界限研究[D]. 阜新: 辽宁工程技术大学, 2007.

[21] 伊茂森. 神东矿区浅埋煤层关键层理论及其应用研究[D]. 徐州: 中国矿业大学, 2008.

[22] 朱卫兵. 浅埋近距离煤层重复采动关键层结构失稳机理研究[D]. 徐州: 中国矿业大学, 2010.

[23] 杨治林. 浅埋煤层长壁开采顶板结构稳定性分析[J]. 矿山压力与顶板管理, 2005, (2): 7-9.

[24] 杨治林, 余学义. 浅埋煤层长壁开采顶板岩层的后屈曲性态[J]. 煤炭学报, 2005, 32(4): 337-340.

[25] 王家臣, 王兆会. 浅埋薄基岩高强度开采工作面初次来压基本顶结构稳定性研究[J]. 采矿与安全工程学报, 2015, 32(2): 175-181.

[26] 任艳芳, 齐庆新. 浅埋煤层长壁开采围岩应力场特征研究[J]. 煤炭学报, 2011, 36(10): 1612-1618.

[27] 任艳芳, 刘江, 齐庆新. 薄基岩浅埋深长壁工作面覆岩结构运动特征[J]. 煤矿开采, 2011, 16(3): 35-37.

[28] 任艳芳, 宁宇, 徐刚. 浅埋深工作面支架与顶板的动态相互作用研究[J]. 煤炭学报, 2016, 41(8): 1905-1911.

[29] 张志强. 沟谷地形对浅埋煤层工作面动载矿压的影响规律研究[D]. 徐州: 中国矿业大学, 2011.

[30] 许家林, 朱卫兵, 鞠金峰. 浅埋煤层开采压架类型[J]. 煤炭学报, 2014, 39(8): 1625-1634.

[31] 张通, 赵毅鑫, 朱广沛, 等. 神东浅埋工作面矿压显现规律的多因素耦合分析[J]. 煤炭学报, 2016, 41(S2): 287-296.

[32] 李正杰, 于海湧. 浅埋综采工作面顶板岩层等步切落特性分析[J]. 煤矿开采, 2014, 19(2): 42-44.

[33] 李正杰. 浅埋薄基岩综采面覆岩破断机理及与支架关系研究[D]. 北京: 煤炭科学研究总院, 2014.

[34] 范钢伟, 张东升, 马立强. 神东矿区浅埋煤层开采覆岩移动与裂隙分布特征[J]. 中国矿业大学学报, 2011, 40(2): 196-201.

[35] 黄庆享. 浅埋煤层长壁开采顶板结构及岩层控制研究[M]. 徐州: 中国矿业大学出版社, 2000.

[36] 黄庆享, 李树刚. 浅埋薄基岩煤层顶板破断及控制[J]. 矿山压力与顶板管理, 1995, (3): 23-25.

[37] 黄庆享, 石平五, 钱鸣高. 采场基本顶岩块端角摩擦与端角挤压因数分析确定[J]. 岩土力学, 2000, 21(1): 60-63.

[38] 黄庆享, 钱鸣高, 石平五. 浅埋煤层顶板周期来压结构分析[J]. 煤炭学报, 1999, 24(6): 581-585.

[39] 杨登峰, 陈忠辉, 洪钦锋, 等. 浅埋煤层开采顶板切落压架灾害的突变分析[J]. 采矿与安全工程学报, 2016, 33(1): 122-127.

[40] 贾后省, 马念杰, 赵希栋. 浅埋薄基岩采煤工作面上覆岩层纵向贯通裂隙"张开-闭合"规律[J]. 煤炭学报, 2015, 40(12): 2787-2793.

[41] 张沛, 黄庆享. 单一关键层结构与上覆厚沙土层耦合作用研究[J]. 西安科技大学学报, 2012, 32(1): 29-32.

[42] 王国立. 浅埋薄基岩采煤工作面覆岩纵向贯通裂隙演化规律研究[D]. 北京: 中国矿业大学(北京), 2016.

[43] 黄庆享. 浅埋采场初次来压顶板砂土层载荷传递研究[J]. 岩土力学, 2005, 26(6): 881-883.

[44] 黄庆享. 浅埋煤层长壁开采顶板结构及合理支护阻力研究[A]. //中国岩石力学与工程学会主编. 中国岩石力学与工程学会第七次学术大会论文集[C]. 北京: 中国科学技术出版社, 2002.

[45] 任艳芳, 刘江. 浅埋深长壁工作面覆岩结构及支架支护阻力研究[J]. 煤矿开采, 2010, 15(5): 82-85.

[46] 刘江. 薄基岩浅埋煤层长壁开采覆岩运动与破坏规律研究[D]. 北京: 煤炭科学研究总院, 2003.

[47] 刘江. 伊泰矿区井下地应力测量及应力场分布特征研究[J]. 煤炭学报, 2011, 36(4): 562-566.

[48] 解兴智. 浅埋煤层房柱式采空区下长壁开采矿压显现特征[J]. 煤炭学报, 2012, 37(6): 898-901.

[49] 解兴智. 房柱式采空区下长壁工作面覆岩宏观变形特征研究[J]. 煤炭科学技术, 2012, 40(4): 23-29.

[50] 解兴智. 浅埋煤层房柱式采空区下长壁开采覆岩活动规律研究[D]. 北京: 煤炭科学研究总院, 2013.

[51] 黄庆享. 浅埋煤层的矿压特征与浅埋煤层定义[J]. 岩石力学与工程学报, 2002, 21(8): 1174-1177.

[52] 任艳芳. 浅埋煤层长壁开采覆岩结构特征研究[D]. 北京: 煤炭科学研究总院, 2008.

[53] 侯忠杰, 吴文湘, 肖民. 厚土层薄基岩浅埋煤层"支架-围岩"关系实验研究[J]. 湖南科技大学学报(自然科学版), 2007, 22(1): 9-12.

[54] 苗彦平. 浅埋煤层大采高综采面矿压规律与支护阻力研究[D]. 西安: 西安科技大学, 2010.

[55] 白振龙, 范志忠, 任艳芳, 等. 房柱式采空区下长壁回采顶板垮落特征研究[J]. 矿业安全与环保, 2011, 38(5): 13-15.

[56] 张镇. 薄基岩浅埋采场上覆岩层运动规律研究与应用[D]. 青岛: 山东科技大学, 2007.

[57] 李凤仪, 梁冰, 董尹庚, 等. 浅埋煤层工作面顶板活动及其控制[J]. 矿山压力与顶板管理, 2005(4): 78-83.

[58] 李刚, 梁冰, 李凤仪, 等. 浅埋煤层厚积砂薄基岩顶板破断机理研究[J]. 煤炭学报, 2005, 14(8): 82-83.

[59] 刘巍, 高召宁. 浅埋煤层开采矿压显现规律的相似模拟[J]. 矿山压力与顶板管理, 2005, 100(2): 17-18.

[60] 张文军, 沈海鸿, 蔡桂宝. 浅埋煤层开采覆岩移动规律数值分析[J]. 辽宁工程技术大学学报(自然科学版), 2002, 21(2): 143-145.

[61] 李青海. 石圪台煤矿浅埋较薄煤层开采覆岩运动规律研究[D]. 青岛: 山东科技大学, 2009.

[62] 张杰, 侯忠杰. 浅埋煤层开采中的溃沙灾害研究[J]. 矿山压力与顶板管理, 2005, 20(23): 175-18.

[63] 李新元. 浅埋深极松软顶板采场矿压显现规律研究[J]. 岩石力学与工程学报, 2004, 23（19）: 3305-3309.

[64] 魏秉亮. 浅埋近水平煤层采动岩移与塌陷机理研究[J]. 中国煤田地质, 2001, 13（4）: 38-40.

[65] 桂祥友, 马云东. 浅埋工作面矿山压力显现规律模拟研究[J]. 中国矿业, 2004, 13（6）: 69-71.

[66] 余学义, 黄森林. 浅埋煤层覆岩切落裂缝破坏及控制方法分析[J]. 煤炭地质与勘探, 2006, 34（2）: 18-21.

[67] 黄森林. 浅埋煤层覆岩结构稳定性数值模拟研究[J]. 煤炭地质与勘探, 2007, 35（83）: 25-28.

[68] 董爱菊, 张沛, 杨花娥, 等. 浅埋煤层厚沙土层采动卸荷破坏的"拱"状数学模型[J]. 河南师范大学学报（自然科学版）, 2007, 35（1）: 183-185.

[69] 朱庆华, 王继承, 马占国. 浅埋煤层厚硬顶板破断与冒落的数值模拟[J]. 矿山压力与顶板管理, 2004（4）: 17-19.

[70] 张嘉凡, 石平五. 浅埋煤层长壁留煤柱开采方法的有限元分析[J]. 岩石力学与工程学报, 2004, 23（15）: 2539-2542.

[71] 张立辉, 李男男. 8m 大采高综采工作面矿压显现规律研究[J]. 煤炭科学技术, 2017, 45（11）: 21-26.

[72] 杨俊哲. 8m 大采高综采工作面关键回采技术研究[J]. 煤炭科学技术, 2017, 45（11）: 9-14.

[73] 尹希文. 综采工作面支架与围岩双周期动态作用机理研究[J]. 煤炭学报, 2017, 42（12）: 3072-3080.

[74] 尹希文. 大采高综采工作面压架原因分析及防治对策[J]. 煤炭科学技术, 2014, 42（7）: 26-28.

[75] 尹希文, 王旦旦, 付东波. 高精度支架工作阻力监测系统在寺河矿的应用[J]. 煤炭科学技术, 2007, 35（9）: 22-25.

[76] 毛德兵, 尹希文, 张会军, 等. 我国煤矿顶板灾害防治与监测监控技术[J]. 煤炭科学技术, 2013, 41（9）: 105-108.

[77] 孟宪锐, 王鸿鹏, 刘朝晖, 等. 我国厚煤层开采方法的选择原则与发展现状[J]. 煤炭科学技术, 2009, 37（1）: 39-44, 62.

[78] 尹希文. 寺河煤矿 5.8-6m 大采高综采面矿压规律研究[D]. 北京: 煤炭科学研究总院, 2007.

[79] 杨荣明, 吴士良. 布尔台煤矿大采高开采转综放开采实践研究[J]. 煤炭科学技术, 2012, 40（12）: 8-10, 14.

[80] 张子飞, 杨俊哲, 代贵生, 等. 7m 大采高综采工作面开采关键技术研究[J]. 煤炭工程, 2015, 47（3）: 1-4.

[81] 杨俊哲. 浅埋坚硬厚煤层预采顶分层综放技术研究[J]. 煤炭学报, 2017, 42（5）: 1108-1116.

[82] 杨俊哲. 浅埋近距离煤层过上覆采空区及煤柱动压防治技术[J]. 煤炭科学技术, 2015, 43（6）: 9-13, 40.

[83] 张志强, 许家林, 刘洪林, 等. 沟深对浅埋煤层工作面矿压的影响规律研究[J]. 采矿与安全工程学报, 2013, 30（4）: 501-511.

[84] 高浩然, 朱卫兵, 王路军. 大柳塔煤矿 52304 综采面过沟谷地形矿压显现实测[J]. 煤炭工程, 2013, （10）: 80-82.

[85] 周海丰. 神东矿区大采高综采工作面过空巷期间的岩层控制研究[J]. 神华科技, 2009, 7（4）: 22-25.

[86] 杨荣明, 吴士良. 神东矿区大采高综采工作面过空巷顶板结构和支护方式研究[J]. 煤炭工程, 2013, （4）: 55-58.

[87] 钱鸣高, 石平五, 许家林. 矿山压力与岩层控制[M]. 徐州: 中国矿业大学出版社, 2011.

[88] 杨俊哲. 7.0m 大采高工作面覆岩破断及矿压显现规律研究[J]. 煤炭科学技术, 2017, 45（8）: 1-7.

[89] 闫少宏, 尹希文, 许红杰, 等. 大采高综采顶板短悬臂梁-铰接岩梁结构与支架工作阻力的确定[J]. 煤炭学报, 2011, 36（11）: 1816-1820.

[90] 许家林, 鞠金峰. 特大采高综采面关键层结构形态及其对矿压显现的影响[J]. 岩石力学与工程学报, 2011, 30（8）: 1547-1556.

[91] 闫少宏, 于雷, 刘全明. 综放开采"组合悬臂梁-铰接岩梁结构"形成机理与应用[M]. 北京: 煤炭工业出版社, 2017.

[92] 杨景才. 厚风积砂下浅埋工作面安全开采技术研究[D]. 阜新: 辽宁工程技术大学, 2003.

[93] 彭文庆, 吴文湘, 彭刚. 浅埋煤层工作面合理阻力支架选型相似模拟实验研究[J]. 煤矿科技, 2008, （1）: 10-13.

[94] 刘青朴, 侯迪, 荣冠. 3DEC 中红砂岩节理模型开发及数值模拟[J]. 中国农村水利水电, 2017, （4）: 137-142.

[95] 朱焕春, Richard B, Patrick A. 节理岩体数值计算方法及其应用(一): 方法与讨论[J]. 岩石力学与工程学报, 2004, 23(20): 3444-3449.

[96] 朱焕春, Richard B, Patrick A. 节理岩体数值计算方法及其应用(二): 工程应用[J]. 岩石力学与工程学报, 2005, 24(1): 89-96.

[97] 蒋黔生. 相似理论及模型试验[J]. 工程机械, 1982(7): 30-36.

[98] 刘鸿文. 材料力学[M]. 北京: 高等教育出版社, 2004.

[99] 刘文涛, 贾喜荣. 神东矿区煤层顶板分类方法及特点[J]. 山西煤炭, 2004, 24(1): 20-22.

[100] 金智新, 于海湧. 特厚煤层综采放顶煤开采理论与实践[M]. 北京: 煤炭工业出版社, 2006.

[101] 吴健, 张勇. 综放采场支架-围岩关系的新概念[J]. 煤炭学报, 2001(8): 350-355.

[102] 高峰, 钱鸣高, 缪协兴. 采场支架工作阻力与顶板下沉量类双曲线关系的探讨[J]. 岩石力学与工程学报, 1999(12): 658-662.

[103] 史元伟. 液压支架与围岩力学相互作用及支架选型研究[J]. 煤炭科学技术, 1999(5): 26-31.

[104] 曹胜根. 采场围岩整体力学模型及应用研究[J]. 岩石力学与工程学报, 1999, 18(6): 721.

[105] 翟英达, 康立勋, 朱德仁. 面接触块体结构的力学特性研究[J]. 煤炭学报, 2003, 28(3): 241-245.

[106] 白金泽. LS-DYNA3D 理论基础与实例分析[M]. 北京: 科学出版社, 2005.

[107] 李裕春. ANSYS 10.0/LS-DYNA 基础理论与工程实践[M]. 北京: 中国水利水电出版社, 2006.

[108] 魏群. 常用钢材及紧固件速查手册[M]. 北京: 中国建筑工业出版社, 2010.

[109] 张楚旋, 李夕兵, 董陇军, 等. 基于微震监测的岩体失稳智能预报[J]. 中国安全生产科学技术, 2016, 12(3): 5-9.

[110] 李楠, 王恩元. 微震监测技术及其在煤矿的应用现状与展望[J]. 煤炭学报, 2017, 42(S1): 83-96.

[111] 刘贵, 张华兴, 徐乃忠. 煤柱-顶板系统失稳的突变理论模型研究[J]. 中国矿业, 2008, 17(4): 101-103.

[112] 王存文, 姜福兴, 王平. 煤柱诱发冲击地压的微震事件分布特征与力学机理[J]. 煤炭学报, 2009, 34(9): 1169-1173.

[113] 胡仲伟, 杨金顺, 彭小元, 等. 极近距离煤层刀柱采空区下走向长壁开采的探讨[J]. 煤炭科学技术, 2000, 28(4): 43-46.

[114] 付武斌, 邓喀中, 张立亚. 房柱式采空区煤柱稳定性分析[J]. 煤矿安全, 2011, 42(1): 132-139.

[115] 刘长友, 万志军, 卫建清, 等. 房柱式开采煤柱的承载变形规律及其稳定性分析[J]. 煤炭学报, 2002, 26(增): 71-75.

[116] 于健, 王永申. 房柱式采煤法采空区危害及其对策[J]. 水力采煤与管道运输, 2009(2): 18-19.

[117] 姜文忠, 秦玉金, 张亮. 房柱式采煤工作面采空区瓦斯浓度分布规律研究[J]. 煤矿安全, 2006(12): 4-6.

[118] 翟德元, 刘学增. 房柱式开采覆岩移动机理研究[J]. 非金属矿, 1999, 22(2): 32-37.

[119] 李鹏, 张永波. 房柱式开采采空区覆岩移动变形规律的模型试验研究[J]. 华北科技学院学报, 2010, 7(4): 38-41.

[120] 翟德元, 刘学增. 房柱式开采矿房跨度的可靠度设计[J]. 山东矿业学院学报, 1997, 16(3): 243-247.

[121] 卫建清. 房柱式开采煤房与煤柱参数的合理确定[J]. 山东矿业学院学报, 2003(1): 106-108.

[122] 刘长友, 卫建清, 万志军, 等. 房柱式开采的矿压显现规律及顶板监测[J]. 中国矿业大学学报, 2002, 31(4): 388-391.

[123] 吴士良, 秦乐尧. 刀柱采煤法采空区下长壁采场顶板控制研究[J]. 山东科技大学学报(自然科学版), 2000, 19(4): 102-104.

[124] 解兴智. 浅埋煤层房柱式采空区顶板-煤柱稳定性研究[J]. 煤炭科学技术, 2014, 42(7): 1-4, 9.

[125] 宋保胜. 刀柱式老采空区下遗留煤体复采可行性分析与实践[J]. 煤矿开采, 2007, 12(5): 18-27.

[126] 宋振骐. 实用矿山压力控制[M]. 徐州: 中国矿业大学出版社, 1992.

[127] 张永强, 刘茂, 张董莉. 多米诺效应定量风险分析[J]. 安全与环境学报, 2008, 8(1): 145-149.

[128] 王连国, 缪协兴. 煤柱失稳的突变学特征研究[J]. 中国矿业大学学报, 2007, 36(1): 7-11.

[129] 周海丰. 基于等压开采的大采高综采工作面过空巷防冒顶技术[J]. 煤炭工程, 2016, 48(S1): 33-36.

[130] 周海丰. 大采高综采面过平行全长空巷技术研究[J]. 陕西煤炭, 2008, (6): 51-53.

[131] 王俊杰, 曹建波, 吴怀国, 等. 泵送充填式支柱在大采高工作面过空巷支护应用研究[J]. 煤炭科学技术, 2016, 44(S2): 76-79.

[132] 李慧平. 神东矿区厚基岩顶板强制放顶初探[J]. 陕西煤炭, 2005, (2): 33-34.

[133] 于斌, 段宏飞. 特厚煤层高强度综放开采水力压裂顶板控制技术研究[J]. 岩石力学与工程学报, 2014, 33(4): 778-785.

[134] 康红普, 冯彦军. 定向水力压裂工作面煤体应力监测及其演化规律[J]. 煤炭学报, 2012, 37(12): 1953-1959.

[135] 冯彦军, 康红普. 定向水力压裂控制煤矿坚硬难垮顶板试验[J]. 岩石力学与工程学报, 2012, (6): 1148-1155.

[136] 黄炳香. 煤岩体水力致裂弱化的理论与应用研究[D]. 徐州: 中国矿业大学, 2009.

[137] 康向涛. 煤层水力压裂裂缝扩展规律及瓦斯抽采钻孔优化研究[D]. 重庆: 重庆大学, 2014.

[138] 冯彦军, 周瑜苍, 刘勇, 等. 水力压裂在酸刺沟煤矿初次放顶中的应用[J]. 煤矿开采, 2016, 21(5): 75-78.

[139] 高晓进, 于海湧, 黄志增, 等. 架间定向水力压裂提高含矸率巨厚煤层冒放性研究[J]. 煤炭科学技术, 2017, 45(3): 56-61.

[140] 翟成, 李贤忠, 李全贵. 煤层脉动水力压裂卸压增透技术研究及应用[J]. 煤炭学报, 2011, 36(12): 1996-2001.

[141] 马赛, 陶广美, 马晋琴. 定向水力压裂技术在晋城矿区坚硬顶板中的应用[J]. 矿业安全与环保, 2016, 43(2): 84-86.

[142] 康红普, 牛多龙, 张镇, 等. 深部沿空留巷围岩变形特征与支护技术[J]. 岩石力学与工程学报, 2010, 29(10): 1977-1986.

[143] 杨俊哲. 厚煤层机械化柔模快速沿空留巷技术应用研究[J]. 煤炭科学技术, 2015, (S2): 1-5.

[144] 崔亚仲. 神东矿区快速沿空留巷技术研究及应用[J]. 煤炭科学技术, 2014, 42(1): 129-133.

[145] 魏有贵, 王俊超, 罗代洪, 等. 柔模泵注混凝土支护沿空留巷技术研究与应用[J]. 山西焦煤科技, 2017, 2(2): 23-26.

[146] 张子飞, 贺安民. 浅埋煤层柔模混凝土沿空留巷支护及稳定性分析[J]. 煤炭科学技术, 2013, 41(9): 24-28.

彩　　图

图 2-2　上湾煤矿 8.8m 超大采高重型装备现场图

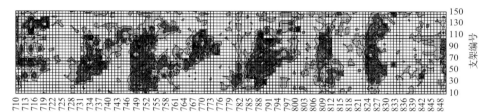

图 3-3　工作面支架工作阻力曲面图（单位：MPa）

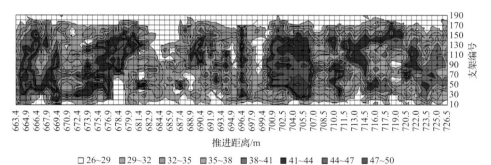

图 3-12　31304-1 工作面正常回采周期来压支架工作阻力曲面图（单位：MPa）

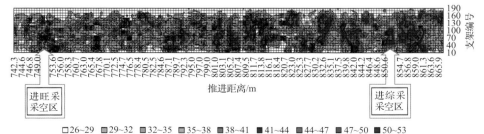

图 3-13　31304-1 工作面进入采空区支架工作阻力曲面图（单位：MPa）

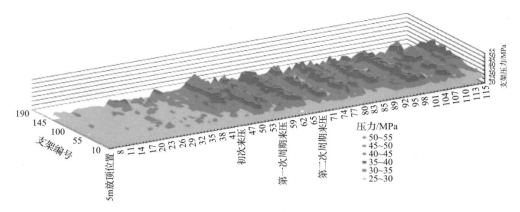

图 3-18　工作面初采期间顶板来压立体图

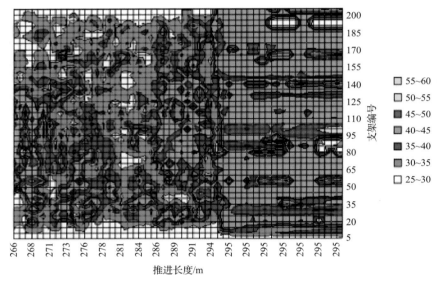

图 3-24　综采工作面过上覆 4^{-2} 煤房柱式采空区集中煤柱矿压显现曲面图（单位：MPa）

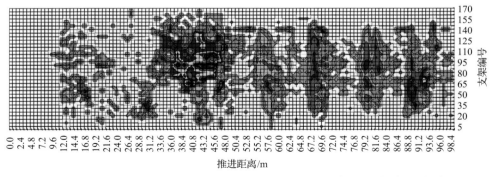

图 3-30　22406 工作面初采期间支架矿压特征图（单位：MPa）

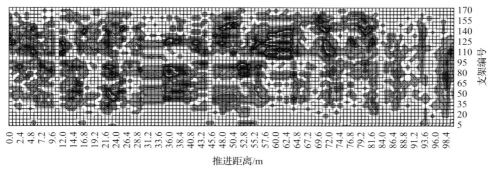

■ 56~59 ■ 53~56 ■ 50~53 ■ 47~50 ■ 44~47 ■ 41~44 ■ 38~41 ■ 35~38 ■ 32~35 ■ 29~32 □ 26~29

图 3-32　22406 工作面正常回采期间来压特征图（单位：MPa）

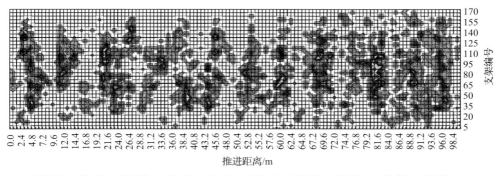

■ 53~56 ■ 50~53 ■ 47~50 □ 44~47 ■ 41~44 ■ 38~41 ■ 35~38 ■ 32~35 ■ 29~32 □ 26~29

图 3-33　22406 工作面末采期间工作阻力特征图（单位：MPa）

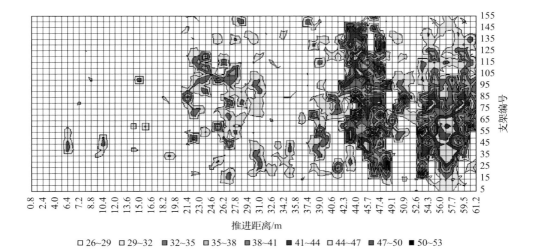

□ 26~29 □ 29~32 ■ 32~35 ■ 35~38 ■ 38~41 ■ 41~44 □ 44~47 ■ 47~50 ■ 50~53

图 3-43　12511 综采工作面初次来压阶段支架工作阻力云图（单位：MPa）

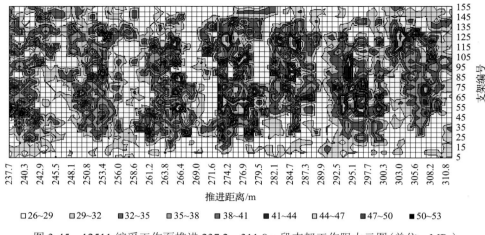

图 3-45　12511 综采工作面推进 237.2～311.8m 段支架工作阻力云图（单位：MPa）

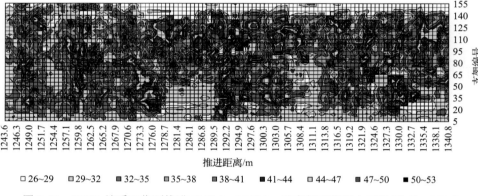

图 3-46　12511 综采工作面推进 1243.4～1340.8m 段支架工作阻力云图（单位：MPa）

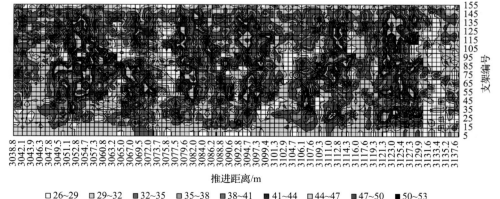

图 3-47　12511 工作面末采期间矿压曲面图（末采 100m）（单位：MPa）

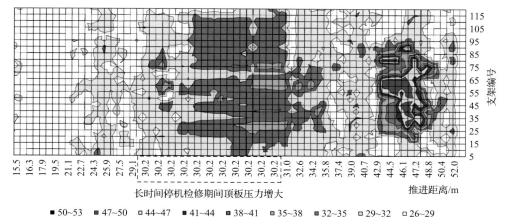

图 3-50　12401 工作面初次来压期间支架压力曲面图（单位：MPa）

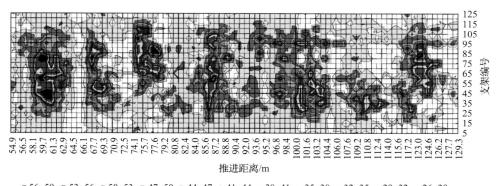

图 3-51　12401 工作面 45～130m 区域周期来压特征（单位：MPa）

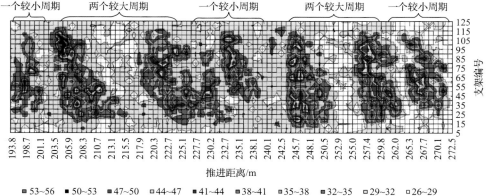

图 3-53　12401 工作面"两大一小"周期来压特征（单位：MPa）

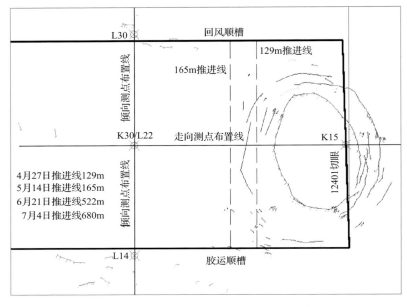

图 3-56　8.8m 大采高综采面地表裂隙分布情况

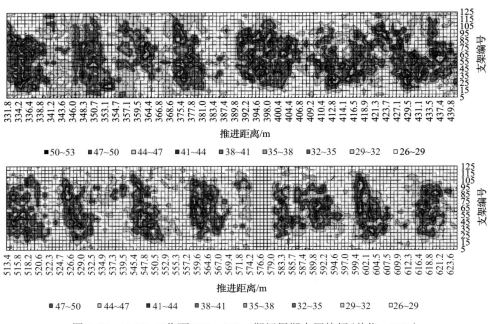

图 3-57　12401 工作面 300～640m 期间周期来压特征(单位：MPa)

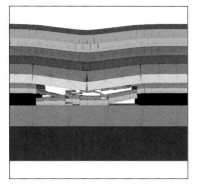

(a) 推进30m

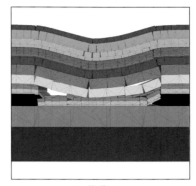

(b) 推进35m

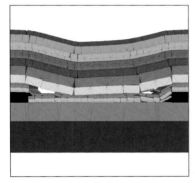

(c) 推进45m

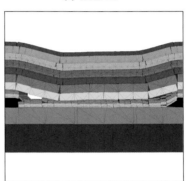

(d) 推进55m

图 4-18　松散层厚度 30m、基岩厚度 20m 时模拟结果

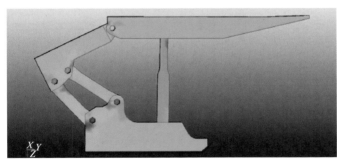
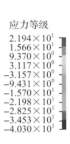

应力等级

2.194×10^{1}
1.566×10^{1}
9.370×10^{0}
3.117×10^{0}
-3.157×10^{0}
-9.431×10^{0}
-1.570×10^{1}
-2.198×10^{1}
-2.825×10^{1}
-3.453×10^{1}
-4.030×10^{1}

(a) 0.15MPa

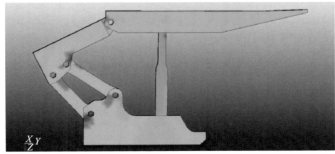

应力等级

2.016×10^{1}
1.312×10^{1}
6.032×10^{0}
3.544×10^{0}
-7.991×10^{0}
-1.503×10^{1}
-2.206×10^{1}
-2.910×10^{1}
-3.614×10^{1}
-4.317×10^{1}
-5.021×10^{1}

(b) 0.25MPa

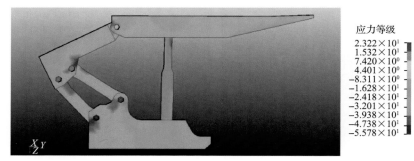

应力等级

2.322×10¹
1.532×10¹
7.420×10⁰
4.401×10⁰
−8.311×10⁰
−1.628×10¹
−2.418×10¹
−3.201×10¹
−3.938×10¹
−4.738×10¹
−5.578×10¹

(c) 0.35MPa

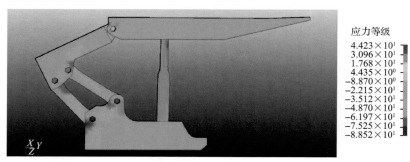

应力等级

4.423×10¹
3.096×10¹
1.768×10¹
4.435×10⁰
−8.870×10⁰
−2.215×10¹
−3.512×10¹
−4.870×10¹
−6.197×10¹
−7.525×10¹
−8.852×10¹

(d) 0.40MPa

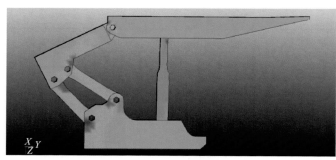

应力等级

7.061×10¹
4.852×10¹
2.644×10¹
4.451×10⁰
−1.774×10¹
−3.982×10¹
−6.191×10¹
−8.399×10¹
−1.061×10²
−1.282×10²
−1.503×10²

(e) 0.80MPa

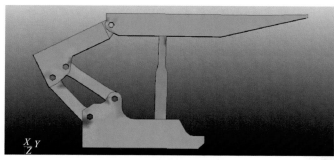

应力等级

8.191×10¹
5.853×10¹
3.511×10¹
1.718×10¹
−1.159×10¹
−3.497×10¹
−5.834×10¹
−8.172×10¹
−1.051×10²
−1.285×10²
−1.518×10²

(f) 保持0.80MPa

图 5-10　垂直切落时支架各部位受力云图

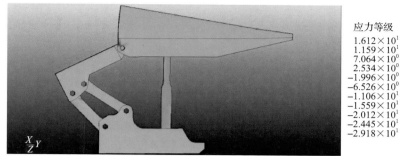

(a) 0.15MPa

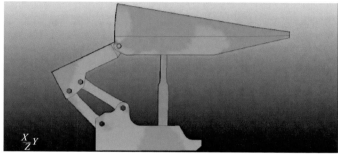

(b) 0.25MPa

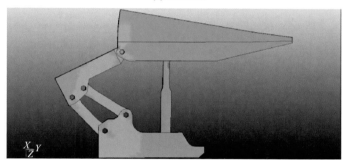

(c) 0.35MPa

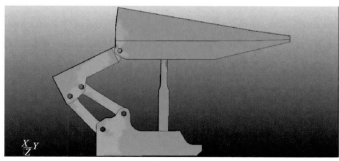

(d) 0.40MPa

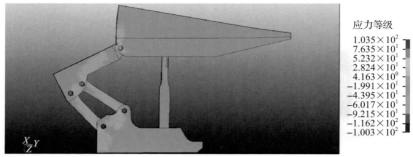

应力等级

1.035×10²
7.635×10¹
5.232×10¹
2.824×10¹
4.163×10⁰
−1.991×10¹
−4.395×10¹
−6.017×10¹
−9.215×10¹
−1.162×10²
−1.003×10²

(e) 0.80MPa

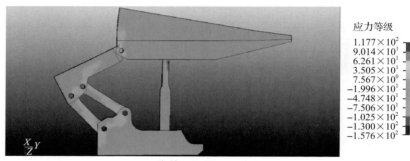

应力等级

1.177×10²
9.014×10¹
6.261×10¹
3.505×10¹
7.567×10⁰
−1.996×10¹
−4.748×10¹
−7.506×10¹
−1.025×10²
−1.300×10²
−1.576×10²

(f) 保持0.80MPa

图 5-14　滞后切落时支架各部位受力云图

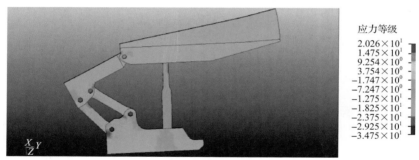

应力等级

2.026×10¹
1.475×10¹
9.254×10⁰
3.754×10⁰
−1.747×10⁰
−7.247×10⁰
−1.275×10¹
−1.825×10¹
−2.375×10¹
−2.925×10¹
−3.475×10¹

(a) 0.15MPa

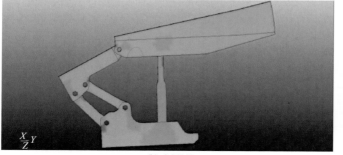

应力等级

2.751×10¹
2.034×10¹
1.317×10¹
5.992×10⁰
−1.182×10⁰
−8.356×10⁰
−1.553×10¹
−2.270×10¹
−2.988×10¹
−3.705×10¹
−4.423×10¹

(b) 0.25MPa

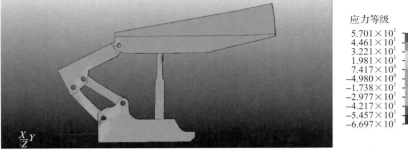

应力等级

5.701×10¹
4.461×10¹
3.221×10¹
1.981×10¹
7.417×10⁰
-4.980×10⁰
-1.738×10¹
-2.977×10¹
-4.217×10¹
-5.457×10¹
-6.697×10¹

(c) 0.35MPa

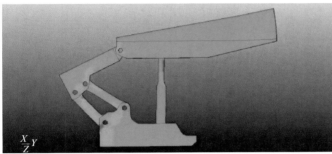

应力等级

1.106×10²
7.870×10¹
5.575×10¹
3.280×10¹
9.857×10⁰
-1.309×10¹
-3.604×10¹
-5.899×10¹
-8.193×10¹
-1.049×10²
-1.278×10²

(d) 0.40MPa

应力等级

1.241×10²
9.733×10¹
7.056×10¹
4.379×10¹
1.703×10¹
-9.400×10⁰
-3.651×10¹
-6.327×10¹
-9.004×10¹
-1.168×10²
-1.436×10²

(e) 0.80MPa

图 5-18　支架各部位受力云图

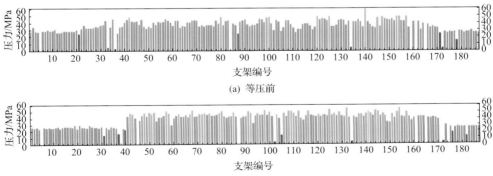

(a) 等压前

(b) 等压结束后

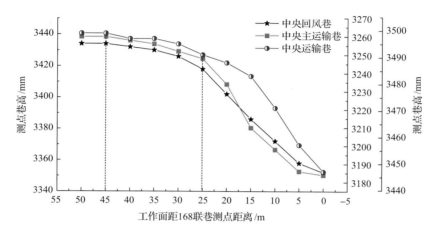

(c) 等压结束前推进1刀煤后

图 6-17　工作面等压前后支架压力变化柱状图

图 6-25　168联巷测点处巷高变化曲线

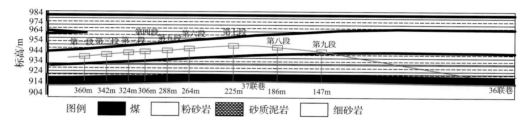

图 6-50　SF2钻孔多点拖动式分段水力压裂示意图